U0657217

国家电网
STATE GRID

国家电网公司
生产技能人员职业能力培训通用教材

2014年度

电力工程力学

国家电网公司人力资源部　　组编

郭恒全　主编

中国电力出版社
CHINA ELECTRIC POWER PRESS

内 容 提 要

《国家电网公司生产技能人员职业能力培训教材》是按照国家电网公司生产技能人员标准化培训课程体系的要求，依据《国家电网公司生产技能人员职业能力培训规范》（简称《培训规范》），结合生产实际编写而成。

本套教材作为《培训规范》的配套教材，共72册。本册为通用教材的《电力工程力学》，全书共十五章、70个模块，主要内容包括静力学、材料力学、结构力学部分，静力学部分具体内容有：静力学基础知识、力矩与平面力偶理论、平面力系、空间力系、重心；材料力学部分具体内容有：轴向拉伸与压缩、剪切与挤压、圆轴扭转、弯曲、组合变形的强度计算、压杆稳定；结构力学部分具体内容有：结构力学基础知识、静定平面桁架、静定空间桁架、塔架的实用近似计算等。

本书是供电企业生产技能人员的培训教学用书，也可以作为电力职业院校教学参考书。

图书在版编目（CIP）数据

电力工程力学/国家电网公司人力资源部组编. —北京：中国电力出版社，2010.5（2020.9重印）

国家电网公司生产技能人员职业能力培训通用教材

ISBN 978-7-5083-9602-6

Ⅰ. 电…　Ⅱ. 国…　Ⅲ. 电力工程–工程力学–技术培训–教材　Ⅳ. TM71

中国版本图书馆 CIP 数据核字（2009）第 195629 号

中国电力出版社出版、发行

（北京市东城区北京站西街 19 号　100005　http://www.cepp.sgcc.com.cn）

三河市航远印刷有限公司印刷

各地新华书店经售

*

2010 年 5 月第一版　　2020 年 9 月北京第九次印刷

710 毫米×980 毫米　16 开本　14.5 印张　266 千字

印数 29501 - 31000 册　定价 38.00 元

版 权 专 有　侵 权 必 究

本书如有印装质量问题，我社营销中心负责退换

《国家电网公司生产技能人员职业能力培训通用教材》
编　委　会

主　　　任　　刘振亚

副　主　任　　郑宝森　　陈月明　　舒印彪　　曹志安　　栾　军

　　　　　　　李汝革　　潘晓军

成　　　员　　许世辉　　王凤雷　　张启平　　王相勤　　孙吉昌

　　　　　　　王益民　　张智刚　　王颖杰

编写组组长　　许世辉

副　组　长　　方国元　　张辉明　　王礼田

成　　　员　　郭恒全　　牛孝云　　鹿秀凤　　鞠宇平　　倪　春

　　　　　　　江振宇　　李群雄　　曹爱民　　丁少军　　张冠昌

　　　　　　　赵艳玲

国家电网公司

生产技能人员职业能力培训通用教材

前　言

　　为大力实施"人才强企"战略，加快培养高素质技能人才队伍，国家电网公司按照"集团化运作、集约化发展、精益化管理、标准化建设"的工作要求，充分发挥集团化优势，组织公司系统一大批优秀管理、技术、技能和培训教学专家，历时两年多，按照统一标准，开发了覆盖电网企业输电、变电、配电、营销、调度等34个职业种类的生产技能人员系列培训教材，形成了国内首套面向供电企业一线生产人员的模块化培训教材体系。

　　本套培训教材以《国家电网公司生产技能人员职业能力培训规范》（Q/GDW 232—2008）为依据，在编写原则上，突出以岗位能力为核心；在内容定位上，遵循"知识够用、为技能服务"的原则，突出针对性和实用性，并涵盖了电力行业最新的政策、标准、规程、规定及新设备、新技术、新知识、新工艺；在写作方式上，做到深入浅出，避免烦琐的理论推导和论证；在编写模式上，采用模块化结构，便于灵活施教。

　　本套培训教材包括通用教材和专用教材两类，共72个分册、5018个模块，每个培训模块均配有详细的模块描述，对该模块的培训目标、内容、方式及考核要求进行了说明。其中：通用教材涵盖了供电企业多个职业种类共同使用的基础知识、基本技能及职业素养等内容，包括《电工基础》、《电力生产安全及防护》等38个分册、1705个模块，主要作为供电企业员工全面系统学习基础理论和基本技能的自学教材；专用教材涵盖了相应职业种类所有的专业知识和专业技能，按职业种类单独成册，包括《变电检修》、《继电保护》等34个分册、3313个模块，根据培训规范职业能力要求，Ⅰ、Ⅱ、Ⅲ三个级别的模块分别作为供电企业生产一线辅助作业人员、熟练作业人员和高级作业人员的岗位技能培训教材。

　　本套培训教材的出版是贯彻落实国家人才队伍建设总体战略，充分发挥企业培养高技能人才主体作用的重要举措，是加快推进国家电网公司发展方式和电网发展方式转变的具体实践，也是有效开展电网企业教育培训和人才培养工作的重要基础，必将对改进生产技能人员培训模式，推进培训工作由理论灌输向能力培养转型，提高培训的针对性和有效性，全面提升员工队伍素质，保证电网安全稳定运行、支撑和促进国家电网公司可持续发展起到积极的推动作用。

本册为通用教材部分的《电力工程力学》，由山西省电力公司具体组织编写。

全书第一章～第五章由山西省电力公司郭恒全编写；第六章～第十章由山西省电力公司牛孝云编写；第十一章～第十五章由山西省电力公司鹿秀凤编写。全书由郭恒全担任主编。湖北省电力公司杨岱担任主审，湖北省电力公司王敏、邹登海参审。

由于编写时间仓促，难免存在疏漏之处，恳请各位专家和读者提出宝贵意见，使之不断完善。

国家电网公司
STATE GRID
CORPORATION OF CHINA

国家电网公司
生产技能人员职业能力培训通用教材

目　录

第一章 静力学基础知识

模块 1 静力学基本概念（TYBZ00601001）

【模块描述】本模块介绍静力学的基本概念。通过把一定的基础知识与经验相结合的讲解方法，熟悉力、作用力与反作用力、力系、合力、平衡的概念。

【正文】

静力学研究物体受力和平衡的规律。学好静力学，先须理解几个基本概念。

一、平衡

平衡是指物体相对于地面静止或作匀速直线运动的状态。例如矗立于地面的铁塔及上面的杆件，沿水平路面作匀速直线运动的车辆及上面的货物等，都处于平衡状态。

二、力

1. 力的概念

力是物体间的相互作用。此概念包含三方面的信息。

（1）产生一个力必须（也只需）有两个物体。

（2）作用是相互的，而不是单方面的。若将一方称为施力物体，另一方则称为受力物体，施力物体给予受力物体的力称为作用力，受力物体给予施力物体的力称为反作用力。

（3）工程实际中产生力的作用方式有两种：接触和吸引。前者只有通过物体的相互接触才可能产生力，后者只考虑地球对物体的吸引力，即重力。

由经验知道，物体受力后会产生两种效果，即运动状态的改变和形体的改变，前者称为力的外效应，后者称为内效应。

静力学研究力的外效应。为使问题得以简化，需要略去物体形体改变的影响，即把物体看作刚体。

2. 力的三要素和量化

研究力的作用效应，需要将力量化，即需要引入一个物理量来表达力对物体的作用效果。实践证明，力对物体的作用效果不仅取决于力的大小，而且还与力的方向和作用点有关，通常将力的大小、方向、作用点称为力的三要素。由数学知识知道，具有大小和方向的量是矢量，所以需要用一个矢量来表达一个力。力的图示方法为：用按一定比例画成的有向线段表示力的大小，箭头表示力的方向，有向线段的起点或终点表示力的作用点。力的数学符号一般用一个上方带箭头的大写英文字母（如 $\vec{F}$、$\vec{R}$ 等）或者是大写的粗斜体字母（如 **F**、**R** 等）表示，本书采用后一种表示方法。普通大写斜体字母 F、R 等表示力的大小。

3. 力的单位

力的标准单位是牛（顿），符号为 N，常用单位还有 kN（千牛）。换算关系为

$$1kN = 1000N$$

工程实际中往往用 kg（千克或公斤）等单位来度量力的大小，换算关系为

$$1kg = 9.8N$$

4. 力的图示法

如作用于物体 A 点，大小为 150N，与水平方向成 45°夹角且指向右上方的力，图示法和符号表示如图 TYBZ00601001-1。方法及步骤如下：

1）先确定参考方向，如图中虚线表示水平方向；

2）选择适当比例尺，即用一定长度的线段来表示力大小，图中以 1cm 代表 50N；

3）找到力的作用线（通过力的作用点且沿力方向的直线称为力的作用线，图中力的作用线为过 A 点且与水平方向夹角为 45°的直线），并在作用线上沿力的方向按比例尺截取力的大小，图中力的大小应为 3cm。

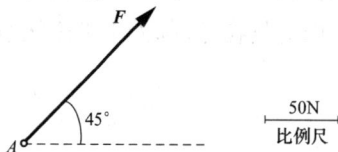

图 TYBZ00601001-1　力的图示法

三、力系

作用于物体上相互联系的一群力称为力系。根据力系中各力作用线的位置关系，力系可分为平面力系（力的作用线共面）、空间力系（力的作用线不共面），平行力系（各力作用线相互平行）、汇交力系（各力作用线交于一点）等。

平衡力系：如果一个力系作用到一个物体使物体处于平衡状态，就称这个力系为平衡力系。

等效力系：如果两个力系分别作用于物体而产生相同的效果，就称此二力系为等效力系。

合力：如果一个力与一个力系等效，就把该力称为这个力系的合力。而力系中的各力称为该合力的分力。

【思考与练习】

1. 什么是物体的平衡？物体"失去平衡"意味着什么？

2. 产生一个力的物质条件是什么？物体之间的相互作用有几种方式？

3. 如何区别施力物体和受力物体、作用力与反作用力？

4. 力的三要素是什么？如何用矢量来表示力的三要素？

5. 什么是平衡力系？什么是等效力系？什么是合力？

模块 2　静力学公理（TYBZ00601002）

【模块描述】本模块介绍静力学公理论。通过联系生产、生活实例的讲解，掌握二力平衡条件、力的平行四边形公理、作用力与反作用力公理，熟悉加减平衡力系公理、力的可传性原理及三力平衡汇交原理。

【正文】

公理是经验的总结，并由所有的实践证实是正确的自然法则。公理不能用数学方法加以证明，它揭示了我们所处时空的运动法则。公理又是最简单、最易于理解的，然而正是由这些简单的法则作基石，才构成了静力学宏伟理论的大厦。

一、力的平行四边形公理

作用于物体上一点的两个力，可以合成为一个力。合力的大小和方向由以该二力为邻边所作的平行四边形的对角线决定，合力的作用点和原二力位于同一点。

以上公理也称为二力合成的平行四边形法则。如图 TYBZ00601002-1（a）所示，图中 F_1 和 F_2 为作用于物体上一点 A 的两个力，R 即为它们的合力。

上述法则用数学公式表示即为

$$R = F_1 + F_2$$

注意：上式表示 R 为 F_1 和 F_2 的矢量和，并不表示它们的大小也等于算术相加。由力的平行四边形公理可推知，合力并不一定总比分力大。

所谓力的平行四边形公理与数学上矢量的加法法则相同。实际上，数学上矢量的加法法则正是根据力的平行四边形公理而规定的。

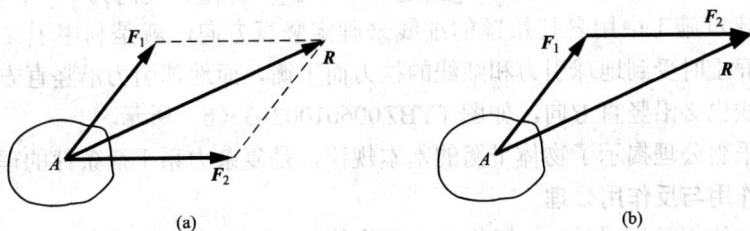

图 TYBZ00601002-1　二力的合成

(a) 四边形法则；(b) 三角形法则

模块
2

TYBZ00601002

平行四边形公理，是任意复杂力系化简或求合力的理论基础。在实际应用时，为简化作图过程，只须画出四边形的一半，即在第一个力的终点上接上第二个力，将两个矢量首尾相连，然后将第一个力的起点和第二个力的终点连接起来的矢量就是合力。如图 TYBZ00601002-1（b）所示，此法称为力三角形法则。

举例说明。比如一个人要将放置于地面的重物提起来（沿竖直方向），由经验知，需要给物体施加一个向上的力，如图 TYBZ00601002-2（a）中的力 R。但是这不是唯一的方式，若由两个人抬物体时，各人施与物体的力如图 TYBZ00601002-2（b）中的力 F 与 P，这说明图 TYBZ00601002-2（b）中的两个力 F 与 P 与图 TYBZ00601002-2（a）中的一个力 R 等效，即 R 为 F 与 P 的合力。如果用测力计测出 F 与 P 的大小，以及量出它们之间的夹角，即可得到数量关系的验证。

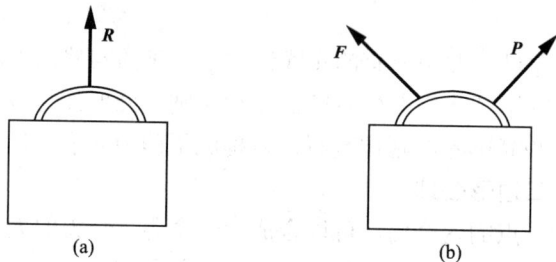

图 TYBZ00601002-2　二力合成的实例

（a）单力提物；（b）二力提物

二、二力平衡公理

作用于同一物体上的二力使物体平衡的充分必要条件是此二力大小相等、方向相反且作用于同一直线。为着叙述简单，通常将条件表达为等值、反向、共线。

所谓"充分必要"条件就是：如果作用于同一物体的二力满足等值、反向、共线的条件，物体一定平衡，此时称条件为充分条件；反过来如果物体平衡，则其上作用的二力必等值、反向、共线，此时称条件为必要条件。如图 TYBZ00601002-3（a）所示，图中共线的二力 F_1、F_2 满足：$F_1=-F_2$（等值、反向）。

例如建筑施工中用悬挂铅锤的细线来确定竖直方向，就是利用了二力平衡公理：铅锤静止时受到地球引力和细线的拉力而平衡，而地球引力沿竖直方向，所以可推知细线也必沿竖直方向，如图 TYBZ00601002-3（b）所示。

二力平衡公理揭示了物体平衡的基本规律，是复杂力系平衡条件的理论基础。

三、作用与反作用公理

两个物体相互作用时，如甲物体给乙物体一个作用力，必然同时受到乙物体的反作用力，作用力与反作用力总是大小相等、方向相反、沿同一直线分别作用在两个不同的物体上。简言之，作用力与反作用力总是等值、反向、共线且作用在两个

模块 2　TYBZ00601002

不同的物体上。

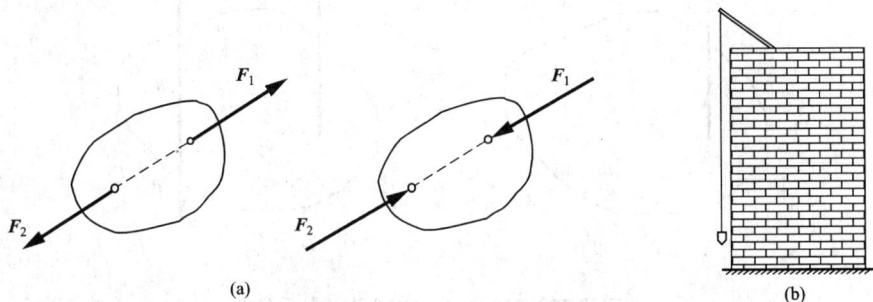

图 TYBZ00601002-3　二力平衡公理及实例
(a) 二力平衡；(b) 铅锤取直

作用力与反作用力的符号表示和区分：用相同的字母而在反作用力上加单撇上标，如图 TYBZ00601002-4 所示，图中 F 与 F' 是绳子与小球之间的相互作用力，其中 F 是小球受到绳子的作用力，作用于小球；F' 是绳子受到小球的反作用力，作用于绳子，F 与 F' 大小相等，方向相反，分别作用于两个不同的物体。例如人给物体施力时，人体的施力部位会有受力的感觉，就是由于受到物体反作用力的缘故。

作用与反作用公理是对物体间相互作用的定量描述，是分析物体间作用关系的依据。值得注意的是，要将二力平衡公理与作用与反作用公理区别开来，虽然它们都有等值、反向、共线的条件，但是并不是一回事，前者的二力作用于同一物体，而后者的二力分别作用在两个不同的物体。

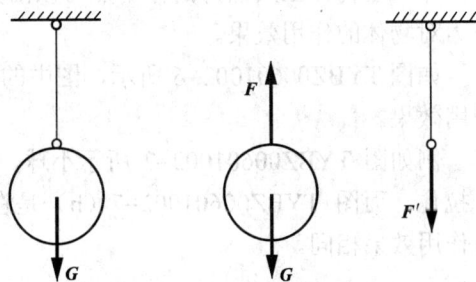

图 TYBZ00601002-4　作用力与反作用力

四、加减平衡力系公理

对于不变形的物体，在其上作用的任意力系上，加上或者减去一个平衡力系，不改变原力系对物体的作用效果。

如图 TYBZ00601002-5 (a) 所示，物体的 A 点作用一力 F，现在物体的任一点 B 添加一个平衡力系 (P, P')，得到如图 TYBZ00601002-5 (b) 的力系，但不会影响原力 F 对物体的作用效果。反过来，如果在图 TYBZ00601002-5 (b) 的力系上减去一个平衡力系 (P, P')，又可以得到图 TYBZ00601002-5 (a) 所示的力系，同样不影响原力系对物体的作用效果。

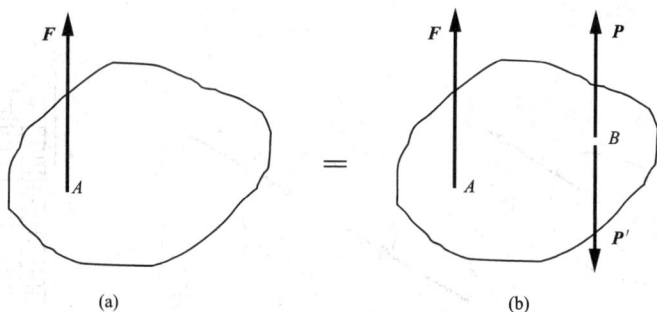

图 TYBZ00601002-5 加减平衡力系公理

（a）作用于 A 点的力；（b）加上一平衡力系而等效在 B 点

比如在拔河比赛中，两队同时增加或者减少同等级别和相同数量的选手被认为是公正的，就是应用了这个公理。

加减平衡力系公理用于力系的变换，利用它可以推导出静力学中的一些重要定理，这里先给出利用本公理得出的两个重要推论（推导过程略）。

推论一：力的可传性原理。

作用在物体上某点力的作用点可以沿其作用线移到物体上任意一点，而不改变此力对物体的作用效果。

如图 TYBZ00601002-6 所示，图中的力 F 由 A 点移到 B 点，不影响对物体的作用效果。

例如图 TYBZ00601002-7 所示小球，图 TYBZ00601002-7（a）是从上面将小球拉住，而图 TYBZ00601002-7（b）是在下面将小球托起，两者作用点不同，但是作用效果相同。

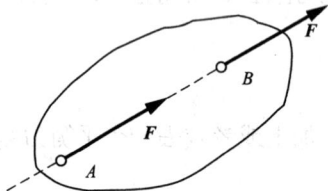

图 TYBZ00601002-6 力的可传性

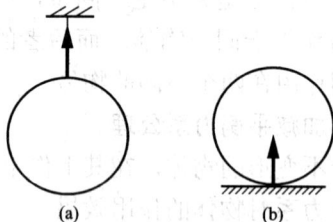

图 TYBZ00601002-7 力的可传性实例

此推论说明，在同一物体上，若只考虑力的外效应，决定力作用效果的，不是力的作用点而是作用线，所以在画物体的受力图时，只要将力画在其作用线上即可，一般习惯将力矢量的起点或终点画在力的作用点上。

推论二：三力平衡汇交原理。

当物体受到同一平面内三个互不平行的力作用而平衡时，此三力的作用线必然交于一点。

如图 TYBZ00601002-8 所示。力系（F_1、F_2、F_3）满足条件：共面、互不平行且平衡，则可得出结论：三力作用线汇交。

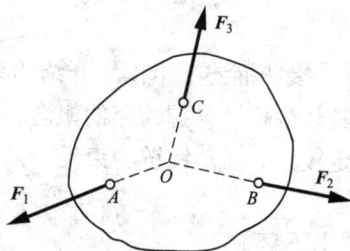

此推论可用于只受三个力作用而平衡的物体，在已知其中两个力作用线的情况下，确定第三个力的作用线，从而减少未知力的数目，一定程度上简化计算过程。需要注意的是，三力汇交为三力平衡的必要条件而非充分条件，也就是说，此推论反过来不成立，即：如果三个力的作用线交于一点，并不能说明此三力一定为平衡力系。

图 TYBZ00601002-8　三力平衡汇交

【思考与练习】

1. 根据力的平行四边形公理，找到这样的两个力：

1）合力大于任意一个分力；

2）合力小于任意一个分力；

3）两个力都不等于零，但它们的合力等于零。

2. 曲杆 AB 如图 TYBZ00601002-9 所示，不计杆自重，现在 A、B 两点各加一个力，问力的大小和方向如何，才能使杆处于平衡状态？

3. 如图 TYBZ00601002-10 所示，物体 A 点受力 F，能否在 B 点加一力使物体平衡？为什么？

4. 如图 TYBZ00601002-11 所示，物体平衡，B、C 点受力如图示，试确定 A 点受力的作用线。

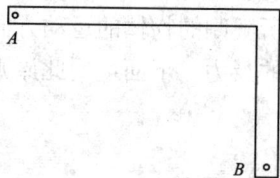

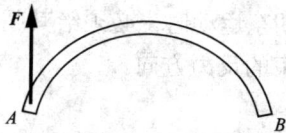

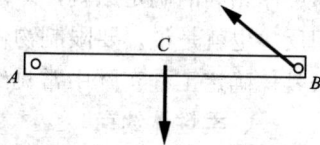

图 TYBZ00601002-9　题 2 图　　图 TYBZ00601002-10　题 3 图　　图 TYBZ00601002-11　题 4 图

5. 一对平衡力和一对作用与反作用力都满足等值、反向、共线条件，它们的区别在哪里？

模块3　约束与约束反力（TYBZ00601003）

【模块描述】本模块介绍约束与约束反力。通过一般原理的讲解及对各种约束的具体分析，掌握约束的概念、约束反力方向的确定原则及柔性体、刚性光滑面、固定铰链、活动铰链约束反力的画法，熟悉二力杆、中间铰链及固定端约束反力的画法。

【正文】

物体之所以能相对于地面静止或作匀速直线运动，是由于其运动受到地面或周围物体的种种限制才得以实现的。力学中把限制物体运动的周围物体称为约束。例如，铁轨上跑的火车，铁轨就是火车的约束；立到地面上的电杆，地面以及拉线就是电杆的约束。

将物体分为"物体"和"约束"是根据所研究的对象不同而决定的。例如：物品放在桌面上，桌子又放置于地面上，对于物品，桌子就是它的约束，而研究桌子的平衡时，地面又是桌子的约束。而每一种约束对物体运动的限制都是通过相互作用即力来实现的，所以，物体受到何种类型的约束，就注定了会受到何种可能的作用力。约束是和相应的力等同的。

约束给物体的力称为约束反力。也称为约束力，或简称反力。工程实际中，约束反力都是未知力，静力学的主要任务就是求解约束反力。力是由三个要素构成的，求解一个力就是要求得它的大小、方向和作用点（线）。约束反力的大小需要由平衡条件来确定，这需要通过以后模块的学习来解决；约束反力的作用点就是物体与约束的接触点，可以通过简单观察得到；约束反力的方向由约束类型决定，确定它就是本模块的研究任务。

约束反力的方向与约束的具体构造有关，不同的约束有不同的反力。但是它们却遵循相同的确定原则，即：约束反力的方向总是与约束所限制的物体的运动方向相反。也就是说，要限制物体朝东运动时，必须给其朝西的反力。下面运用此原则来具体确定工程实际中常见约束的反力方向。

一、柔性体约束

柔性体约束是由柔软的绳索（麻绳、钢丝绳等）、链条、皮带等简化而来的。特点是能自由弯曲，但不能伸长。此类约束只能限制物体沿柔性体伸长方向的运动，所以约束反力必然指向柔性体缩短的方向，即沿着柔性体而背离物体。图TYBZ00601003-1（a）所示为用柔索悬挂的小球，A、B处的约束反力如图TYBZ00601003-1（b）所示。实际上更直观地看，柔性体约束的反力只能是对物体的拉力。

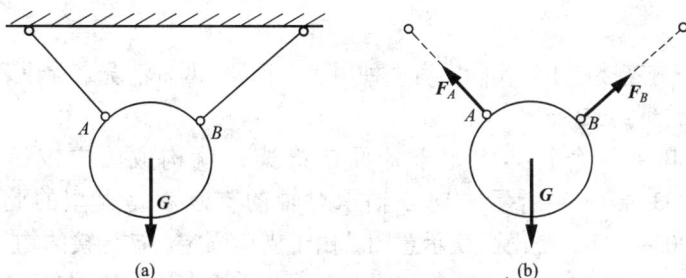

图 TYBZ00601003-1　柔性体约束
（a）结构示意图；（b）反力方向

二、刚性光滑面约束

刚性光滑面约束，就是忽略变形和摩擦时物体相互接触面之间构成的约束。例如水平地面对于放置在它上面的物体，两个相互接触的金属物体之间等。由于刚性和不计摩擦，所以只能限制物体垂直指向约束接触面内部的运动，因此约束反力的方向沿接触面的公法线而指向物体。图 TYBZ00601003-2 中列出了多种形式的接触面约束反力的方向。

图 TYBZ00601003-2（a）两个接触面为平面，图 TYBZ00601003-2（b）其中一个接触面为曲面，图 TYBZ00601003-2（c）其中一个接触面为尖角。

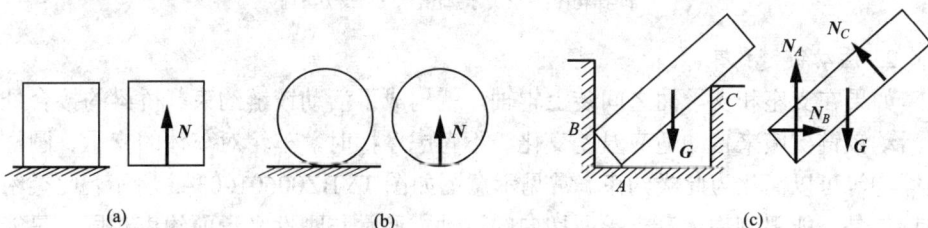

图 TYBZ00601003-2　刚性光滑面约束
（a）平面与平面接触；（b）曲面与平面接触；（c）点与面接触

三、圆柱形铰链约束

在被连接的两个物体上分别钻上相同直径的光滑圆孔，孔中穿以圆柱销连接起来构成的约束称为圆柱形铰链约束。也称铰链连接，或铰接等，如图 TYBZ00601003-3（a）所示。分图（b）是简图或示意图。此类约束的特点是：在与销钉轴线垂直的平面内，相互连接的物体可以绕销钉作相对转动，但不可以相对

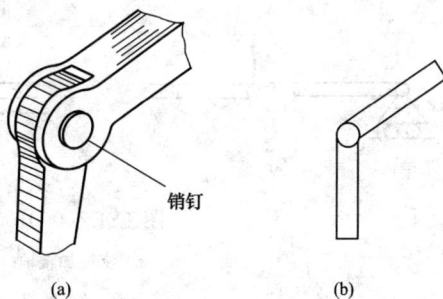

销钉

图 TYBZ00601003-3　铰链连接
（a）结构图；（b）示意图

移动。

圆柱形铰链连接在工程实际中有多种用途，下面分四种情况来看约束反力的方向。

1. 固定铰链约束

如果将其中一个物体固定于地面或机架，就构成固定铰链约束，如图 TYBZ00601003-4（a）所示。向心轴承对轴的支承就是典型的此类约束。图 TYBZ00601003-4（b）是简图或示意图。由于支座固定，被连接的物体在与销钉轴线垂直的平面内任何方向的移动都被限制，因此，约束反力的方向可能指向任何方向，也就是说固定铰链支座约束反力的方向是不确定的。对于不确定的力，一般用两个互相垂直的分力来表示。所以约束反力的画法如图 TYBZ00601003-4（c）所示。作用点位于铰链中心。

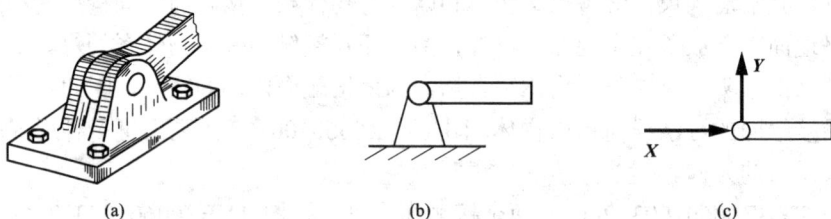

图 TYBZ00601003-4　固定铰链约束
（a）结构图；（b）示意图；（c）反力方向

2. 活动铰链约束

如果在支座和支承面之间装上辊轴，就构成了活动铰链约束。桥梁的接合处常用活动铰链支座来自动适应温差变化，不考虑摩擦时，车轮对车体的支承、圆柱形支撑物等可以简化为此类约束。常见示意图如图 TYBZ00601003-5 所示。此类约束的特点是不能限制物体沿支承面切向的运动，通常与刚性光滑面约束相同，只能限制物体指向支承面的运动，所以约束反力的方向垂直于支承面（通过铰链中心）指向物体，如图 TYBZ00601003-5（a）、（b）所示。

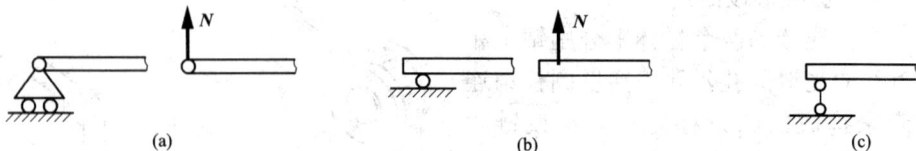

图 TYBZ00601003-5　活动铰链支座
（a）支座加辊轴；（b）辊轴；（c）链杆

此类约束中还有一类既能限制物体指向支承面的运动，也能限制物体离开支承面的运动，称作双面约束，一般用如图 TYBZ00601003-5（c）的示意图来表示。其约束反力的方向有两种可能情况，即垂直于支承面指向或离开物体，画约束反力时可以随意假设，真实指向应根据平衡条件来最终确定。而在实际问题中究竟是单面约束还是双面的约束，需要根据具体的约束情况来确定。

3. 二力杆约束

两端由铰链连接、中间不受外力（包括自重）的杆件称为二力杆，顾名思义，二力杆就是只受两个力的杆件。桁架结构中的杆件都认为是二力杆。如果物体通过二力杆与地面（或其他物体）连接，就形成二力杆约束。如图 TYBZ00601003-6（a）中的 *AB* 杆。二力杆约束反力的方向沿两个铰链的连线离开或指向物体。下面从两方面加以说明。

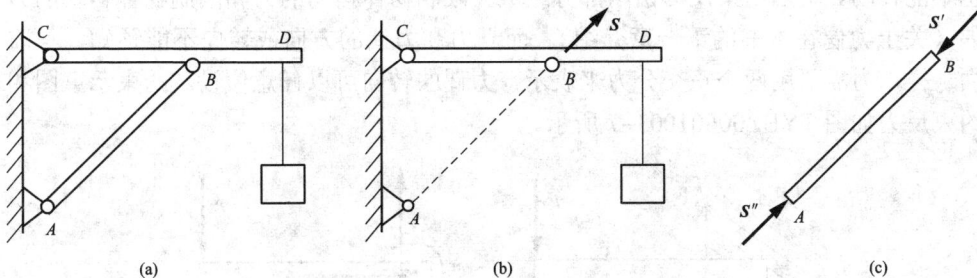

图 TYBZ00601003-6 二力杆约束

（a）结构中的二力杆；（b）二力杆的反力；（c）二力杆的受力

首先，如图 TYBZ00601003-6（a）所示，杆 *AB* 可以绕 *A* 点转动，故不能限制物体（*CD*）上与之相连的 *B* 点沿着垂直于 *AB*（两铰链的连线）方向的运动。*AB* 杆不可伸长或缩短，所以限制物体沿 *AB*（两铰链的连线）方向离开或指向杆的运动，故约束反力的方向应沿 *AB*（两铰链的连线）指向或离开物体，见图 TYBZ00601003-6（b）中的 *S*。实际上二力杆就不可伸长的一面来看，与柔性体约束完全相同。无非加上不可压缩而成为双面约束而已。

其次，二力杆的约束反力方向也可以从二力杆自身的受力分析得到。根据二力平衡公理，二力杆本身受到的力必然等值、反向、共线，亦即沿两铰链的连线（*AB*）方向，如图 TYBZ00601003-5（c）所示，图中 *S'* 为 *AB* 杆受到 *CD* 杆的作用力（假设 *AB* 杆受压）。再根据作用与反作用公理，*CD* 杆在 *B* 点受到 *AB* 杆的约束反力 *S* 就是 *S'* 的反作用力，两者的关系也是等值、反向、共线，所以知 *S* 的方向亦沿两铰链的连线（*AB*）方向。

有些问题里面，二力杆不一定是直杆，初学者应根据二力杆的条件来判断，避免误认或漏失。

4. 中间铰链约束

此约束常出现在物体系统的受力分析中，如图 TYBZ00601003-5 所示，假如 AB 杆中间还受着一个力，此时 AB 已不是二力杆，连接杆 AB 和杆 CD 的铰链 B 就是中间铰链，简称中间铰。其相互作用的方向一般不确定，所以画约束反力时，与固定铰链一样，用两个正交分力来表示。

四、固定端约束

将物体的一段牢固地植入基础或固定于其他物体，就构成了固定端约束。例如埋入地下的电线杆，固定于电线杆顶部的横担，都可以简化为固定端约束。本约束的特点是约束与被约束物体成为一体，物体相对于约束既不能有任何方向的移动，也不能转动。所以约束反力由两部分组成：限制物体移动的力和限制物体转动的力偶（关于力偶在本书的下一章介绍）。而且力和力偶的方向或转向不能预知，与前面一样，力需要用两个正交分力来表示，力偶的转向可以任意假设。约束示意图和约束反力如图 TYBZ00601003-7 所示。

图 TYBZ00601003-7   固定端约束

最后需要特别说明，工程中的实际约束并不与以上所介绍的理想模型完全一致，解决实际问题时，应将实际约束作一些近似处理，简化为上述类型之一。

【思考与练习】

1. 什么是约束？什么是约束反力？如何区分"物体"和"约束"？

2. 确定约束反力方向的原则是什么？试举实例来说明。

3. 试判断图 TYBZ00601003-8 中各物体的受力图是否正确，如有错误请改正。设各接触面光滑，并不计各杆自重。

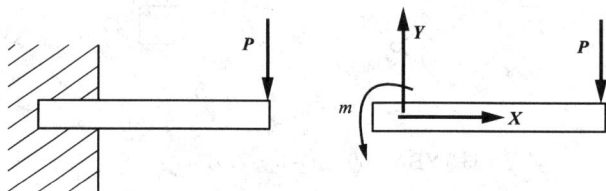

(a)

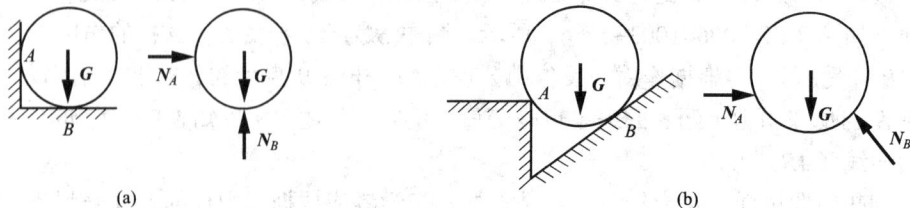

(b)

图 TYBZ00601003-8（一）

（a）刚性光滑等约束；（b）反力方向正误判断

(c)

(d)

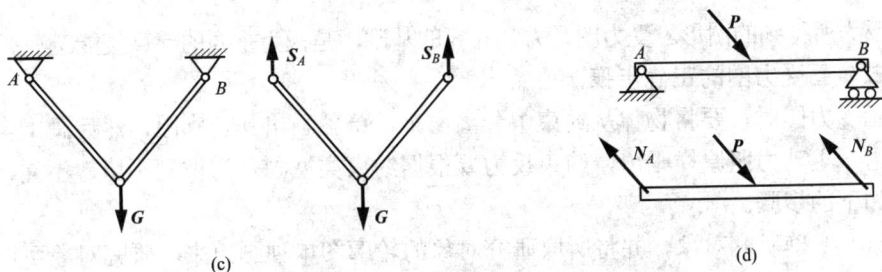

图 TYBZ00601003-8（二）

（c）圆柱形铰链； （d）固定铰链与活动铰链

4. 不计各杆自重，请找出图 TYBZ00601003-9 中的二力杆。

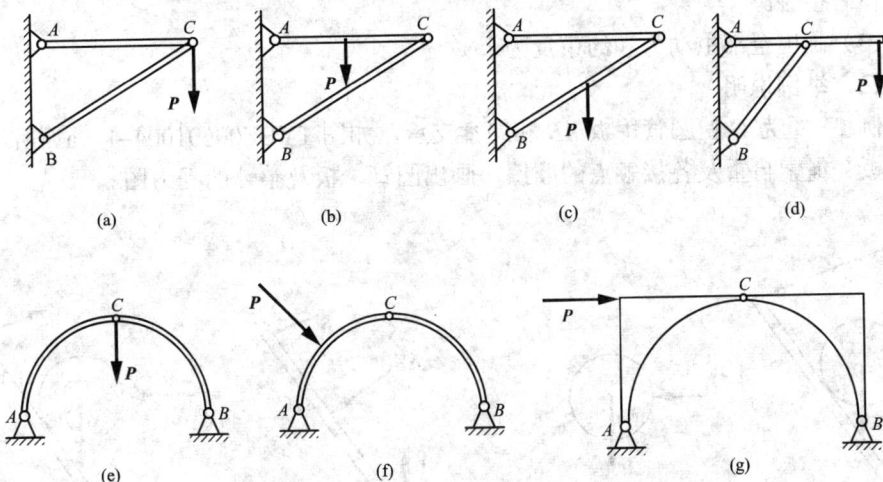

(a) (b) (c) (d)

(e) (f) (g)

图 TYBZ00601003-9

（a）三角架结点受力； （b）三角架水平杆受力； （c）三角架斜杆受力； （d）三角支架悬臂受力；
（e）三铰拱铰链受力； （f）三铰拱一侧受斜向力二力杆判断； （g）三角拱一侧受水平力

模块 4 物体的受力分析与受力图（TYBZ00601004）

【模块描述】本模块介绍物体的受力分析和受力图。通过一般方法的讲解及充分举例，掌握柔性体、刚性光滑面、固定铰链、活动铰链、二力杆约束存在下物体及物体系统受力图的画法。

【正文】

一、概念及意义

物体的受力分析，是指根据物体所受的主动力及其约束情况来确定物体受力的过程。受力图就是去掉物体所受的全部约束，画出物体的示意图和所受的全部主动力和约束反力所得到的图形。受力图是力学计算的基础，是极为重要的计算技能。

二、画受力图的正确步骤

画受力图时，要将物体从约束中分离出来，单独画出其轮廓图，然后画上全部受的力。主动力照原样画出，约束反力要根据约束类型画。为做到不错、不漏，应遵循如下的步骤。

（1）明确研究对象，并将所取研究对象的轮廓图单独画出来。研究对象可以是单个物体，也可以同时包含几个物体。同时包含几个物体的对象，与只有单个物体的对象在受力图的画法上并没有什么不同。

（2）判断研究对象何处受到约束反力。有约束反力的必要条件是研究对象与周围物体有接触。

（3）画出全部主动力和约束反力。

三、举例说明

例 1 重为 G 的圆管用板 AB 和绳索支承，如图 TYBZ00601004-1（a）所示。不计板、绳索自重及各接触点的摩擦，画出圆管、板及整体的受力图。

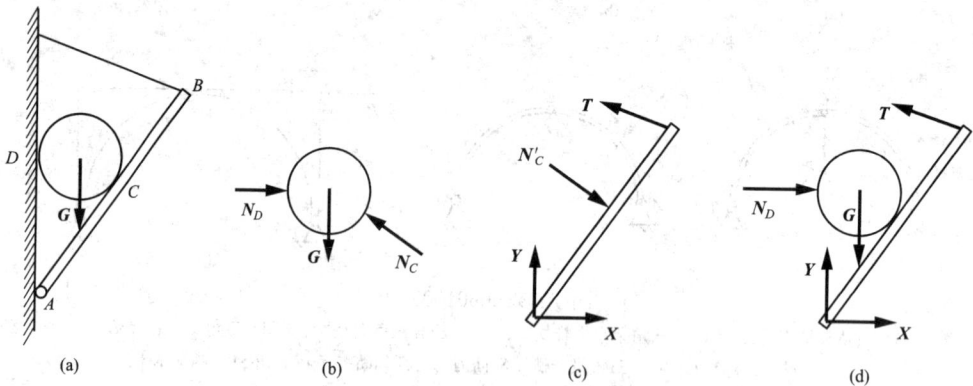

图 TYBZ00601004-1 受力示意图（一）

（a）圆管支承图；（b）圆管受力图；（c）支承板受力图；（d）整体受力图

解：将各研究对象单独画出来如图 TYBZ00601004-1（b）、（c）、（d）所示。

圆管受主动力 G，照原样画出，约束反力分别产生于 C、D 两处，因为圆管分别在 C、D 两处与板 AB 和墙壁相接触。约束类型为刚性光滑面，反力方向沿接触面的公法线指向物体。受力如图 TYBZ00601004-1（b）所示。

板 AB 不受主动力，而在 A、C、B 三点有约束，A 点受到固定铰链约束，B 点受到柔索的约束，C 点受到圆管的反作用力，受力图如图 TYBZ00601004-1（c）所示。

画整体的受力图时，将圆管和支承板看作一个物体，主动力有作用于圆管的重力，约束反力只在 A、B、D 三点产生，因为只有在这三点处研究对象才与别的物体有接触，受力图如图 TYBZ00601004–1（d）。特别提示，C 点并没有约束反力，因为作为研究对象的整体，在 C 点并没有约束。

例 2　如图 TYBZ00601004–2（a）所示，水平梁 AB 用斜杆 CD 在梁的中间支撑，其上 B 处安放一重为 W 的电动机，不计梁 AB 及杆 CD 自重，画出梁 AB、杆 CD 及整体的受力图。

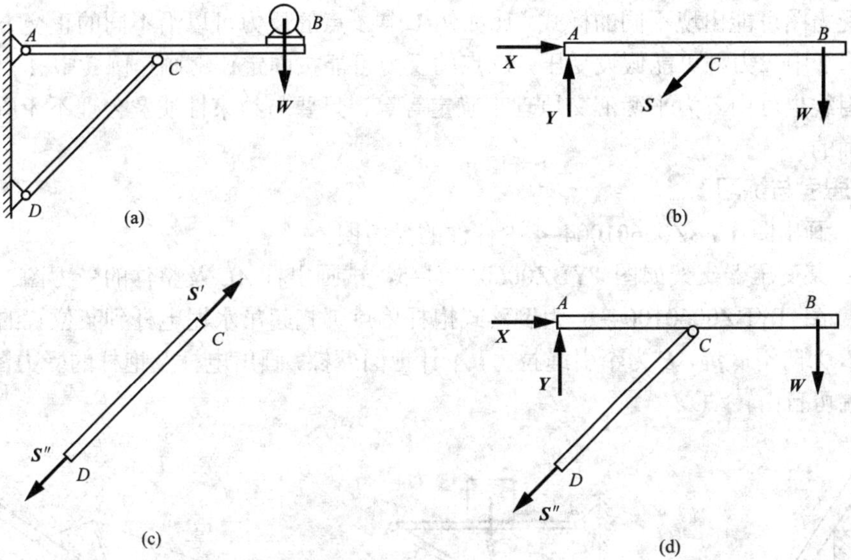

图 TYBZ00601004–2　受力示意图（二）

（a）结构示意图；（b）AB 杆受力图；（c）CD 杆受力图；（d）整体受力图

解：分别将需要画受力图的对象梁 AB、杆 CD，整体画出来。注意梁 AB 和杆 CD 要尽量按照其原来的相互位置关系画，以便于观察对照。梁 AB 的受力图如图 TYBZ00601004–2（b）所示：主动力 W 照原样画上，约束反力产生于 A、C 两点，A 点为固定铰链约束，反力方向不确定，用 X 和 Y 来表示；C 点为二力杆约束，反力方向沿 CD，设 CD 杆受拉，S 方向指向左下方。

CD 杆为二力杆，根据作用与反作用公理和二力平衡公理，受力见图 TYBZ00601004–2（d）。

整体的受力图如图 TYBZ00601004–2（c）所示，AB、CD 之间的内力不画。

例 3　简支梁 AB 支承与受力如图 TYBZ00601004–3（a）所示，不计接触面的摩擦，画出其受力图。

解：把 AB 杆单独画出来，主动力 P 照原样画上，约束反力有两个：B 点为活动铰链，反力方向垂直于支承面，A 点为固定铰链，反力方向一般不确定，用两个互相垂直的分力来表示，所以画出受力图如图 TYBZ00601004–3（b）所示。

模块 4

TYBZ00601004

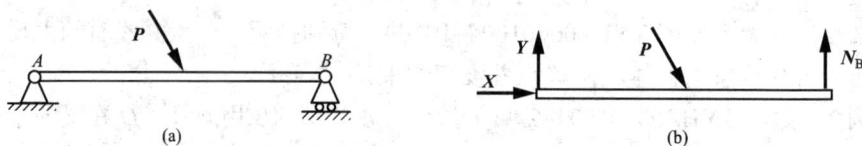

图 TYBZ00601004-3　受力示意图（三）

（a）结构图；（b）受力图

受力图可能出现不同的样式，比如例 1 中 A 点的反力可以沿不同的正交方向分解；例 2 中二力杆可能假设受压，D 点的反力可能按固定铰链画；例 3 中 A 点反力的作用线也可由三力平衡汇交原理来确定等等。只要与约束性质及公理不矛盾，都是正确的。

【思考与练习】

1. 画出图 TYBZ00601004-4 中杆件的受力图。

2. 某变压器支架如图 TYBZ00601004-5，试画出杆 AC 及整体的受力图。

3. 图 TYBZ00601004-6 为倒落式抱杆单点绑扎起吊水泥电杆到某位置的示意图，AB 为防滑底绳，F 为牵引绳拉力，不计地面摩擦，画出电杆及抱杆的受力图（抱杆底端可自由转动）。

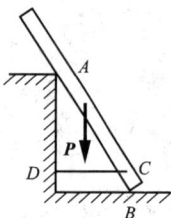
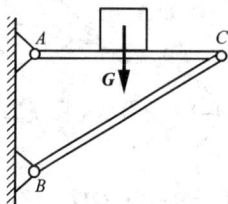
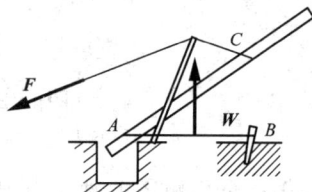

图 TYBZ00601004-4　习题 1 图　图 TYBZ00601004-5　习题 2 图　图 TYBZ00601004-6　习题 3 图

4. 画出图 TYBZ00601004-7 三铰结构 AC、BC 及整体的受力图（不计各杆自重）。

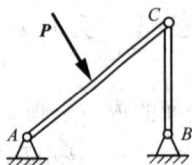
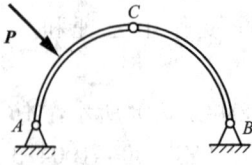
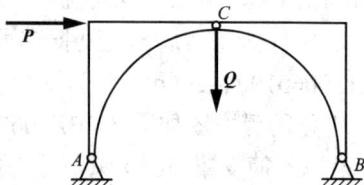

（a）　　　　　　　　　（b）　　　　　　　　　（c）

图 TYBZ00601004-7　习题 4 图

（a）三角架；（b）三铰拱；（c）三铰拱

国家电网公司
生产技能人员职业能力培训通用教材

第二章 力矩与平面力偶理论

模块 1 力矩（TYBZ00602001）

【模块描述】本模块介绍力矩。通过力对物体产生的转动效应分析及力矩计算举例，掌握力矩的概念及合力矩定理并能用对应的方法求平面上力对点的矩。

【正文】

一、力矩的概念

在研究物体的平衡时，需要考虑力的转动效应，由此需要引入力矩的概念。

由经验知道，给某个具有转动中心的物体施加力，可以使其转起来，比如用手开、关门，用扳手拧螺母等，这就是力的转动效应。在平面问题中，力矩就是力对物体产生的对于确定点转动效应的度量。下面以用扳手拧螺母为例，分析力矩的定义。扳手拧螺母时的受力情况如图 TYBZ00602001-1 所示。由经验知道，作用在扳手上的力 F 越大，产生的转动效应就越大；力一定时，力的作用线离转动中心 O 越远，转动效应也越大。转动中心 O 称为矩心（在一般情形下，矩心是可以任意指定的），矩心 O 到力的作用线的垂直距离 L 称为力臂。由此可看出，力矩的大小与力的大小和力臂的大小成正比。除了大小以外，不同的转向也表示截然不同的转动效应，比如松、紧螺母是两种相反的操作，效果完全相反。由此可以得出力矩的定义：力矩的大小等于力与力臂的乘积；不同的转向，用正负加以区别，通常规定：如果力使物体绕矩心沿逆时针方向转动，力矩为正，反之为负。由此得出力矩的数学公式为

$$M_O(F)=\pm FL \qquad \text{(TYBZ00602001-1)}$$

式（TYBZ00602001-1）的符号说明：M 是力矩的符号；足标 O 表示矩心，力矩是相对矩心而言的，完整的说法应该是力对点的矩，离开矩心说力矩是没有意义的，选取不同的矩心应该用不同的足标符号；括号中的 F，表示是力 F 的矩，力不同符号不同。

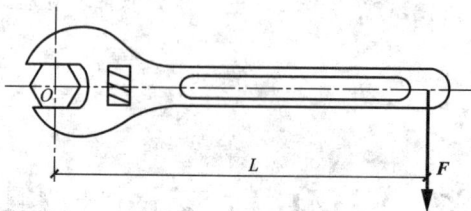

图 TYBZ00602001-1　力的转动效应

力矩的标准单位是 N·m（牛·米），常用单位有 kN·m（千牛·米）等。

例 1　在图 TYBZ00602001-1 中，已知：$F=200N$，$L=0.35m$，求力 F 对 O 点的矩。

解：由图 TYBZ00602001-1 知，力 F 使物体（扳手）相对于 O 点沿顺时针方向转动，所以力矩为负，由公式（TYBZ00602001-1）得

$$M_O(F) = -200 \times 0.35 = -70 N \cdot m$$

二、合力矩定理

在计算力矩时，有时求力臂往往比较麻烦，如图 TYBZ00602001-2，求力 P 对 A 点的矩，要求得 A 点到力 P 作用线的垂直距离比较麻烦。这时可以考虑将 P 分解为两个力 P_x 和 P_y，把力 P 对 A 点的矩，用它的两个力 P_x 和 P_y 分别对同一点矩的代数和来代替，这时由于每一个分力的力臂都是已知的，所以求解就简单了。问题是两个分力矩的代数和是不是和合力的矩相等？这是毫无疑问的。因为合力与分力是等效关系，而"等效"自然也包含转动效应的等效，所以可推知合力的矩必然等于分力矩的代数和。

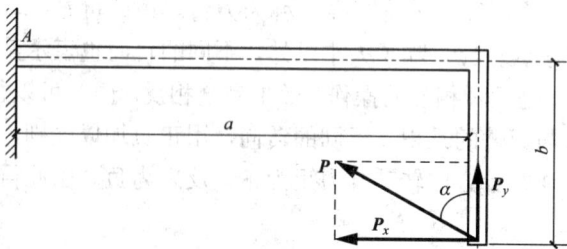

图 TYBZ00602001-2　合力与分力的矩

合力矩定理：如果一个力系可以合成为一个力，则合力对一点的矩等于力系中各力对于同一点矩的代数和。用数学式子来表述则为：

如果 R 是力系（F_1，F_2，$F_3 \cdots F_n$）的合力，即

$$R = F_1 + F_2 + F_3 + \cdots + F_n$$

则：

$$M_O(\boldsymbol{R})=M_O(\boldsymbol{F_1})+M_O(\boldsymbol{F_2})+M_O(\boldsymbol{F_3})+\cdots+M_O(\boldsymbol{F_n}) \qquad （TYBZ00602001-2）$$

合力矩定理也可以通过数学方法来证明，本教材略。

例2　在图 TYBZ00602001-2 中，已知：P=500N，a=1.2m，b=0.5m，α=60°，求力 $\boldsymbol{P}$ 对 A 点的矩。

解：把力 $\boldsymbol{P}$ 按图 TYBZ00602001-2 所示方向正交分解为 $\boldsymbol{P_x}$，$\boldsymbol{P_y}$，根据几何关系得：

$$P_x=P\sin\alpha=500\sin60°=500\times0.87=435N$$

$$P_y=P\cos\alpha=500\cos60°=500\times0.5=250N$$

由合力矩定理即公式（TYBZ00602001-2）得：

$$M_A(\boldsymbol{P})=M_A(\boldsymbol{P_x})+M_A(\boldsymbol{P_y})$$
$$=-P_xb+P_y a$$
$$=-435\times0.5+250\times1.2$$
$$=82.5 （N\cdot m）$$

【思考与练习】

1. 如果用扳手拧螺母时，力量不够该用什么方法？

2. 力矩的符号是如何规定的？为什么要用正、负号来区别力矩？

3. 求图 TYBZ00602001-3 各图所示力 $\boldsymbol{F}$ 对 O 点的力矩。其中 F=100N，l=2m，h=1m，α=60°。

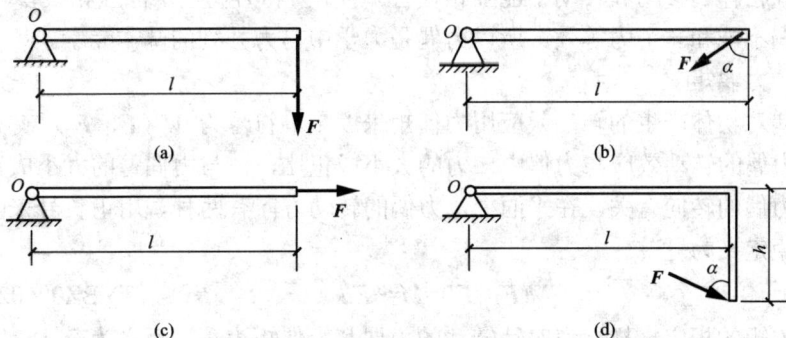

(a)　　　　　　　　　　　　　　(b)

(c)　　　　　　　　　　　　　　(d)

图 TYBZ00602001-3　习题3图

（a）力与杆垂直；（b）力与杆斜交；（c）力沿杆方向；（d）直角曲杆受斜向力

模块 2　力偶（TYBZ00602002）

【模块描述】本模块介绍力偶的概念。通过力偶作用的实例列举及作用效果的定性分析，掌握力偶的概念、力偶矩的计算方法，熟悉力偶的等效性。

【正文】

一、力偶的概念

力会使物体的运动状态发生改变，而物体的运动形式虽多种多样，但基本形式只有两种：移动和转动。深入的研究可以发现，物体转动状态的改变与力学中另外的一个量——力偶有关。如图 TYBZ00602002-1（a）所示，大小相等、方向相反、不共线的二力组成一个力偶。力偶的符号为（F，F'）。力偶中二力作用线之间的距离 d 称为力偶的力偶臂，二力作用线所在的平面称为力偶的作用面。

由经验知道，力偶作用于物体会使物体产生转动效应，而不产生移动效应。例如司机双手转动方向盘，方向盘受一力偶作用，如图 TYBZ00602002-1（b）所示；矩形通电线圈在磁场中转动，受到的力也是一力偶，如图 TYBZ00602002-1（c）所示。

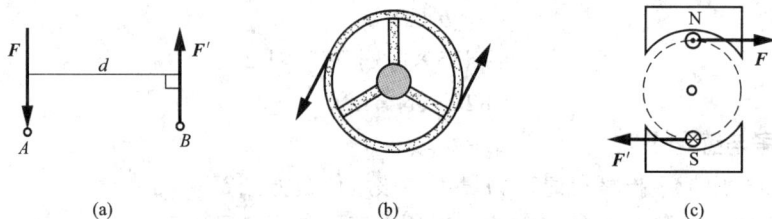

图 TYBZ00602002-1　力偶
（a）力偶；（b）方向盘受力；（c）通电线圈在磁场中受力

正像物体的移动和转动不能互相代替一样，力和力偶也不能互相代替，就是说，一个力偶不能和一个力等效。所以力偶是力学中与力并列的基本元素。

二、力偶矩

力偶对物体产生的转动效应用力偶矩来度量。符号为 M（F，F'）或 M，由经验知，力偶的转动效应与力偶中二力的大小成正比，也与力偶臂的大小成正比，另外还与力偶的转向有关，在平面上，力偶的转动方向有两种，用正负号来区分。所以力偶矩定义为

$$M(F，F')=M=\pm Fd \qquad (TYBZ00602002-1)$$

与力矩的规定一样，逆时针转动的力偶其力偶矩为正，反之为负。

如此规定的力偶矩，与把力偶当作两个力，来对作用面内任意一点求力矩的代数和所得的结果是一致的（验证过程略）。这说明，力偶对其作用面内任意一点的矩都相等且等于力偶矩，力偶的矩与矩心无关。特别地，如果把矩心取在力偶中其中一个力的作用点（线）上，如图 TYBZ00602002-1（a）中的 A 或 B 点，由于力的作用线通过矩心时力矩为零，所以又可以得出：力偶矩等于力偶中的任意一个力对另一个力的作用点的力矩，即

$$M=M_B(\boldsymbol{F})=M_A(\boldsymbol{F'}) \qquad （TYBZ00602002-2）$$

三、力偶的等效

两个力等效时需要三要素（大小、方向、作用线）全同，但是两个力偶等效并不需要其中的两个力都对应等效。产生一个相同的转动效果，可以有多种不同的施力方式，例如转动方向盘，不同的施力方法可以得到相同的转动效果。如图 TYBZ00602002-2 所示，在不同的力偶（$\boldsymbol{F}$，$\boldsymbol{F'}$）、（$\boldsymbol{P}$，$\boldsymbol{P'}$）、（$\boldsymbol{Q}$，$\boldsymbol{Q'}$）的分别作用下，方向盘都可以产生相同的转动效果，但是力偶（$\boldsymbol{F}$，$\boldsymbol{F'}$）和力偶（$\boldsymbol{P}$，$\boldsymbol{P'}$）中的二力方向是不同的，而力偶（$\boldsymbol{F}$，$\boldsymbol{F'}$）和力偶（$\boldsymbol{Q}$，$\boldsymbol{Q'}$）不仅力的方向不同，而且力的大小也不同，由经验知道，力偶臂变小后，需要的力就会变大，反过来，力偶臂变大了，需要的力就会变小。进一步定量分析可知：力偶矩大小相等、力偶的转向和作用面相同的二力偶等效。通常将力偶矩的大小、力偶的转向和力偶的作用面称为力偶的三要素。

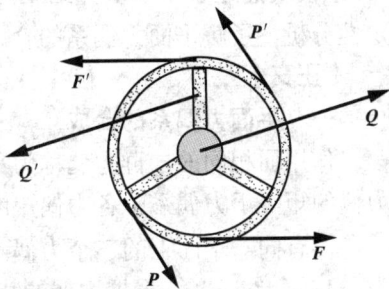

图 TYBZ00602002-2　力偶的等效性

由以上分析可进一步得出关于力偶等效性质的两个结论：

（1）力偶可以在其作用面内任意转移，而不影响其作用效应。

（2）在同一作用面内，只要保持力偶的力偶矩大小和转向不变，可以同时改变力偶中力和力偶臂的大小，而不影响其作用效应。

根据力偶的等效特性，力偶通常用如图 TYBZ00602002-3（a）或（b）的方法来表示。未知转向的力偶通常假设正向。

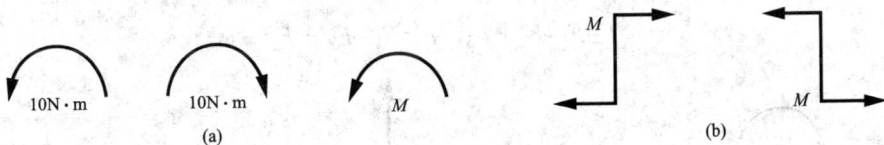

图 TYBZ00602002-3　力偶的表示法

（a）旋转箭头表示法；（b）示意图表示法

【思考与练习】

1. 什么是力偶？力偶对物体产生何种效应？

2. 力偶的转动效应由什么来度量？具体是如何规定的？

3. 求图 TYBZ00602002-4 所示二力分别对 A、B、C 三点的矩的代数和，并比较结果。

4. 力偶的三要素是什么？三要素说明两个力

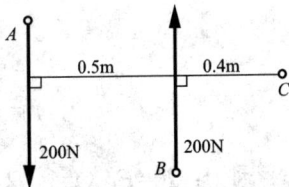

图 TYBZ00602002-4　习题 3 图

模块 2　TYBZ00602002

偶等效时应满足什么条件？

模块 3　平面力偶系的合成与平衡条件
（TYBZ00602003）

【模块描述】 本模块介绍平面力偶系的合成与平衡。通过对该力系作用效果的定性分析，了解平面力偶系的合成方法及平衡条件。

【正文】

一、平面力偶系的合成

作用面相同的一群力偶称为平面力偶系。平面力偶系可以合成为一个力偶，合力偶的矩等于力偶系中各力偶矩的代数和。说明如下：

设有同一平面上的三个力偶，如图 TYBZ00602003-1（a）所示，其力偶矩分别为：M_1，M_2，M_3。根据力偶的特性，保持力偶矩不变，同时改变三个力偶的力和力偶臂，使力偶臂都等于 d，并转移至图 TYBZ00602003-1（b）所示位置，得到新的力偶（F_1，F_1'）、（F_2，F_2'）、（F_3，F_3'），变换后使每一个力偶中的二力分别共线，大小分别为

$$F_1 = \frac{M_1}{d}, \quad F_2 = \frac{M_2}{d}, \quad F_3 = \frac{M_3}{d}$$

共线力系可以合成为一个力，合力的大小等于力系中各力的代数和：同向相加，异向相减。把 A 点和 B 点的力分别求合力，设 $F_1+F_3>F_2$，合力 F 和 F'的方向如图 TYBZ00602003-1（c）所示，且

$$F=F_1-F_2+F_3, \quad F'=F_1'-F_2'+F_3'$$

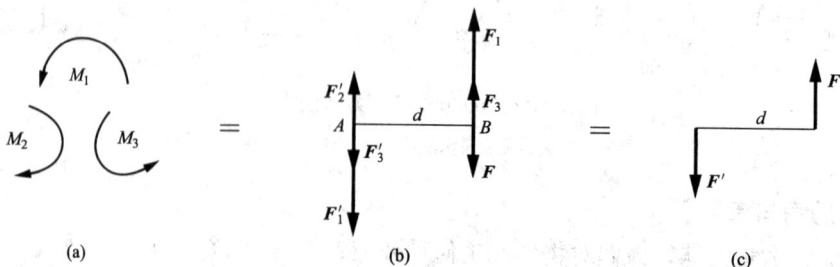

图 TYBZ00602003-1　力偶系的合成

（a）原力偶系；（b）等效变换后的力偶系；（c）合力偶

因为：$F_i=F_i'$（i=1，2，3），所以：$F=F'$，力 F 与 F' 也组成一个力偶，且力偶矩

$$M=Fd=(F_1-F_2+F_3)d=M_1+M_2+M_3$$

即

$$M=M_1+M_2+M_3+\cdots=\sum M_i \qquad \text{(TYBZ00602003-1)}$$

二、平面力偶系的平衡

平面力偶系可以合成为一个力偶，如果合力偶的矩不为零，必然对物体产生一个转动效应，物体的运动状态会随之改变，因此可以得出：平面力偶系平衡的充分必要条件是力偶系的合力偶矩为零，或力偶系中各力偶矩的代数和为零。即

$$\sum M=0 \qquad \text{(TYBZ00602003-2)}$$

式（TYBZ00602003-2）称为平面力偶系的平衡方程。

例 简支梁 AB 受一力偶作用，力偶矩 $M=200\text{N}\cdot\text{m}$，梁的结构、尺寸如图 TYBZ00602003-2（a）所示，求支座 A、B 的反力。

解：取梁 AB 为研究对象，因为梁上受的主动力仅为一力偶，根据力偶只能和力偶平衡，所以知 A、B 两点的反力也必然构成一力偶。又由于 B 点反力方向向上，所以知 A 点的反力必然向下，并且：$N_A=-N_B$。受力如图 TYBZ00602003-2（b）所示。列平衡方程：

$$\sum M=0 \qquad -M+N_A\cdot AB=0$$

解之得：

$$N_A=N_B=\frac{200}{0.5}=400\text{N}$$

利用方程（TYBZ00602003-2）可以求解一个未知量。工程实际中，纯力偶系作用的例子并不多见，而且分析起来不太方便。从可操作性上说，把平面力偶系当成平面任意力系来处理，反而更容易一些。

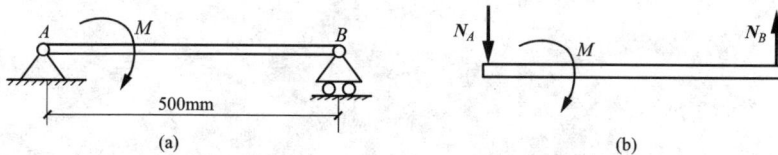

图 TYBZ00602003-2 受力偶作用的简支梁
（a）结构图；（b）受力图

【思考与练习】

1. 求出图 TYBZ00602003-3 力偶系的合力偶矩。

2. 某电动机的工作原理示意图如图 TYBZ00602003-4 所示。稳定工作时负载 $M=2\text{N}\cdot\text{m}$，电动机转子直径 $d=200\text{mm}$，求电动机匀速转动时转子受到的电磁力 F。

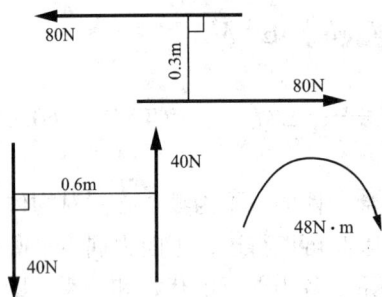

图 TYBZ00602003-3 习题 1 图

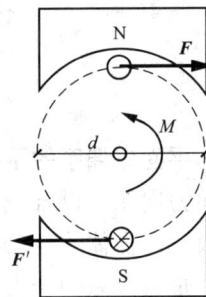

图 TYBZ00602003-4 习题 2 图

第三章　平　面　力　系

模块 1　平面汇交力系的合成与平衡条件
（TYBZ00603001）

【模块描述】本模块介绍平面汇交力系的合成与平衡。通过必要的理论推导及应用举例，熟悉平面汇交力系合成的几何法、解析法及平衡的几何条件，掌握平面汇交力系平衡方程的应用。

【正文】

如果一个力系中各力的作用线位于同一平面，就称该力系为平面力系。力的作用线交于一点的平面力系称为平面汇交力系。掌握平面汇交力系的合成与平衡规律既可以解决自身的问题，也为进一步解决平面任意力系的合成与平衡问题奠定基础。本模块将从静力学公理出发，给出平面汇交力系合成与平衡的一般理论，并分别用两种方法——几何法和解析法给出具体的求解方法。

一、平面汇交力系合成与平衡的几何法

所谓几何法就是图解法。

1. 平面汇交力系的合成

由力的平行四边形或三角形法则可知，两个汇交力可以合成为一个力。如果一个力系中包含多个力，则只要照此方法两两合下去，最后一定可以合成为一个力。设有四个力组成的平面汇交力系，如图 TYBZ00603001-1（a）所示。用力三角形法则两两合成，得到如图 TYBZ00603001-1（b）所示的结果。图中 R_1 是 F_1 和 F_2 的合力，用 R_1 代替 F_1 和 F_2 继续和 F_3 合成得到 R_2，继续用 R_2 代替 R_1 和 F_3 与 F_4 合成得到 R，R 便是整个力系的合力。矢量关系为

$$R = R_2 + F_4$$

把 $R_1 = F_1 + F_2$，$R_2 = R_1 + F_3$，代入上式，得

$$R = F_1 + F_2 + F_3 + F_4$$

如果有 n 个力则必有

$$R=F_1+F_2+F_3+F_4+\cdots+F_n=\sum F_i \qquad (TYBZ00603001-1)$$

由此可以得出平面汇交力系合成的一般理论：平面汇交力系可以合成为一个力，合力等于力系中各力的矢量和，作用点位于各力的汇交中心。

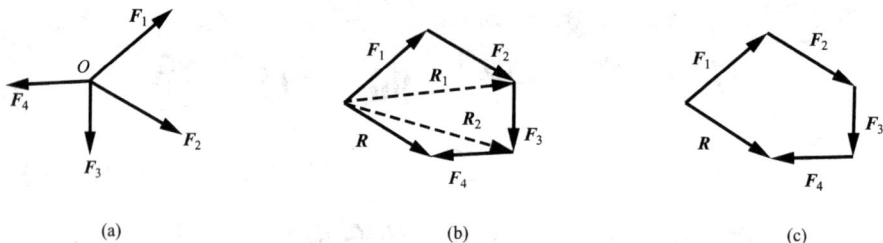

图 TYBZ00603001-1　平面汇交力系的合成

（a）作用于 O 点的汇交力系；（b）各力依次合成；（c）力多边形

2. 平面汇交力系合成的几何法

在图 TYBZ00603001-1（b）中去掉中间矢量 R_1 和 R_2，得到分图（c）。由图（c）可看出：把力系中的各力首尾相连，最后把第一个力的起点和最后一个力的终点连接起来的矢量就是力系的合力。这就是求平面汇交力系合力的几何法。由于合力与各分力组成一个封闭的多边形，所以也称此法为力多边形法则。具体求解时，应先选比例尺，用适当的几何长度表示力的大小，然后在平面上任选一点为起点，依次把各力按同一比例首尾相连（各力的先后顺序会影响力多边形的形状，但不会影响合力），最后把起点和终点相连就得到合力。合力的大小用同样的比例尺量度和换算，合力的方向一般取水平（或竖直）方向或某已知力的方向作参考来量度，合力的作用线通过各力的汇交中心。

3. 平面汇交力系的平衡条件

由式（TYBZ00603001-1）和二力平衡公理可以推知，平面汇交力系平衡的充分必要条件是力系的合力为零，或力系中各力的矢量和为零。用矢量式表示则为

$$R=0 \quad 或 \quad \sum F_i=0 \qquad (TYBZ00603001-2)$$

4. 平面汇交力系平衡的几何条件

根据式（TYBZ00603001-2）和图 TYBZ00603001-1（c）可知，平面汇交力系平衡的几何条件是力多边形自行封闭。也就是把平衡力系中的各力首尾相连，最后一个力的终点要回到第一个力的起点上。

5. 关于几何法的应用

几何法的应用可以用完全作图的方法，要求用同一比例尺较准确地画出各力或量出未知力，方法简单但误差难以估量。也可以根据几何关系用解三角形的计算方法得到结果。由于解析法应用更为普遍，所以这里不再举例。关于平衡的几何条件的应用方法，下面在解析法的应用中一并给出。

二、平面汇交力系合成与平衡的解析法

解析法就是借助坐标系，引入投影的概念，把一个矢量解析为若干代数量，从而将矢量运算转化为代数量运算的方法。

1. 力在坐标轴上的投影

如图 TYBZ00603001-2（a）所示，在 Oxy 坐标面作用一力 F，分别过力 F 的起点 A 和终点 B 作 x 轴的垂线，得到两个垂足 a 和 b，定义线段 ab 的长为力 F 在 x 轴上的投影 F_x 的大小，同理得线段 $a'b'$ 的长为力 F 在 y 轴上的投影 F_y 的大小。力是矢量，在平面上有无穷种可能的方向，但是在坐标轴上的投影只有两种可能情形：由起点的垂足到终点的垂足或沿着坐标轴的正向或沿着负向，所以投影可以用代数量来表示，符号这样规定：由起点的垂足到终点的垂足如果沿坐标轴的正向，则投影为正，反之为负。图 TYBZ00603001-2（a）中，两个投影皆为正。如图 TYBZ00603001-2（b）所示，两个投影皆为负。

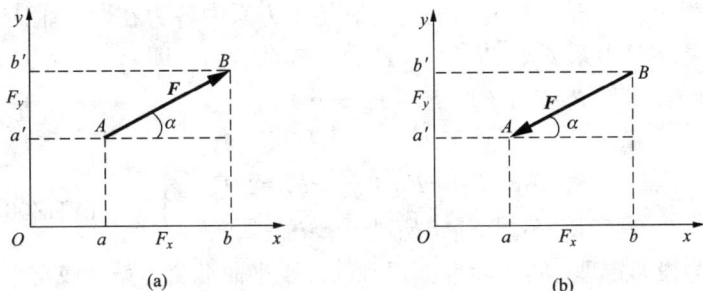

图 TYBZ00603001-2　力在坐标轴上的投影
(a) 正的投影；　(b) 负的投影

设 α 为力 F 与 x 轴夹的锐角，根据几何关系可得

$$\left.\begin{array}{l} F_x = \pm F\cos\alpha \\ F_y = \pm F\sin\alpha \end{array}\right\} \tag{TYBZ00603001-3}$$

引入投影的概念后，便把一个矢量解析为两个代数量。反过来，也可以根据两个投影，惟一地确定一个力矢量（作用点除外）。如果已知力的投影 F_x 和 F_y，则该力的大小和方向用如下方法确定

力的大小：

$$F = \sqrt{F_x^2 + F_y^2} \tag{TYBZ00603001-4}$$

力 F 与 x 轴夹的锐角 α：

$$\alpha = \arctan\left|\frac{F_y}{F_x}\right| \tag{TYBZ00603001-5}$$

模块 1

TYBZ00603001

力 $\boldsymbol{F}$ 的具体指向可根据 F_x 和 F_y 的符号来确定。若 F_x 和 F_y 皆为正，力 $\boldsymbol{F}$ 指向第一象限；F_x、F_y 皆为负，$\boldsymbol{F}$ 指向第三象限；若 F_x 为负，F_y 为正，$\boldsymbol{F}$ 指向第二象限；F_x 为正，F_y 为负，$\boldsymbol{F}$ 指向第四象限。由此知道，一个力 $\boldsymbol{F}$ 和它的两个投影 F_x 和 F_y 在数学的意义上是等价的，这样就可以用两个代数量来表达一个矢量，从而把矢量的运算化为代数量的运算。

投影与原力应有相同的单位，但是投影不是分力，虽然在直角坐标系中投影与沿坐标轴分力的大小相等。因为如果把投影认为是分力，也就是把它再当作矢量，投影的意义便不复存在了。

2. 合力投影定理

引入投影的概念后，将一个矢量解析为两个代数量，但是只是单个力的矢量与代数量之间的关系。要把平面汇交力系关于合成、平衡的矢量公式变为代数公式，还需要引入合力投影定理。

合力投影定理：合力在某轴上的投影等于力系中各力在同一轴上投影的代数和。即：如果 $\boldsymbol{R}$ 是力系 $\boldsymbol{F}_1$、$\boldsymbol{F}_2$、$\boldsymbol{F}_3$、$\boldsymbol{F}_4$、$\cdots\boldsymbol{F}_n$ 的合力，即

$$\boldsymbol{R}=\boldsymbol{F}_1+\boldsymbol{F}_2+\boldsymbol{F}_3+\boldsymbol{F}_4+\cdots+\boldsymbol{F}_n$$

则有

$$\left.\begin{array}{l}R_x=F_{1x}+F_{2x}+F_{3x}+\cdots+F_{nx}=\sum F_x\\R_y=F_{1y}+F_{2y}+F_{3y}+\cdots+F_{ny}=\sum F_y\end{array}\right\}\qquad（\text{TYBZ00603001-6}）$$

利用合力投影定理，可以将前面得到的关于平面汇交力系合成与平衡的矢量形式的公式和方程，化成代数形式的公式和方程，即将一般理论变为解析方法。

3. 平面汇交力系合成的解析法

根据式（TYBZ00603001-1）、式（TYBZ00603001-3）～式（TYBZ00603001-6），用解析法求平面汇交力系的合力，可以分三步来进行。

（1）求合力的两个投影 R_x 和 R_y。由式（TYBZ00603001-6）可得。

（2）求合力的大小。由式（TYBZ00603001-4）和式（TYBZ00603001-6）可得，即

$$R=\sqrt{R_x^2+R_y^2}=\sqrt{(\sum F_x)^2+(\sum F_y)^2}\qquad（\text{TYBZ00603001-7}）$$

（3）求合力的方向：先由式（TYBZ00603001-4）求合力 $\boldsymbol{R}$ 与 x 轴夹的锐角 α，再根据 R_x 和 R_y 的符号决定合力 $\boldsymbol{R}$ 的具体指向。合力的作用线通过力系的汇交中心。

4. 平面汇交力系的平衡方程

由式（TYBZ00603001-2）可知，平面汇交力系平衡的条件是合力为零，即 $\boldsymbol{R}=0$。一个矢量为 0 亦即它的大小为 0，即 $R=0$，由式（TYBZ00603001-7）可知，两数的平方和为 0，只有两数都为 0，即 R_x 和 R_y 分别为 0，由此得到平面汇交力系平衡的

解析条件：

$$\left.\begin{array}{l}\sum F_x=0\\[4pt]\sum F_y=0\end{array}\right\}$$ 　　　　（TYBZ00603001-8）

即：力系中各力在任意轴上投影的代数和为零。

式（TYBZ00603001-8）称为平面汇交力系的平衡方程。

5. 平面汇交力系平衡方程的应用

对于一个平衡的汇交力系，利用式（TYBZ00603001-8）可以求解其中的两个未知量。解题时应该遵守如下的"操作"步骤：

（1）取研究对象（已知力和未知力共同作用的物体）。

（2）画受力图（画出受力图后，便得到一个包含已知力和未知力的平衡力系）。

（3）建立坐标系列平衡方程。

（4）求解、讨论、回答。若求出的是反作用力或负值，需要加以说明。最后要给出题中要求答案。

例 1　如图 TYBZ00603001-3（a）所示为线路检修时攀登软梯作业示意图。设人和软梯共重 G，电线与水平方向的夹角为 θ，不计电线自重，求此时导线所受的力。

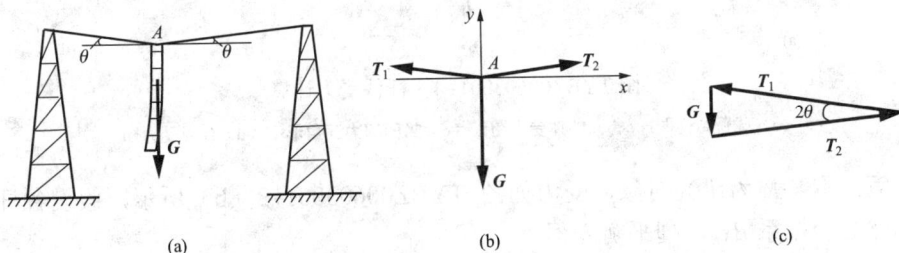

图 TYBZ00603001-3　检修时导线的受力计算

（a）作业示意图；（b）A 点受力图；（c）封闭的力三角形

解：取导线上软梯作用的点 A 为研究对象，受力如图 TYBZ00603001-3（b）所示，T_1、T_2 为导线的拉力，G 为人梯共同的重力，建立直角坐标系 Axy 如图 TYBZ00603001-3（b）所示，列平衡方程：

$$\sum F_x=0\quad -T_1\cos\theta+T_2\cos\theta=0$$
$$\sum F_y=0\quad T_1\sin\theta+T_2\sin\theta-G=0$$

解方程得：

$$T_1=T_2=\frac{G}{2\sin\theta}$$

用几何法解此题时，基本步骤是一样的，不同的是，将列平衡方程改为作封闭的力三角形。作图时应先画已知力 G，再分别接上 T_1、T_2 组成一首尾相连的封闭三角形，如图 TYBZ00603001-3（c）。由此就确定了未知力 T_1、T_2 的大小和方向，解等腰三角形可以更为简捷的得到和解析法相同的结果。

由上题的结果可以看出，导线受的拉力与 θ 角的正弦成反比，θ 角越小，$\sin\theta$ 的值也越小，电线的拉力越大，比如，当 $\theta=5°$ 时，电线的拉力是载荷 G 的 5.7 倍。所以输电线路架设时，导线不可拉得过直，应按设计要求，保持一定的垂度，以免在自重、冰雪或其他不可预知的载荷作用下产生过大的拉力导致断线事故。

例 2 三角形支架结构如图 TYBZ00603001-4（a）所示，B 点悬挂重物 G=500N，不计杆自重，求 AB、BC 杆所受的力。

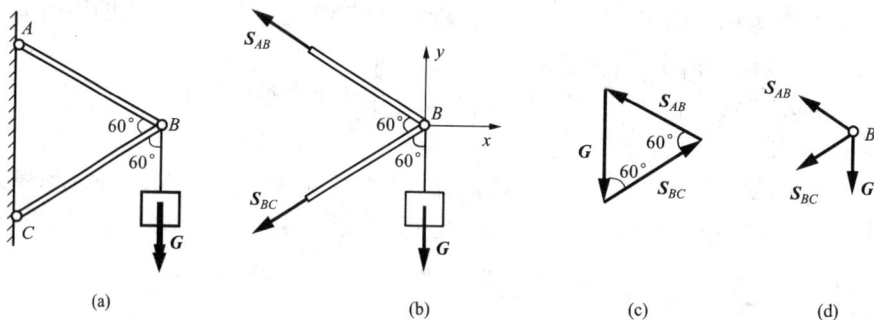

图 TYBZ00603001-4 杆件受力计算

（a）载荷结构图；（b）整体受力图；（c）封闭的力三角形；（d）B 点受力图

解：取整体为研究对象，受力如图 TYBZ00603001-3（b）所示，假设各杆受拉。建立坐标系 Bxy，列平衡方程

$$\sum F_x = 0 \quad -S_{AB}\cos 30° - S_{BC}\cos 30° = 0$$
$$\sum F_y = 0 \quad S_{AB}\sin 30° - S_{BC}\sin 30° - 500 = 0$$

解方程得：

$$S_{AB} = 500\text{N}$$
$$S_{BC} = -500\text{N}$$

S_{BC} 为负值，说明 S_{BC} 的实际方向与假设方向相反。所以 AB 杆受拉力 500N，BC 杆受压力 500N。

用几何法解时，力三角形如图 TYBZ00603001-4（c）所示，是一等边三角形，力的大小可由图观察得出。由力三角形应首尾相连并且封闭，得到 S_{BC} 的实际方向与假设方向相反。

许多问题中研究对象可以有多种取法，比如上例中，除了整体外还可以取 B 点、AB 或 BC 杆，但是要注意，不同的取法中，画出的受力图看上去可能是一样的，但是实际上力的意义可能不一样。比如，上例中若取 B 点为研究对象时，受力图如图 TYBZ00603001-4（d）所示，其中的力从表面上看与取整体时是一样的，但是，力 S_{AB} 和 S_{BC} 是 B 点受的力，而非题中要求的 AB、BC 杆所受的力。这时需要根据作用与反作用公理给出题中要求的答案。

【思考与练习】

1. 已知 F_1、F_2、F_3、F_4 为平面汇交力系，将它们首尾相连后如图 TYBZ00603001-5 所示，它们的合力的大小方向如何？

2. 已知平面汇交力系（F_1、F_2、F_3、F_4）平衡，其中 F_1、F_2、F_3 已知，将它们首尾相连后如图 TYBZ00603001-6 所示，未知力 F_4 的大小方向如何？

3. 图 TYBZ00603001-7 所示平面汇交力系，$F_1=100N$，$F_2=200N$，$F_3=F_4=400N$，用解析法求它们的合力 R。

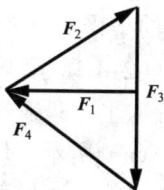

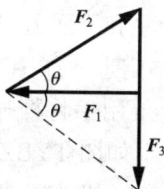

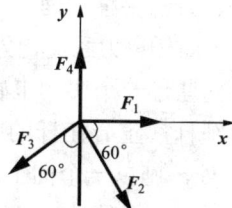

图 TYBZ00603001-5　习题1图　图 TYBZ00603001-6　习题2图　图 TYBZ00603001-7　习题3图

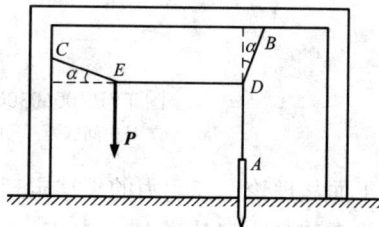

4. 架设于两铁塔间的导线如图 TYBZ00603001-8 所示，设两铁塔高度相等，跨度为 l m，导线单位水平长度的重量为 q kN·m，导线张紧后两端与水平方向的夹角为 θ，求导线两端受的拉力（提示：将导线重量简化为作用于导线中间的集中力，大小为 ql，方向向下）。

5. 图 TYBZ00603001-9 所示为拔桩机构：在木桩的上面系绳 AB，在 AB 之间再拉一横向绳 CD，在 CD 之间施以向下的力 P，设各段绳子位置如图示，$\tan\alpha=0.1$，求拔桩的力。

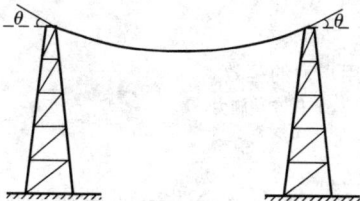

图 TYBZ00603001-8　习题4图　　图 TYBZ00603001-9　习题5图

模块 2　平面任意力系的简化（TYBZ00603002）

【模块描述】本模块介绍平面任意力系的简化。通过实例分析及理论推导，熟悉力的平移定理，了解平面任意力系向一点简化的方法和结果。

【正文】

平面任意力系也常称为平面一般力系，是平面力系的一般形式，力系中各力除了作用线共面之外不一定满足任何特殊条件。平面力偶系和汇交力系都是平面任意力系的特殊形式。研究平面任意力系的方法是将一般力系化简为特殊力系的组合，运用特殊力系即平面力偶系和平面汇交力系的理论和方法解决任意力系的合成和平衡问题。

一、力的平移定理

将平面任意力系简化为平面汇交力系和平面力偶系要通过力的平移定理来进行。

首先通过一个实例来感知力的平移定理。如图 TYBZ00603002-1 所示，AB 为一均值细杆（重心在杆的中间），如果要用手将杆抓起来并保持水平，只需在杆的中点 C 处，施以一个向上的力 F 即可，如图 TYBZ00603002-1（a）所示。但是，肯定地说，这不是唯一可以抓起杆的方式，例如手抓在杆的一端 B 点，同样可以将杆抓起来并保持同样的状态。如果进行仔细的体验就会知道，手作用于 B 点时，手施于杆的力如图 TYBZ00603002-1（b）所示：阻碍杆掉下去的一个向上的力 F 和防止杆转动的一个矩为 M 的力偶。如果手抓在 A 处，手的作用力又会如图 TYBZ00603002-1（c）所示。这就说明，作用在 C 处的一个力可以和作用在 A 或 B 处的一个力和一个力偶等效。

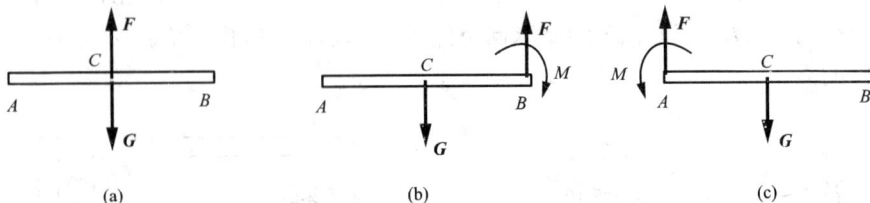

图 TYBZ00603002-1　不同作用点力的等效
（a）杆中间施力；（b）杆右端施力；（c）杆左端施力

下面从理论上证明力的平移定理。

设在物体上 A 点作用一力 F，如图 TYBZ00603002-2（a）所示，首先应明确，无条件地将力 F 的作用线移动后，对物体的作用效果必然会变化，所以欲将此力平行移动到同一物体上任意一点 B 同时保持对物体的作用效果不变，应做如下等效变换：

1）在 B 点加上一对平衡力 F'、F''，且使它们与 F 平行且大小相等，如图 TYBZ00603002-2（b）所示。根据加减平衡力系公理，图 TYBZ00603002-2（b）的力系与原力 F 等效。

2）重新组合：力 F 与 F'' 组成一个力偶，而力偶可以在其作用面内任意移动而不改变其作用效果，所以可以得到图 TYBZ00603002-2（c）的力系。

3）结果分析：在图 TYBZ00603002-2（c）所示的力系中，因为 $F'=F$，所以作用于 A 点的力已经被"移"到 B 点，只是在等效变换的"移动"过程中附带了一个力偶，其力偶矩 $M=-Fd=M_B（F）$。如此便得到了力的平移定理：

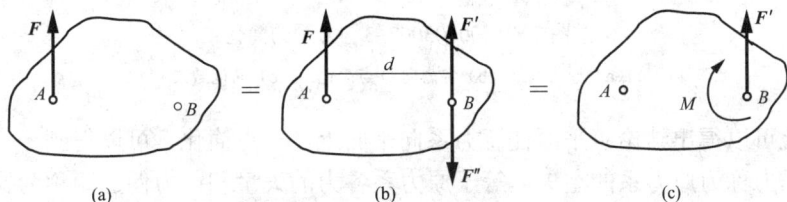

图 TYBZ00603002-2　力的平移

（a）作用于 A 点的力；（b）在 B 点添加一对平衡力；（c）作用于 B 点的等效力系

作用于物体上一点的力的作用线可以平行移动到同一物体上的任意一点，为着等效需附加一个力偶，其矩等于原力对平移点的矩。

二、平面任意力系向一点的简化

设有一平面任意力系（F_1，F_2，$F_3\cdots$）如图 TYBZ00603002-3（a）所示，O 点为平面内的任意一点，根据力的平移定理，将平面任意力系中的各力向 O 点平移，得到一个平面汇交力系（F_1'，F_2'，$F_3'\cdots$）和一个力偶系（M_1，M_2，$M_3\cdots$），如图 TYBZ00603002-3（b）所示，且汇交力系中的各力和力偶系中各力偶的矩与原力系的关系分别为：

$$F_i'=F_i$$
$$M_i=M_O（F_i）$$

平面汇交力系（F_1'，F_2'，$F_3'\cdots$）可以合成为一个力 R'，称为原力系的主矢，且

$$R'=\sum F_i'=\sum F_i$$

R' 可以根据几何法或解析法求得。

平面力偶系可以合成为一个力偶，合力偶的矩 M_O 称为原力系的主矩，且

$$M_O=\sum M_i=\sum M_O(F_i)$$

这一过程称为力系的简化，O 点称为简化中心。主矢 R' 与简化中心无关，而主

矩 M_O 与简化中心有关。一般情况下，主矢并不是原力系的合力，因为它和原力系并不等效。

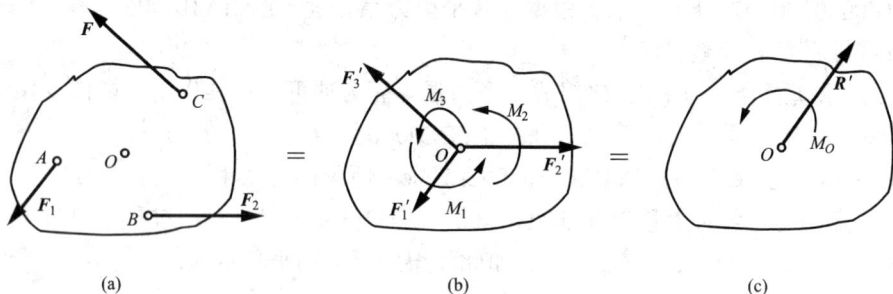

图 TYBZ00603002-3　力系的简化

（a）原力系；　（b）各力向 O 点简化；　（c）简化结果

由此可以得出结论：平面任意力系向平面上任一点简化，可以得到一个力和一个力偶，力称为原力系的主矢，等于原力系各力的矢量和；力偶的矩称为原力系的主矩，等于原力系各力对简化中心矩的代数和。

三、简化结果的分析

（1）如果 $R' \neq 0$，$M_O = 0$，原力系合成为一个力，主矢 R' 就是合力 R。

（2）如果 $R' = 0$，$M_O \neq 0$，原力系合成为一个力偶，主矩 M_O 就是合力偶的矩 M。

（3）如果 $R' \neq 0$，$M_O \neq 0$，原力系可以合成一个力。合力 R 的大小和方向与主矢 R' 相同，作用点到主矢的距离 $d = \dfrac{|M_O|}{R'}$，位置由 M_O 的符号和主矢 R' 的方向来确定。就是力的平移定理的反向过程。

（4）如果 $R' = 0$，$M_O = 0$，原力系平衡。

【思考与练习】

1. 如图 TYBZ00603002-4 所示，A 点作用一力 P，求作用点移到同一物体上 B 点后的等效力系。

2. 如图 TYBZ00603002-5 所示，将作用于 A 点的力系简化为一个力。

3. 根据力的平移定理，分析图 TYBZ00603002-6 固定端约束的反力。

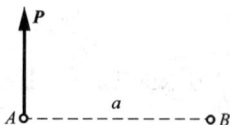

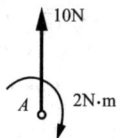

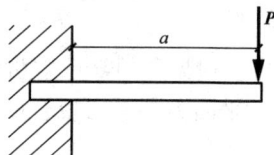

图 TYBZ00603002-4　习题 1 图　　图 TYBZ00603002-5　习题 2 图　　图 TYBZ00603002-6　习题 3 图

模块 3 平面任意力系的平衡方程及应用
（TYBZ00603003）

【模块描述】 本模块介绍平面任意力系的平衡方程及应用。通过一般方法的演绎、归纳及举例，熟悉平面任意力系平衡方程的几种形式，掌握平衡方程应用的基本方法。

【正文】

一、平面任意力系的平衡方程

由平面任意力系的简化结果可知，平面任意力系平衡的充分必要条件是，力系向任意点简化的主矢、主矩都等于零。即

$$R'=0, \quad M_O=0$$

由解析法得主矢大小：

$$R'=\sqrt{(\Sigma F_x)^2+(\Sigma F_y)^2}$$

由简化过程得主矩：

$$M_O=\Sigma M_O（F）$$

由此可得平面任意力系的平衡方程：

$$\left.\begin{array}{l} \Sigma F_x=0 \\ \Sigma F_y=0 \\ \Sigma M_O(F)=0 \end{array}\right\} \qquad （TYBZ00603003-1）$$

即：力系中各力在任意轴上的投影的代数和等于零，对任意点矩的代数和等于零。由于投影轴和矩心都是任意的，所以一个平衡力系可以列出无数个平衡方程，但是其中只能有三个独立方程，而投影方程则只能有两个独立。虽然式（TYBZ00603003-1）中只有一个是力矩方程，但是并不意味着只能列一个力矩方程，在方程总数不超过3，投影方程数不超过2及满足一定条件的情况下，可以任意选择平衡方程。式（TYBZ00603003-1）称为平衡方程的基本形式。另外还有所谓二矩式和三矩式平衡方程。

二矩式平衡方程：

$$\left.\begin{array}{l} \Sigma F_x=0 \\ \Sigma M_A(F)=0 \\ \Sigma M_B(F)=0 \end{array}\right\} \qquad （TYBZ00603003-2）$$

其中投影轴 x 不能与两矩心 A、B 的连线垂直。

三矩式平衡方程：

$$\left.\begin{array}{l} \sum M_A(\boldsymbol{F})=0 \\ \sum M_B(\boldsymbol{F})=0 \\ \sum M_C(\boldsymbol{F})=0 \end{array}\right\}$$（TYBZ00603003-3）

三个矩心 A、B、C 不共线。

一般情况下应用式（TYBZ00603003-2）和式（TYBZ00603003-3）并不一定简单，但是灵活运用，可以列出只含有一个未知量的平衡方程，从而简化计算过程，应用时根据需要选择。

二、平面任意力系平衡方程的应用

由一般与特殊的关系可知，平面任意力系的平衡方程和应用的方法、步骤适用于所有的平面力系。平衡方程的应用不分力系，基本步骤如下：

（1）取研究对象。选取已知力和未知力（或者其反作用力）共同作用的物体作为研究对象。解题时先应搞清已知力和待求的力，这样就不难找到它们共同作用的物体。

（2）画受力图。画受力图时，不需要像平面力偶系和汇交力系的平衡问题那样，需要画成特殊力系，一般只需根据约束类型画即可。

（3）列平衡方程。为简化计算过程，列方程时要合理选择投影轴和矩心。"合理"的原则是方程易列，也易解。投影轴要尽量与未知力垂直；矩心要尽量选在两个未知力的交点上。

（4）求解、讨论、回答。求出负值要说明意义；若求出的是题中要求力的反作用力，也需要说明。最后给出题中要求答案。

例1 悬臂吊车结构及尺寸如图 TYBZ00603003-1（a）所示。横梁 AB 长 4m，自重 $G=2$kN，拉杆 BC 与横梁的夹角为 30°，起吊重物与小车共重 $W=10$kN，试求小车距 A 点 3m 时，BC 杆受的力和 A 点的支座反力。

解：取横梁 AB 为研究对象。受力如图 TYBZ00603003-1（b）所示。选取坐标系 Axy，列平衡方程：

$$\sum F_x=0 \qquad X-S\cos30°=0$$

$$\sum F_y=0 \qquad Y+S\sin30°-G-W=0$$

$$\sum M_A(\boldsymbol{F})=0 \qquad S\sin30°×4-W×3-G×2=0$$

代入数值解方程得：

$$S=\frac{1}{2}(10×3+2×2)=17\text{kN}$$

$$X=S\cos30°=17×0.866=14.72\text{kN}$$

$$Y=-S\sin30°+G+W$$

$$=-17×0.5+2+10=3.5\text{kN}$$

S 为横梁受的力，根据作用与反作用公理可知，BC 杆受拉力 17kN。

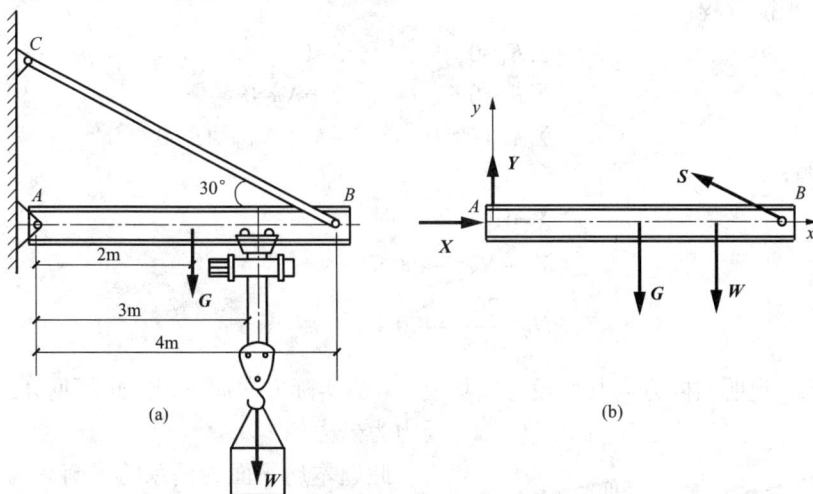

图 TYBZ00603003–1　悬臂吊车反力计算

（a）载荷结构图；（b）横梁的受力图

　　例 1 中已知力与未知力共同作用在横梁 AB 和拉杆 BC 整体上，应该取整体为研究对象，考虑到画横梁 AB 较简单，所以研究对象取横梁 AB。但求得的 S 为横梁受的力，而非 BC 受的力。另外，在列出的三个平衡方程中，每个方程都包含未知力 S，所以需要联立求解。如果改用三矩式方程，并取 A、B、C 三点为矩心，用两个力矩方程来代替投影方程，则每一个方程只含一个未知量，无须联解。取 B、C 为矩心的平衡方程如下：

$$\sum M_B(F)=0 \qquad -Y\times4+W\times(4-3)+G\times2=0$$

$$\sum M_C(F)=0 \qquad X\times4\times\frac{\sqrt{3}}{3}-W\times3-G\times2=0$$

求解过程略。

　　例 2　简支梁 AB 受一力偶作用，力偶矩 $M=200$N·m，梁的结构、尺寸如图 TYBZ00602003–2（a）所示，求支座 A、B 的反力。

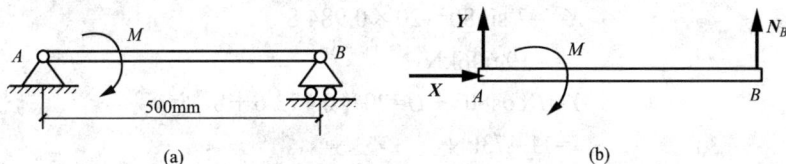

图 TYBZ00603003–2　受力偶作用的简支梁反力计算

（a）载荷结构图；（b）受力图

解：取梁 *AB* 为研究对象，受力如图 TYBZ00603003-2（b）所示，选取坐标系 *Axy*，列平衡方程：

$$\sum F_x=0 \qquad X=0$$
$$\sum F_y=0 \qquad Y+N_B=0$$
$$\sum M_A(F)=0 \qquad -M+N_B \cdot AB=0$$

解方程得：

$$X=0,$$
$$Y=-N_B=-400\text{N}$$
$$N_B=\frac{200}{0.5}=400\text{N}$$

Y 为负值，说明实际方向与假设方向相反，*Y* 的实际方向向下，由此可见 *A*、*B* 点的反力为一力偶。

模块 2

TYBZ00603002

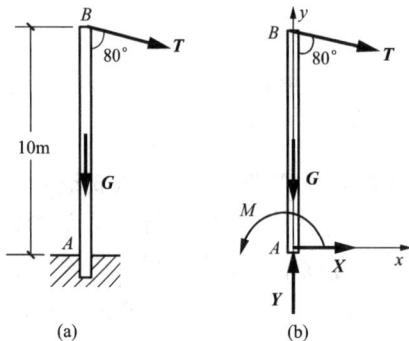

图 TYBZ00603003-3 水泥电杆

此题本属平面力偶系的平衡问题，当作任意力系求解，虽然列出的平衡方程数目较多，但在画受力图时并不需要考虑力偶只能与力偶平衡的问题，只需根据约束类型来画，从而使解题具有操作性。

例3 图 TYBZ00603003-3（a）为一水泥电杆的受力情况：*A* 端固定于地面，*B* 端受导线拉力 *T*，大小为 20kN，方向与电杆夹角 80°。电杆自重 *G*=8kN，长 *AB*=10m。求固定端 *A* 的约束反力。

解：取电杆 *AB* 为研究对象，受力如图 TYBZ00603003-3（b）所示，列平衡方程：

$$\sum F_x=0 \qquad X+T\sin80°=0$$
$$\sum F_y=0 \qquad Y-T\cos80°-G=0$$
$$\sum M_A(F)=0 \qquad M-T\sin80° \cdot AB=0$$

解方程得：

$$X=-T\sin80°-20\times0.9848$$
$$=-19.696\text{kN}$$
$$Y=T\cos80°+G=20\times0.1736+8$$
$$=11.473\text{kN}$$
$$M=T\sin80°AB=20 \times0.9848\times10$$
$$=196.96\text{kN} \cdot \text{m}$$

X 为负值，说明 *X* 的实际方向与假设方向相反。

【思考与练习】

1. 某变压器支架结构、受力见图 TYBZ00603003-4，*AC*=1.6m，变压器重 *G*=5kN，并作用于 *AC* 的中点，求 *BC* 杆受的力。

2. 图 TYBZ00603003-5 为立杆时某位置的支承示意图，尺寸及角度如图示。杆重 *P*=8kN，重力作用于 *AB* 中间，设备接触面光滑，求绳子 *CD* 的拉力。

3. 悬臂梁尺寸及受力如图 TYBZ00603003-6 所示，求固定端 *A* 的反力。

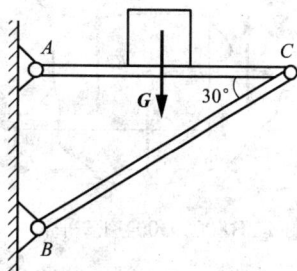

图 TYBZ00603003-4　习题 1 图

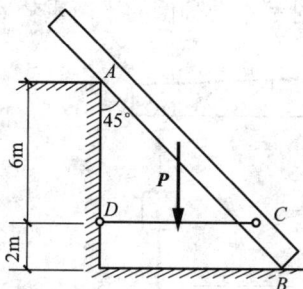

图 TYBZ00603003-5　习题 2 图

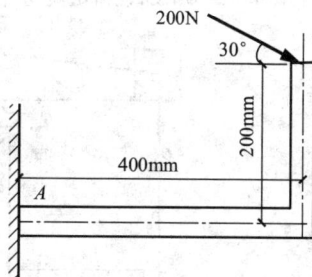

图 TYBZ00603003-6　习题 3 图

模块 4　平面平行力系的平衡方程及应用
（TYBZ00603004）

【模块描述】 本模块介绍平面平行力系的平衡方程及应用。通过对平面任意力系平衡方程的简化及应用举例，掌握平面平行力系的平衡方程及其应用方法。

【正文】

一、平面平行力系的平衡方程

作用线相互平行的平面力系称为平面平行力系。平面平行力系是平面任意力系的一种特例。见图 TYBZ00603004-1。选取直角坐标系 *Oxy*，使 *y* 轴与各力平行，则平面任意力系的平衡方程式（TYBZ00603003-1）中的方程

$$\sum F_x = 0$$

成为恒等式自然满足，所以平面平行力系的平衡方程为：

$$\left. \begin{array}{l} \sum F_y = 0 \\ \sum M_O(\boldsymbol{F}) = 0 \end{array} \right\}$$

（TYBZ00603004-1）

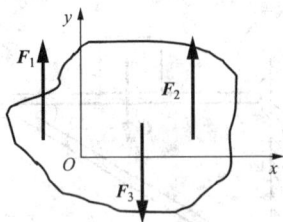

图 TYBZ00603004-1　平行力系

也可以表示成二矩式方程，注意两个矩心的连线不能与各力平行。

平面平行力系的平衡方程只有两个，故只能求解两个未知量。

二、平面平行力系平衡方程的应用

平面平行力系平衡方程的应用方法与平面任意力系完全一样，只是更简单而已。

例 1　塔式起重机简化为平面问题后如图 TYBZ00603004-2 所示，A、B 两轮置于铁轨上，两轨间的距离 b=4m，塔架自重 G=480kN，重心 C 点距右轨的水平距离 e=1.2m，起重机最大起吊重量 P=250kN，作用线距右轨的距离 l=10m，平衡重物 Q 距左轨的距离 a=6m，试确定起重机在空载或满载时都不会翻倒的平衡重物 Q 的值。

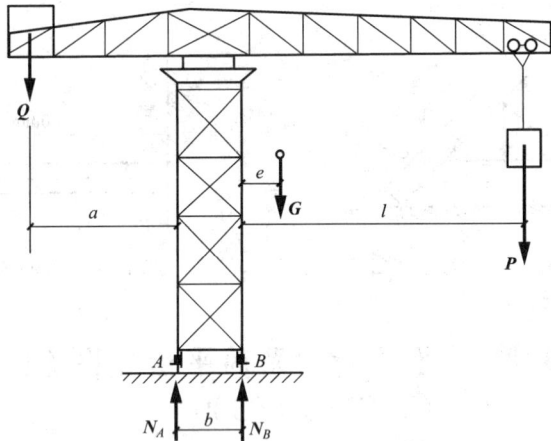

图 TYBZ00603004-2　塔式起重机结构与受力图

解：取起重机为研究对象，在原图上画出受力图如图 TYBZ00603004-2 所示。力系为平面平行力系。列平衡方程：

$$\sum M_A(\boldsymbol{F})=0$$
$$N_B b+Q a-G(b+e)-P(b+l)=0 \tag{1}$$
$$\sum M_B(\boldsymbol{F})=0$$
$$-N_A b+Q(a+b)-Ge-Pl=0 \tag{2}$$

两个方程中包含三个未知量：N_A，N_B，Q，显然，不可能解出来。但是此题实际上还有条件：起重机不翻倒。问题是如何将实际要求变成一个数学方程。稍加分析便知，起重机之所以有翻倒的问题存在，原因在于支座反力 N_A、N_B 是单面约束，反力不能向下，也就是说，根据平衡方程求出来的 N_A、N_B 的值不能为负值。如此便不难得出补充方程：

满载时不向右侧翻倒要求满足 $N_A \geq 0$，为避免解不等方程，考虑临界状态，即令

$$N_A = 0 \qquad\qquad (3)$$

此时求出的 Q 显然应是最小值。

将式（3）代入平衡方程（2），即得平衡重物 Q 的最小值

$$Q_{\min} = \frac{Ge + Pl}{a + b} = \frac{480 \times 1.2 + 250 \times 10}{6 + 4} = 307.6\text{kN}$$

空载时不向左侧翻倒则要求满足 $N_B \geq 0$，同样考虑临界状态，即令

$$N_B = 0 \qquad\qquad (4)$$

此时求出的 Q 应是最大值。

将补充方程（4）及空载时 $P = 0$ 代入平衡方程（1），即得平衡重物 Q 的最大值

$$Q_{\max} = \frac{G(b + e)}{a} = \frac{480 \times (4 + 1.2)}{6} = 448\text{kN}$$

所以保持起重机不会翻倒的平衡重物的范围是：$307.6\text{kN} \leq Q \leq 448\text{kN}$。

由计算过程知，在临界状态，也就是 N_A、N_B 达到极限值 0 时，起重机的一侧已没有支承，行将倾覆。所有起重机安全工作时平衡重物的值应远离极限点。

例 2 杆 ABC 尺寸及支承如图 TYBZ00603004−3（a）所示，C 点受集中力 P，$P = 4\text{kN}$。整杆受均匀分布的载荷，分布集度 $q = 4\text{kN/m}$。求 A、B 点的支座反力。

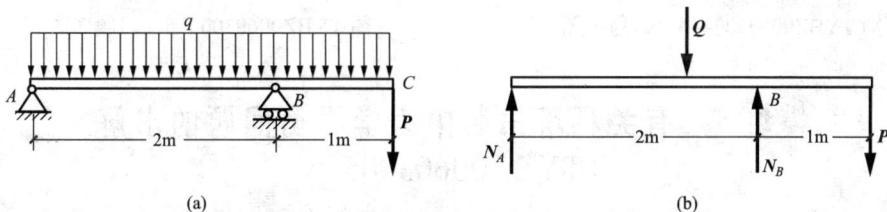

图 TYBZ00603004−3 均布载荷作用的外伸梁

（a）载荷结构图；（b）受力图

解：取杆 ABC 为研究对象，将杆上受的分布载荷简化为一个集中力 Q，大小等于分布集度与分布长度的乘积，即 $Q = 3q = 4 \times 3 = 12\text{kN}$，作用于分布长度的中点，方向与原分布载荷方向相同，即竖直向下。由于主动力 P 与 Q 的方向以及支座 B 的反力方向相互平行，所以支座 A 的反力也必与它们平行，组成一平面平行力系，所以杆 ABC 受力如图 TYBZ00603004−3（b）所示。列平衡方程：

$$\sum M_A(\boldsymbol{F}) = 0 \qquad 2N_B - 1.5Q - 3P = 0$$

模块 4

TYBZ00603004

$$\sum M_B(F)=0 \qquad -2N_A+(2-1.5)Q-P=0$$

代入数字得：

$$2N_B-1.5\times12-12=0$$

$$-2N_A+0.5\times12-4=0$$

解方程得： $\qquad\qquad N_B=15\text{kN}, \quad N_A=1\text{kN}$

【思考与练习】

1. 吊车工作简图如图 TYBZ00603004–4 所示，已知吊车共重 G=50kN，重心位于两轮中间，两轮间距 2m，悬臂伸开后距 B 轮 3m，试确定吊车在图示位置（不翻倒）的最大起重量 P。

2. 梁 AB 结构及受力如图 TYBZ00603004–5 所示，已知 W=3kN，q=3kN/m。求支座 A、B 的反力。

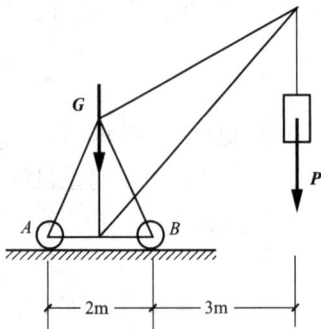

图 TYBZ00603004–4 习题 1 图   图 TYBZ00603004–5 习题 2 图

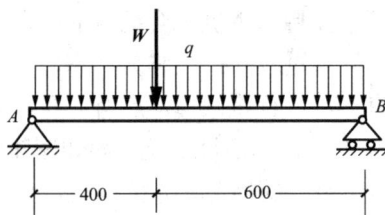

模块 5 有关杆塔吊装中力学平衡问题的求解
（TYBZ00603005）

【模块描述】 本模块介绍有关杆塔吊装中力学平衡问题的求解。通过应用平面力系的平衡方程对常用吊装方法下的实例分析，了解杆塔吊装中绳索受力的计算方法。

【正文】

杆塔吊装不仅是一项复杂、笨重的工作，而且也有一定的危险性，在吊装前，需要对使用的抱杆、绳索做大量复杂的力学计算，合理确定其规格，以保证人身及设备的安全。下面举数例来说明其计算方法。

例 1 用倒落式抱杆起吊水泥电杆现场绑扎示意图如图 TYBZ00603005–1（a）

所示。A 为滑轮，O 点（由地面和底绳固定）可看作固定铰链约束，水泥杆重 $G=12$kN，不计滑轮摩擦及抱杆、钢丝绳自重，在起吊的初始位置（水泥杆水平）测得抱杆以及各段绳索的角度如图示，求抱杆及各段绳索受的力。

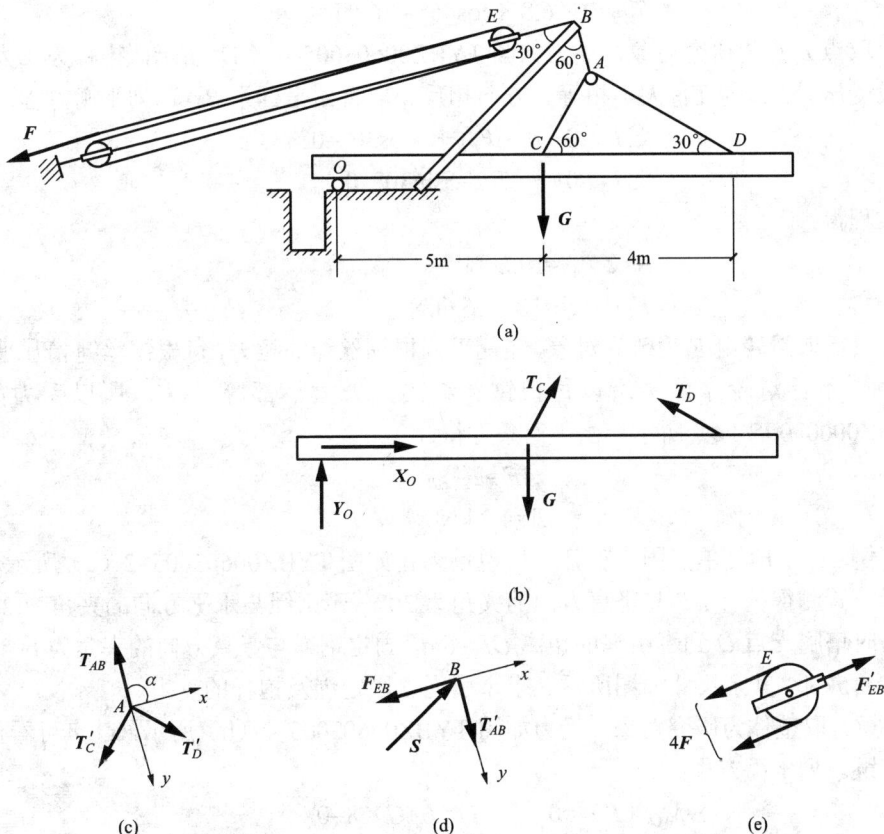

图 TYBZ00603005-1　倒落式抱杆起吊电杆绳索受力计算

（a）工作示意图；（b）电杆受力图；（c）A点受力图；（d）B点受力图；（e）滑轮E受力图

解： 先取电杆为研究对象，受力如图 TYBZ00603005-1（b）所示，列平衡方程：

$$\sum M_O(F)=0 \qquad T_D\sin30°\times(5+4)+T_C\sin60°\times5-G\times5=0$$

不计滑轮摩擦时：$T_C=T_D$，代入上式解得：

$$T_C=T_D=6.8\text{kN}$$

再取点 A 点为研究对象，受力如图 TYBZ00603005-1（c）所示，T'_C 和 T'_D 分别与 T_C 和 T_D 大小相等、方向相反。建立直角坐标系 Axy，使 y 轴沿 $\angle CAD$（$=90°$）的平分线，由几何关系知 T'_C 和 T'_D 与 y 轴的夹角为 $45°$，设 T_{AB} 与 x 轴的夹角为 α，列平衡方程：

$$\sum F_x=0 \qquad T_D\sin45°-T_C\sin45°+T_{AB}\cos\alpha=0$$

$$\sum F_y=0 \quad T_C\cos45°+T_D\cos45°-T_{AB}\sin\alpha=0$$

解方程得：

$$T_{AB}\cos\alpha=0 \quad 即 \quad \cos\alpha=0，\alpha=90°$$

$$T_{AB}=2\times6.8\times\cos45°=9.6\text{kN}$$

取点 B 点为研究对象，受力如图 TYBZ00603005-1（d）所示，抱杆为二力杆，假设受压。T'_{AB} 与 T_{AB} 大小相等、方向相反。取直角坐标系 Bxy，列平衡方程：

$$\sum F_x=0 \quad -F_{EB}+S\cos30°=0$$

$$\sum F_y=0 \quad T_{AB}-S\sin30°=0$$

解方程得：

$$S=2\,T_{AB}=19.2\text{kN}$$

$$F_{EB}=S\cos30°=16.6\text{kN}$$

最后取滑轮组 E 为研究对象，左侧受四根钢丝绳的拉力，每根钢丝绳相互平行，且由于不计滑轮摩擦，所以每根钢丝绳的拉力大小都等于 F，所以受力如图 TYBZ00603005（e）所示，由平衡条件得：

$$4F=F'_{EB}$$

即：

$$F=4.2\text{ kN}$$

例 2　小抱杆单点固定整体立塔现场绑扎如图 TYBZ00603005-2（a）所示。在图示位置测得抱杆 AB 与竖直方向的夹角为 30°，牵引绳与水平方向的夹角为 25°，起吊时塔腿支点 O 到牵引绳的距离 OD=6m，固定钢绳与竖直方向的夹角为 60°，塔重 G=15kN，其余尺寸如图所示。求牵引绳、固定绳及抱杆的受力。

解：取整体为研究对象，受力如图 TYBZ00603005-2（b）所示，O 点可看作固定铰链。列平衡方程：

$$\sum M_O(F)=0 \quad F\times6-G\times8=0$$

解方程得：

$$F=20\text{kN}$$

再取 B 点为研究对象，受力如图 TYBZ00603005-2（c）所示，由几何关系知 S_{AB} 与 T_{BC} 互相垂直，F 与 S 之间的夹的锐角为：90°-30°-25°=35°，建立直角坐标系 Bxy，列平衡方程：

$$\sum F_x=0 \quad S_{AB}-F\cos35°=0$$

$$\sum F_y=0 \quad F\sin35°-T_{BC}=0$$

解方程得：

$$S_{AB}=F\cos35°=20\times0.819=16.38\text{kN}$$

$$T_{BC}=F\sin35°=20\times0.574=11.47\text{kN}$$

根据作用与反作用公理，牵引绳拉力 F=20kN，固定绳拉力 T_{BC}=11.47kN，抱杆受

压力 S_{AB}=16.38kN。

(a)

(b)　　　　　　　　　　　　　　　　(c)

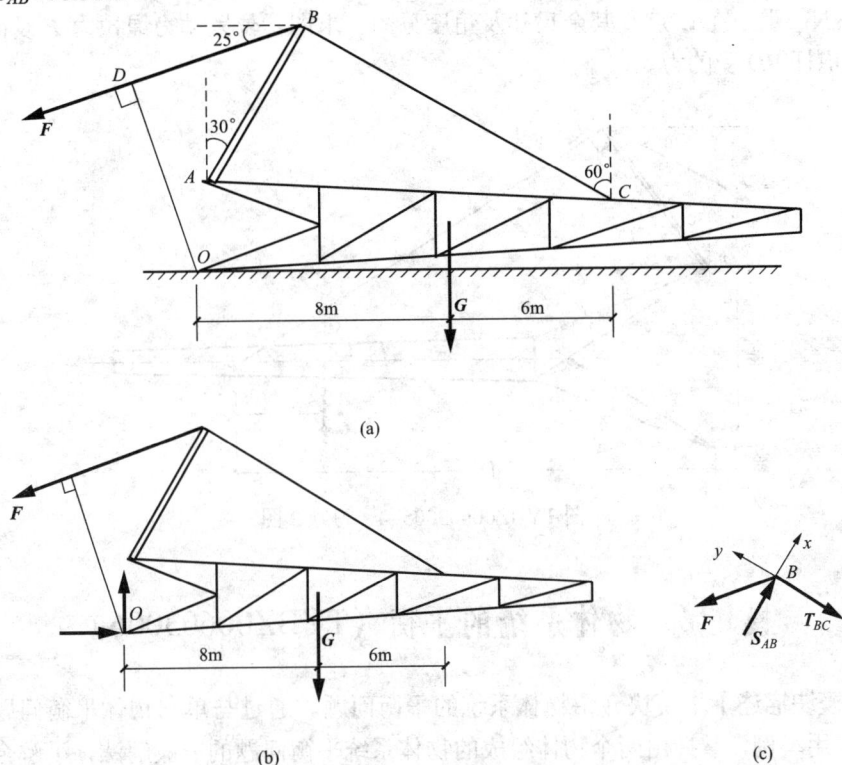

图 TYBZ00603005-2　小抱杆单点固定整体立塔绳索及抱杆受力计算

（a）绑扎示意图；（b）铁塔受力图；（c）B 点受力图

【思考与练习】

1. 用倒落式抱杆单点绑扎起吊水泥电杆某时刻所处的位置，如图 TYBZ00603005-3 所示，A 点受地面支承（设为光滑）和系一防滑底绳 AD，C 点是杆的重心，W=6kN，AB=6m，BC=1m，各杆、绳之间的夹角如图示，求牵引绳拉力 F 及固定绳 BE、底绳 AD 的拉力。

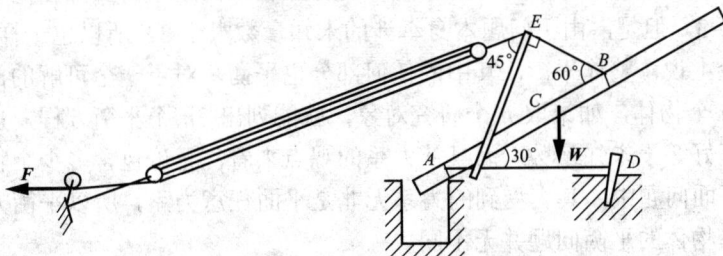

图 TYBZ00603005-3　习题 1 图

2. 用小抱杆整立铁塔简图，如图 TYBZ00603005–4 所示，抱杆 BD=6m，塔重 G=60kN，重心在 C 点，其余尺寸及角度见图。求图示位置动力绳拉力 F 及固定绳 DE、抱杆 BD 受的力。

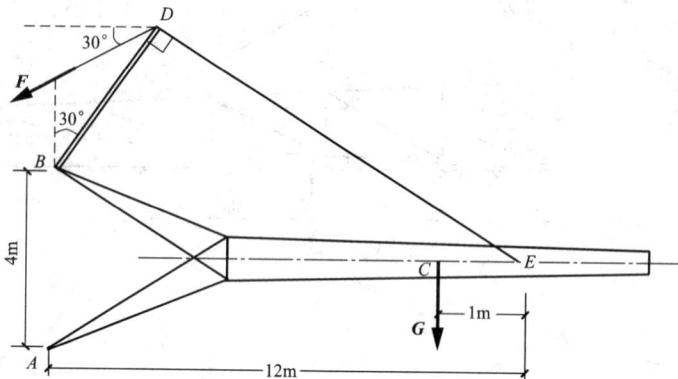

图 TYBZ00603005–4 习题 2 图

模块 6 物体系统的平衡（TYBZ00603006）

【模块描述】本模块介绍物体系统的平衡问题。通过与单一物体平衡问题的比较及应用举例，掌握由两个物体组成的物体系统平衡问题的一般解法，了解合理选取研究对象、选择平衡方程来简化运算的解题技巧。

【正文】

一、物体系统平衡的特点和解法

由两个或两个以上的物体通过一定的约束连接而组成的系统，称为物体系统，简称物系。由于既有系统外部物体的约束，也有系统内部物体之间的约束，所以物体系统包含的未知量数目较多（>3），一般地说，物体系统中如果有 n 个物体，就会有 $3n$ 个未知量（受特殊力系的物体除外）。而用简单物体平衡问题的方法，最多只能列出三个平衡方程，显然不能求解。在有些物系问题中，虽然指定求解的未知量数目小于3，但是，由于问题本身牵涉的未知量数大于3，所以也一样不能求解。

从理论上说，整体平衡，其中的任何部分也平衡，对于一个可解的问题，如果物系中有 n 个物体，如果取 n 个研究对象，就能列出 $3n$ 个平衡方程，也就是说平衡方程数正好等于未知量数。而且从力系的观点来看，无论包含多少个物体的研究对象，在平面问题中，其上受到的力系无非是平面任意力系，所以平衡方程的应用方法与简单物体的平衡问题并无不同。

从可操作性上说，由几个物体组成的物系，无非取几个研究对象，可以取整体或任何部分。对于每一个对象，与简单物体的平衡问题的解法一样。需要注意的是，系统内部物体之间的约束反力是成对出现的，注意其作用与反作用的关系。取整体时，内力不需要画。

从技巧上说，可以通过合理选择研究对象、合理选择平衡方程来简化计算过程。目的是：

1）列独立平衡方程避免联立求解；

2）尽量避免将不需求解的未知量代入方程，以减少平衡方程数目。

二、物体系统平衡应用举例

例 1 某变压器重 $G=8$kN，用三角架支承安放于一电杆之上，电杆顶部受电线拉力 $T=3$kN，电杆自重 $W=5$kN，各部分尺寸如图 TYBZ00603006-1（a）所示，不计 CD、BD 杆自重，求电杆 A、B、C 三点受的力。

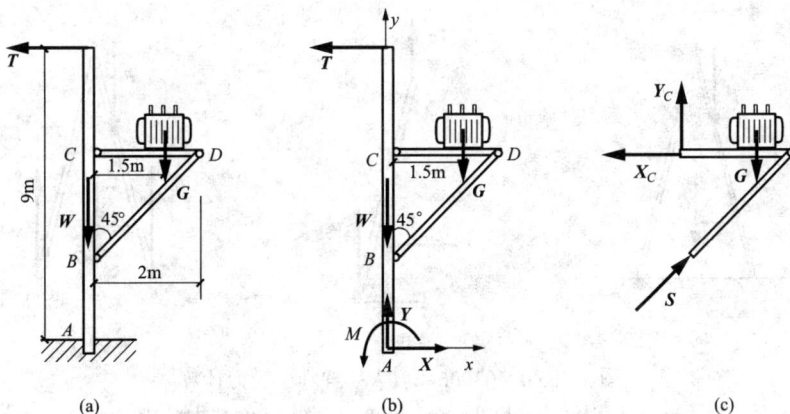

图 TYBZ00603006-1 电杆支承点的受力计算

（a）电杆与变压器支承结构图；（b）整体受力图；（c）三角架受力图

解：取整体为研究对象，受力如图 TYBZ00603006-1（b）所示，选取坐标轴 Axy，列平衡方程：

$$\sum F_x=0 \qquad X-T=0$$
$$\sum F_y=0 \qquad Y-W-G=0$$
$$\sum M_A(\boldsymbol{F})=0 \qquad M+T\times9-G\times1.5=0$$

解方程得电杆 A 点受的力：

$$X=T=3\text{kN}$$
$$Y=W+G=5+8=13\text{kN}$$
$$M=G\times1.5-T\times9=8\times1.5-3\times9=-15\text{kN}\cdot\text{m}$$

M 为负说明实际方向与假设方向相反。

再取 CD、BD 杆及变压器组成的部分为研究对象，受力如图 TYBZ00603006–1
（c）所示，列平衡方程：

$$\sum M_B(\boldsymbol{F})=0 \qquad -X_C\times BC-G\times1.5=0$$
$$\sum M_C(\boldsymbol{F})=0 \qquad S\times2\cos45°-G\times1.5=0$$
$$\sum M_D(\boldsymbol{F})=0 \qquad -Y_C\times CD+G\times(2-1.5)=0$$

解方程得：

$$X_C=-6\text{kN},\quad Y_C=2\text{kN},\quad S=4.243\text{kN}$$

X_C 为负，说明实际方向与假设方向相反。根据作用与反作用公理，电杆 B 点受的力
与 $\boldsymbol{S}$ 大小相等方向相反；C 点受的力与 $\boldsymbol{X}_C$、$\boldsymbol{Y}_C$ 大小相等方向相反。

例 2　电工登高作业用的人字形折叠梯如图 TYBZ00603006–2（a）所示，梯长
AC=2.4m，自重 G=100N，绳子系于距底端 0.6m 处的 D 点，张开后两梯间的夹角为 30°。
求放置于光滑的水平地面上，体重 P=700N 的人，登于梯长的 1.5m 处时绳子受到的拉力。

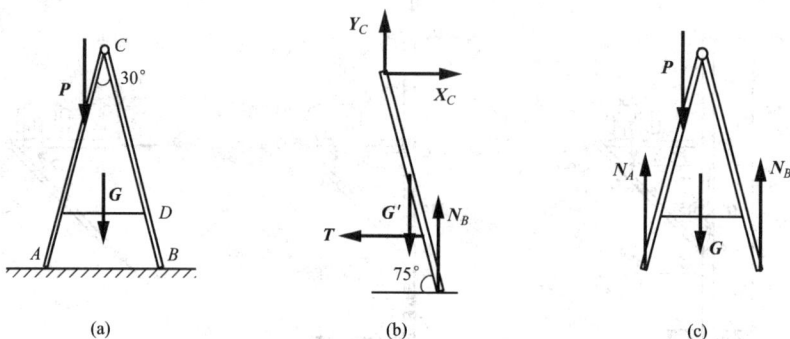

图 TYBZ00603006–2　人字梯绳子受力计算
（a）人字梯载荷结构图；（b）BC 的受力图；（c）整体受力图

解：取 BC 为研究对象，受力如图 TYBZ00603006–2（b）所示，G'为梯重 G 的
一半，作用于 BC 的中点。梯子与地面的夹角为：$\frac{1}{2}$(180°–30°)=75°，列平衡方程：

$$\sum M_C(\boldsymbol{F})=0 \qquad N_B\times BC\cos75°-\frac{1}{2}G\times\frac{1}{2}BC\cos75°-T\times CD\sin75°=0$$

代入数字得：

$$N_B\times2.4\times0.258\,8-\frac{1}{2}\times100\times\frac{1}{2}\times2.4\times0.258\,8-T\times(2.4-0.6)\times0.965\,9=0 \quad(1)$$

再取梯子整体为研究对象，受力如图 TYBZ00603006–2（c）所示，梯子的自重
作用与梯子的对称轴上。列平衡方程：

$$\sum M_A(\boldsymbol{F})=0 \qquad N_B\times2BC\cos75°-G\times BC\cos75°-P\times1.5\cos75°=0 \quad(2)$$

方程（2）两边同时除以 cos75°并代入数字得：

$$N_B \times 2 \times 2.4 - 100 \times 2.4 - 700 \times 1.5 = 0$$

解之得：

$$N_B = 268.75 \text{kN}$$

代入方程（1）并化简得：

$$166.926 - 15.528 - 1.738\,6T = 0$$

解之得：

$$T = 87.08 \text{kN}$$

所以绳子受到的拉力 $T = 87.08$kN。

在以上两例中，例 1 中需求解所有的未知量，虽然计算量较大，但是技巧性较弱，较简洁的方法是先取整体，再取部分为研究对象，需要列出全部平衡方程。列平衡方程时，做到让方程中的未知量个数尽量少也就可以了。例 2 在全部五个未知量中只求一个，用最少的方程解出未知量就是最经济的方法，所以技巧性较强。研究对象的选取和平衡方程的选择需要综合考虑，原则是尽量避开无关的未知量。如果找不到技巧，也可列出全部的平衡方程联立求解。如果求出全部未知量，指定求解的未知量就在其中。

【思考与练习】

1. 三角支架结构及受力如图 TYBZ00603006-3 所示，已知 $P=1$kN，$F=2$kN，求 A、B 点的反力。

2. 手动活塞式水泵结构、受力及各部分尺寸如图 TYBZ00603006-4 所示，在图示位置作用力 $F=200$N，求活塞对水的压力。

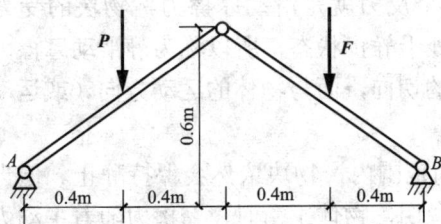

图 TYBZ00603006-3　习题 1 图

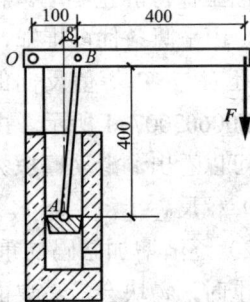

图 TYBZ00603006-4　习题 2 图

模块 7　考虑摩擦时物体的平衡问题（TYBZ00603007）

【模块描述】本模块介绍考虑摩擦时物体的平衡问题。通过对静滑动摩擦力性质的分析及考虑摩擦时物体平衡问题的分类求解举例，熟悉静滑动摩擦定律，掌握考虑摩擦时物体平衡问题的一般解法。

【正文】

一、滑动摩擦定律

在许多情况下研究物体的平衡问题时，为使问题得到简化，将物体之间的相互接触面看作是绝对光滑的，实际上这样的接触面是不存在的。当相互接触的物体表面有相对滑动或具有相对滑动趋势时，该表面之间就会有阻碍物体沿接触面相对滑动的阻力，这个现象就叫摩擦，由摩擦产生的阻力称为摩擦力，由于产生摩擦的物体表面之间作相对滑动，故称为滑动摩擦。当摩擦力成为问题的主导方面或不可忽略的因素时，就需研究考虑摩擦时物体的平衡。例如电工用脚扣登杆，汽车制动等。摩擦有多种类型，本模块只研究工程实际中常遇到的静滑动摩擦问题。

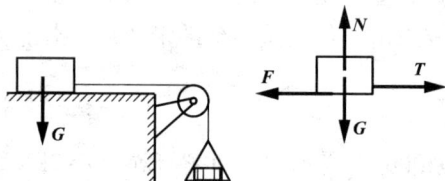

图 TYBZ00603007–1　静滑动摩擦力

下面通过一个演示实验来认识静滑动摩擦力的特点。将重为 G 的物块放置于水平桌面上，用一细绳系着，细绳的另一端绕过定滑轮悬挂一砝码盘，如图 TYBZ00603007–1 所示，通过添加于砝码盘的砝码给物块施以水平拉力。

1）在砝码盘中放入较小的砝码，这时会发现，虽然物块在水平方向受到向右的拉力，但是并没有发生向右的运动，而在桌面上保持静止不动。物块受到的主动力有沿竖直方向的重力，还有绳子的水平拉力，由平衡条件可推知，桌面的约束反力，除了垂直于桌面并向上的支承力 N 以外，还有与 T 等值反向的反力 F，这个反力就是滑动摩擦力，物块的受力如图 TYBZ00603007–1 所示。由于此时物体处于静止状态，所以称为静滑动摩擦力。而且还可以看出，滑动摩擦力沿着接触面的切向，而与物体的运动方向（或运动趋势方向）相反。

2）逐渐增加砝码的重量，在一定的范围内，物块依然会保持静止。但当砝码足够重时，物块会沿着桌面滑起来。这说明，物体平衡时，摩擦力随着主动力的变化而变化，但不能超出某个最大值。其大小的变化范围是：

$$0 \leqslant F \leqslant F_{max} \qquad \text{（TYBZ00603007–1）}$$

3）通过进一步定量的测试发现，接触面的最大静摩擦力与接触面的法向（垂直于支承面的方向）支承力成正比，即

$$F_{max} = \mu N \qquad \text{（TYBZ00603007–2）}$$

模块 7　TYBZ00603007

式（TYBZ00603007–2）称为静滑动摩擦定律。其中的 μ 称为静滑动摩擦系数，为一无量纲量，与接触物体的材料和表面状况有关，由实验测定，使用时可从有关工程手册中查得。

4）当砝码的重量大于 F_{max} 时，物体将会作加速运动而失去平衡状态，此时接触面的摩擦力将不会再随主动力而增加。物体的接触面有相对运动的摩擦称为动滑动摩擦，相应的摩擦力称为动滑动摩擦力。实验证明，动滑动摩擦力要略小于最大静滑动摩擦力，也就是说，物体动起来后，摩擦力不仅不会再增加，反而会有所下降。实验证明，动滑动摩擦力的大小与接触面的法向支承力成正比，即

$$F'=\mu'N \qquad \text{（TYBZ00603007–3）}$$

上式称为动滑动摩擦定律，μ' 为动滑动摩擦系数。

综上所述，摩擦是一种特殊的约束，只能在一定程度上阻碍、而不能完全限制物体的运动，所以摩擦力是一种特殊的约束反力，它的方向与其他约束反力的确定方法相同，但是它的大小并不能完全由平衡方程来确定，应分三种情况来考虑：

1）物体处于静止平衡状态，摩擦力满足式（TYBZ00603007–1），此时摩擦力只能由平衡方程来确定。

2）物体处于临界平衡状态，即将动而未动的状态，此时摩擦力达到最大值，由式（TYBZ00603007–2）来确定，当然也满足平衡方程。

3）物体处于匀速运动状态，摩擦力由式（TYBZ00603007–3）确定，也可由平衡方程确定。

二、考虑摩擦时的平衡问题

由于摩擦力的特殊性，所以考虑摩擦时的平衡问题有三种类型。第一类是在已知物体平衡的情况下，求摩擦力或其他的未知力；第二类是已知物体受到的主动力，判断物体是否平衡并确定摩擦力；第三类是确定主动力（或几何尺寸）应满足何种条件，物体才会平衡。下面分别举例来说明其解决方法。

例1 重量 G=500N 的物体，被一细绳拉着而平衡，如图 TYBZ00603007–2（a）所示，细绳与水平方向夹角为 30°，拉力 T=100N，求地面的支承力和摩擦力。

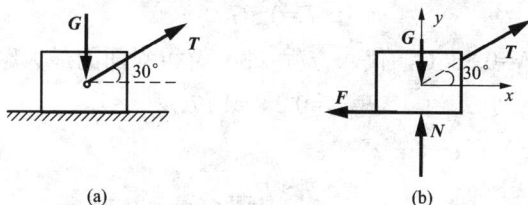

(a)   (b)

图 TYBZ00603007–2　已知物体平衡求摩擦力

（a）载荷支承图；（b）受力图

模块 7

TYBZ00603007

解：取物体为研究对象，受力如图 TYBZ00603007-2（b）所示，列平衡方程：

$$\sum F_x=0 \qquad T\cos30°-F=0$$
$$\sum F_y=0 \qquad T\sin30°+N-G=0$$

代入数字得：

$$100\cos30°-F=0$$
$$100\sin30°+N-500=0$$

解方程得：

$$N=450N$$
$$F=86.6N$$

本例题属于第一类问题，解法与普通平衡问题无异。

例2 将重为 G 的物块，放置于30°的斜面上，如图 TYBZ00603007-3（a）所示，物块与斜面的摩擦系数为0.2，试判断物块处于何种状态并求物块与斜面的摩擦力。

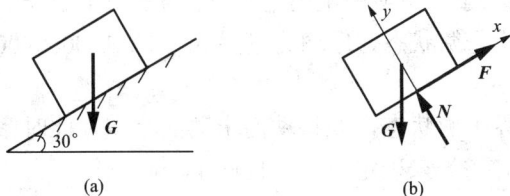

图 TYBZ00603007-3 判断物体是否平衡并求摩擦力

（a）载荷与支承；（b）受力图

解：取物块为研究对象，受力如图 TYBZ00603007-3（b）所示，列平衡方程：

$$\sum F_x=0 \qquad F-G\sin30°=0 \tag{1}$$
$$\sum F_y=0 \qquad N-G\cos30°=0 \tag{2}$$

根据静摩擦定律列补充方程：

$$F_{max}=0.2N \tag{3}$$

由方程（1）解得物块平衡时需要的摩擦力：

$$F=0.5G \tag{4}$$

由方程（2）解得：$N=0.866G$，代入方程（3）解得斜面的最大摩擦力：

$$F_{max}=0.2N=0.17G \tag{5}$$

比较式（4）和式（5）得：

$$F>F_{max}$$

所以物块不能在斜面上平衡（沿斜面下滑），此时物块与斜面的摩擦力等于最大值，即

$$F=F_{max}=0.17G$$

例 2 属于第二类问题，解决的方法是根据平衡方程求平衡时需要的摩擦力，再根据静摩擦定律求接触面能提供的最大摩擦力，两者比较，即可判断物体处于何种状态。如果前者小于后者，则物体平衡，摩擦力由平衡方程决定；反之，物体不平衡，摩擦力等于最大摩擦力。需要注意的是，使用平衡方程时，不必担心物体是否平衡，利用平衡方程只是求若平衡时需要的摩擦力，并不一定是摩擦力的真实值。

例 3 电工用的梯子长为 l，自重 $G=200N$，作用在梯子的中部。人的体重 $P=700N$，登高作业时，站在梯长的 $\frac{3}{4}$ 处，如图 TYBZ00603007–4（a）所示。梯子与地面的摩擦系数为 $\mu_1=0.5$，与墙面的摩擦系数 $\mu_2=0.3$，试确定梯子与地面的夹角为多大时才不会滑倒。

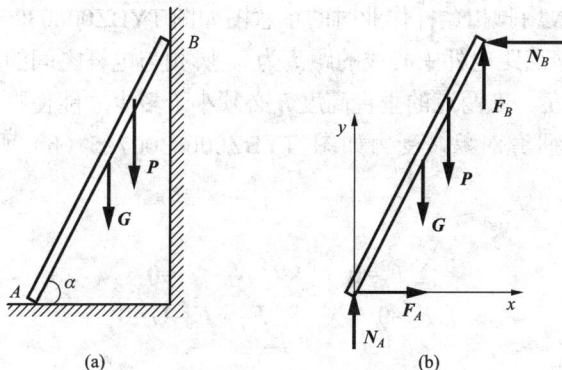

图 TYBZ00603007–4　物体平衡的角度计算
（a）梯子支承图；（b）梯子受力图

解：取梯子为研究对象，受力情况如图 TYBZ00603007–4（b）所示，因为梯子滑倒时 A 点向左移动，B 点向下移动，所以摩擦力的方向如图示。列平衡方程：

$$\sum F_x=0, \quad F_A-N_B=0 \tag{1}$$

$$\sum F_y=0, \quad N_A+F_B-P-G=0 \tag{2}$$

$$\sum M_A(F)=0, \quad N_B l\sin\alpha+F_B l\cos\alpha-P\frac{3}{4}l\cos\alpha-G\frac{1}{2}l\cos\alpha=0 \tag{3}$$

在临界状态，据静摩擦定律列出补充方程：

$$F_A=0.5N_A \tag{4}$$

$$F_B=0.3N_B \tag{5}$$

解方程，将式（4）和式（5）及数字代入式（1）～式（3），并在式（3）中两边同时除以 $l\cos\alpha$ 得：

$$0.5N_A - N_B = 0 \qquad (6)$$

$$N_A + 0.3N_B - 700 - 200 = 0 \qquad (7)$$

$$N_B \tan\alpha + 0.3N_B - 700 \times \frac{3}{4} - 200 \times \frac{1}{2} = 0 \qquad (8)$$

由式（6）和式（7）解出：

$$N_A = 783\text{N}$$

$$N_B = 391\text{N}$$

代入式（8），解得：

$$\tan\alpha \approx 1$$

$$\alpha = 45°$$

由经验知，此夹角应为最小值，所以梯子与地面的夹角 $\alpha \geq 45°$ 才不会滑倒。

例 4 电力工人用脚扣登杆作业时的示意图如图 TYBZ00603007–5（a）所示。设杆的直径为 d，脚踏点距电杆中心线的距离为 l，脚扣与电杆之间的摩擦系数为 μ，求脚扣与电杆接触的左、右两点的垂直高度 h 必须小于多少才能使脚扣不下滑。

解：取脚扣为研究对象，受力如图 TYBZ00603007–5（b）所示，摩擦力方向向上。

列平衡方程：

$$\sum F_x = 0 \qquad N_B - N_A = 0 \qquad (1)$$

$$\sum F_y = 0 \qquad F_A + F_B - G = 0 \qquad (2)$$

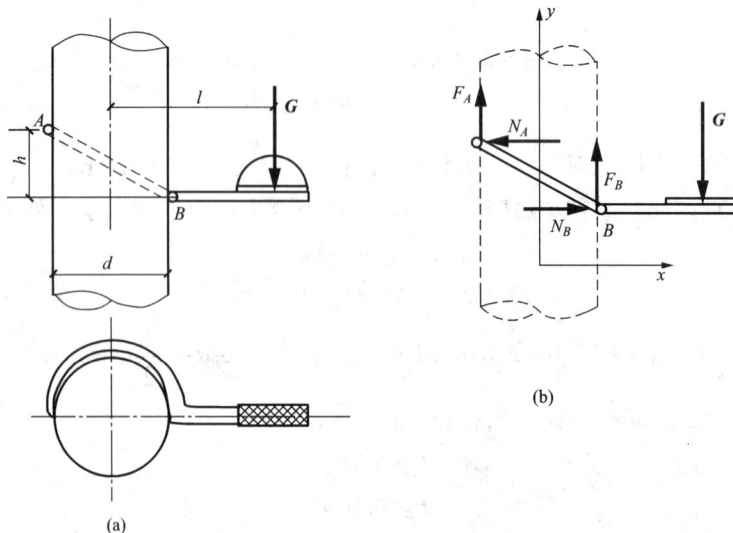

(b)

(a)

图 TYBZ00603007–5 物体平衡的几何尺寸计算

（a）脚扣工作示意图；（b）脚扣受力图

$$\sum M_A(\boldsymbol{F})=0 \qquad N_B h + F_B d - G\left(l+\frac{d}{2}d\right)=0 \qquad (3)$$

在临界状态，据静摩擦定律列出补充方程：

$$F_A=\mu N_A \tag{4}$$

$$F_B=\mu N_B \tag{5}$$

解方程组，将式（4）和式（5）代入式（1）和式（2）解出：

$$F_A=F_B=\frac{1}{2}G,$$

$$N_B=N_A=\frac{G}{2\mu}$$

代入式（3）得：

$$\frac{G}{2\mu}h+\frac{1}{2}Gd-G\left(l+\frac{d}{2}d\right)=0$$

两边消去 G，解得：

$$h=2\mu l$$

由经验判断，由临界状态求得的 h 应是最大值，所以脚扣与电杆接触的左、右两点的垂直高度 h 必须小于 $2\mu l$ 才能使脚扣不下滑。在实际登拔梢电杆时，由于电杆的直径随着高度的增加而减小，所以登到一定高度时脚扣与电杆接触的左、右两点的垂直高度 h 会大于此最小值，脚扣就会打滑，这时要想继续攀登，就必须重新调整脚扣的开口大小。

以上两例属于第三类问题，求出来的结果一般为一个范围或一个极值。解题方法是：考虑临界状态，列出全部的平衡方程，再根据静滑动摩擦定律列出全部补充方程，联立求解即可。由于仅仅考虑临界状态（避免解不等方程），所以解出来的结果是一个极值，最后需要根据经验来确定是极大值还是极小值。

【思考与练习】

1. 测量两种介质的摩擦系数时可用图 TYBZ00603007-6 所示的装置，物块与斜面分别用两种介质做成，缓缓抬高斜面，记录物体开始沿斜面下滑时的倾斜角。现测得物体开始下滑的倾斜角为 α，试求出两种介质的摩擦系数 μ。

2. 如图 TYBZ00603007-7 所示，物块与地面的摩擦系数 $\mu=0.6$，不计物块自重，当物块受到与竖直方向夹角为 30°的力 P 作用时，判断物体处于何种状态。如果物块静止，力 P 多大时物体才能运动起来？

3. 物块在斜面上放置如图 TYBZ00603007-8 所示，物块与斜面间的摩擦系数 $\mu=0.2$，试确定物块可以在斜面上不下滑的最大倾斜角 α。

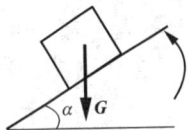

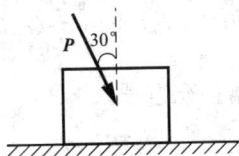

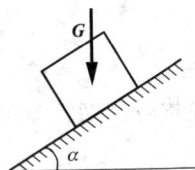

图 TYBZ00603007-6　习题 1 图　图 TYBZ00603007-7　习题 2 图　图 TYBZ00603007-8　习题 3 图

4. 绞车制动器结构如图 TYBZ00603007-9 所示，制动块 C 与制动轮之间的摩擦系数为 μ，提升重物为 G，鼓轮半径 r，制动轮半径 R，制动杠杆长 a，制动块 C 到铰链 A 的距离为 b，不计制动块的尺寸和制动杆的重量，求制动时在杆端需加的最小力 P。

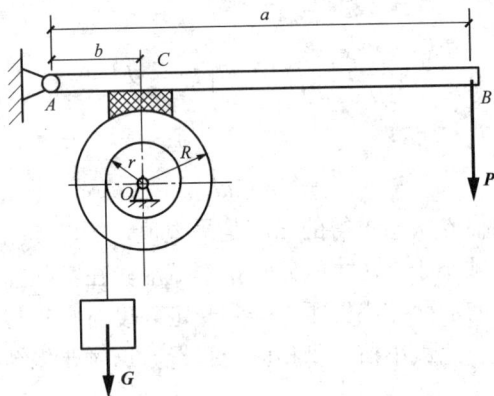

图 TYBZ00603007-9　习题 4 图

第四章 空 间 力 系

模块 1 力在空间直角坐标轴上的投影
（TYBZ00604001）

【**模块描述**】本模块介绍力在空间直角坐标轴上投影。通过与平面投影概念的类比及举例，熟悉力在空间直角坐标轴上投影的概念，掌握力在空间直角坐标轴上的直接投影法和二次投影法。

【**正文**】

如果力系中各力的作用线不在同一平面内就称为空间力系。作为空间力系的特殊形式，平面力系中的概念、理论、方法可以推广应用于空间力系。

设作用于空间一点 O 的力 F，以 O 为坐标原点建立空间直角坐标系 $Oxyz$，分别以 x、y、z 轴为棱边，以力 F 的起点和终点为对角线作平行六面体，如图 TYBZ00604001–1 所示。与平面上力的投影概念一样，力在三个空间直角坐标轴上的投影，大小等于从力的起点和终点分别作坐标轴的垂线所得的两个垂足在轴上所截得的长度，这段长度正好是上述平行六面体在三个坐标轴上所截得的线段 OA、OB、OC 的长，

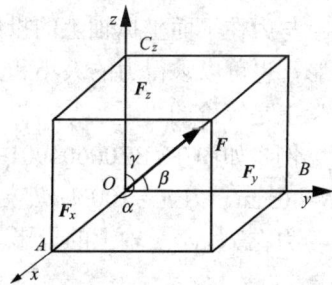

图 TYBZ00604001–1　直接投影法

符号规定：从起点的垂足到终点的垂足如果与坐标轴的正向一致，投影为正，反之为负。

空间力在坐标上的投影往往需要一定的空间想象力，但是想象是不具有操作性的，为摆脱对想象力的依赖性，增强操作性，可用两种投影方法。

一、直接投影法

设力 F 与三个坐标轴的夹角分别为 α、β、γ，如图 TYBZ00604001–1 所示，则力 F 在三个坐标轴上的投影为：

$$\left.\begin{array}{l} F_x = \pm F\cos\alpha \\ F_y = \pm F\cos\beta \\ F_z = \pm F\cos\gamma \end{array}\right\} \qquad \text{(TYBZ00604001-1)}$$

此法称为直接投影法，也是力在空间直角坐标轴上投影的基本方法。但是当把一个空间问题在平面上表达时，受观察和想象的局限，对于空间一般方向的力，当其与某轴的夹角容易观察或想象时，往往与其余二轴的角度就不易观察或想象，此时，在其余二轴的投影宜用二次投影法。

二、二次投影法

如图 TYBZ00604001-2，已知力 $\boldsymbol{F}$ 与 z 轴的夹角为 γ，$\boldsymbol{F}$ 与 z 轴所在的平面为 $OCDE$。先在平面 $OCDE$ 内，将力 $\boldsymbol{F}$ 往两个互相垂直的方向：z 轴和 $OCDE$ 平面与 Oxy 坐标面的交线 OE 上投影，得到力 $\boldsymbol{F}$ 在 z 轴上的投影和在 Oxy 坐标面上的投影 $\boldsymbol{F}_{xy}$，$\boldsymbol{F}_{xy}$ 仍然认为是一个矢量。然后再在 Oxy 坐标面内，继续将该矢量往 x、y 轴上投影，最终求得力 $\boldsymbol{F}$ 在 x、y 轴上的投影。根据几何关系得：

$$\left.\begin{array}{l} F_x = F_{xy}\cos\varphi = F\sin\gamma\cos\varphi \\ F_y = F_{xy}\sin\varphi = F\sin\gamma\sin\varphi \\ F_z = F\cos\gamma \end{array}\right\} \qquad \text{(TYBZ00604001-2)}$$

由于两次投影，故称为二次投影法。求一个力在三个坐标轴上的投影，往往需要两种投影方法结合使用。

与力在平面坐标轴上的投影一样，如果已知一个力在三个空间直角坐标轴上的投影，也可以求得力的大小和方向。也就是说一个力矢量和它的三个投影代数在数学上是等价的。

例 如图 TYBZ00604001-3 所示，平行六面体各边长分别为：$OA=OC=30\text{mm}$，$OB=40\text{mm}$，力 $F_1=100\text{N}$、$F_2=200\text{N}$、$F_3=300\text{N}$，作用如图 TYBZ00604001-3 所示，求各力在 x、y、z 轴上的投影。

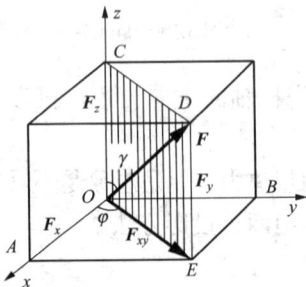

图 TYBZ00604001-2　二次投影法　　　　图 TYBZ00604001-3　力在轴上的投影计算

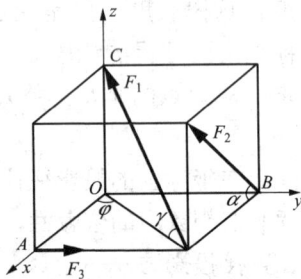

解：由几何关系得：

$$\sin\gamma = \frac{30}{\sqrt{30^2+50^2}} = 0.515$$

$$\cos\gamma = \frac{50}{\sqrt{30^2+50^2}} = 0.858$$

$\cos\varphi = 0.6$，$\sin\varphi = 0.8$，$\cos\alpha = \sin\alpha = 0.707$

$F_{1x} = -F_1\cos\gamma\cos\varphi$

$\quad = -100\times0.858\times0.6 = -51\text{N}$

$F_{1y} = -F_1\cos\gamma\sin\varphi$

$\quad = -100\times0.858\times0.8 = -69\text{N}$

$F_{1z} = F_1\sin\gamma = 100\times0.515 = 52\text{N}$

$F_{2x} = F_2\cos\alpha = 200\times0.707 = 141\text{N}$

$F_{2y} = 0$

$F_{2z} = F_2\sin\alpha = 200\times0.707 = 141\text{N}$

$F_{3x} = F_{3z} = 0$

$F_{3y} = F_3 = 300\text{N}$

【**思考与练习**】

1. 在何种情况下应使用二次投影法？

2. 力 F_1、F_2 和 F_3 的空间位置如图 TYBZ00604001—4，已知 $F_1 = F_2 = F_3 = 100$N，求各力在三个坐标轴上的投影。

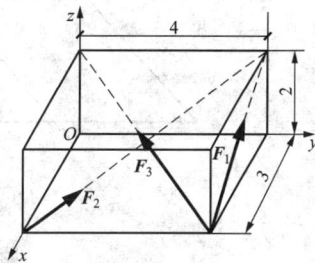

图 TYBZ00604001—4 习题 2 图

模块 2 力对轴的矩（TYBZ00604002）

【**模块描述**】本模块介绍力对轴的矩。通过与平面问题的类比讲解及计算举例，熟悉力对轴的矩的概念，掌握简单几何关系下力对轴的矩的计算方法。

【**正文**】

一、力对轴的矩的概念

生活中有许多可以绕固定轴转动的物体，比如门、窗、车轮等等，受到一定的力作用后，物体即可绕着轴转动起来，即产生转动效应。力对轴的矩就是力对物体产生的绕指定轴的转动效应的度量。

如图 TYBZ00604002—1（a）所示。将沿空间任意方向的力 F，沿 z 轴和与 Oxy 坐标平面分解，得到两个正交分力 F_z 和 F_{xy}，由经验知道，与 z 轴平行的分力 F_z 不会对 z 轴产生转动效应，力对轴（z）的矩等于力在与该轴垂直的平面（Oxy）上的投影（或分力）对该轴与此垂直平面的交点（O）的矩。即：

$$M_z(\boldsymbol{F})=M_O(\boldsymbol{F}_{xy})$$

同理，可以得到力对 x、y 轴的矩的定义式为：

$$M_x(\boldsymbol{F})=M_O(\boldsymbol{F}_{yz}), \quad M_y(\boldsymbol{F})=M_O(\boldsymbol{F}_{zx})$$

力对轴的转动效应，只有两种可能的转向，所以力对轴的矩可用代数量来表示。正负可用两种方法来规定或判断：一是对着轴的正向看，若力使物体产生的转动效应沿逆时针方向，力矩为正，反之为负。二是用右手来判断：四指指向力的方向，用手握轴，若大拇指的指向与轴的正向一致，力矩为正，反之为负。如图 TYBZ00604002-1（b）即为正向的力矩。

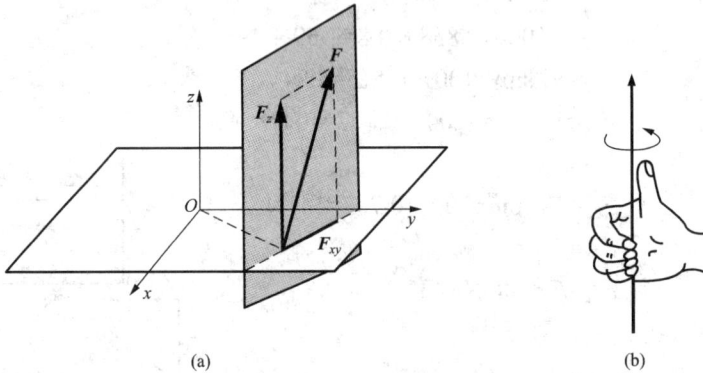

图 TYBZ00604002-1 力对轴的矩
（a）力的空间位置；（b）力矩正向的规定

由力对轴的矩的定义可知，空间力对轴的矩最终又化为平面上力对点的矩，就是说平面上求力矩的方法都可以用于求空间力对轴的矩，比如合力矩定理的应用等等。物体通常是绕着轴而不是绕着点转动的，平面上力对点的矩实际上就是力对通过矩心且与力和矩心所在的平面相垂直的轴的矩。

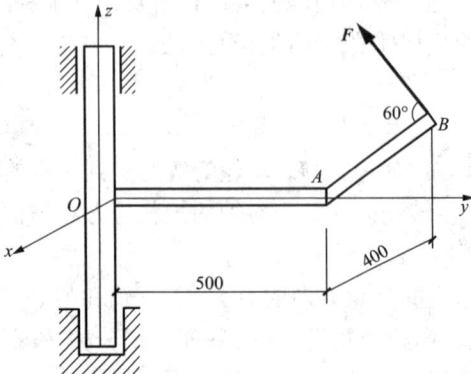

图 TYBZ00604002-2 力对轴的矩计算示例

二、力对轴的矩的求法举例

例 直角曲杆 OAB 位于同一水平面内，如图 TYBZ00604002-2 所示。在曲杆的 B 点作用一力 $\boldsymbol{F}$，其作用线与 AB 杆在同一竖直平面内，并与 AB 杆的夹角等于 60°，大小为 400N，各段的尺寸如图示。求力 $\boldsymbol{F}$ 对各坐标轴的矩。

解：1）力对 x 轴的矩：

将力 F 投影于 Oyz 坐标面内，得到分力 F_{yz}，如图 TYBZ00604002–3（a）所示。

$$F_{yz}=F\sin60°$$
$$=400\times0.866=346（N）$$
$$M_x(F)=M_O(F_{yz})=346\times500$$
$$=173\,000(N\cdot mm)=173N\cdot m$$

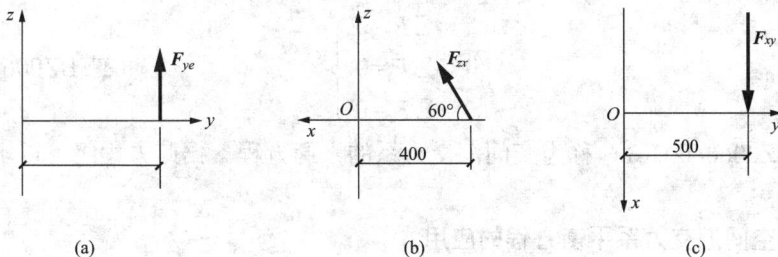

图 TYBZ00604002–3　力在坐标面上的投影
（a）Oyz 平面；（b）OxE 平面；（c）Oxy 平面

沿逆时针方向转动，所以为正。

2）力对 y 轴的矩：

将力 F 投影于 Oxz 坐标面内，得到分力 F_{zx}，如图 TYBZ00604002–3（b）所示。

$$F_{zx}=F=400N$$
$$M_y(F)=M_O(F_{zx})=F_{zx}\sin60°\times400$$
$$=400\times0.866\times400=138\,560（N\cdot mm）=138.6N\cdot m$$

3）力对 z 轴的矩：

将力 F 投影于 Oxy 坐标面内，得到分力 F_{xy}，如图 TYBZ00604002–3（c）所示。

$$F_{xy}-F\cos60°-400\times0.5-200N$$
$$M_z(F)=M_O(F_{xy})$$
$$=-F_{xy}\times500=-200\times500$$
$$=-100\,000（N\cdot mm）=-100N\cdot m$$

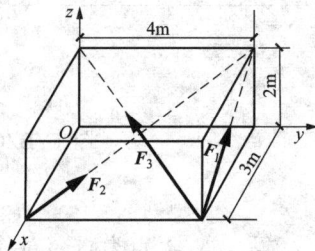

图 TYBZ00604002–4　习题2图

【思考与练习】

1. 力对轴的矩与平面上力对点的矩有何异同？

2. 力 F_1、F_2 和 F_3 的空间位置如图 TYBZ00604002–4，已知 $F_1=F_2=F_3=100N$，求各力对三个坐标轴的矩。

模块 3　空间汇交力系的平衡（TYBZ00604003）

【模块描述】本模块介绍空间汇交力系的平衡。通过与平面问题的比较和平衡方程建立的举例，熟悉空间汇交力系的平衡方程，掌握空间汇交力系平衡方程的建立方法。

模块 3

TYBZ00604003

【正文】

一、空间汇交力系的平衡方程

将平面汇交力系的平衡条件推广应用于空间汇交力系，可以得到空间汇交力系的平衡条件是力系的合力为零。而解析条件是力系中各力在任意轴上的投影的代数和为零。即

$$\left.\begin{array}{l} \sum F_x=0 \\ \sum F_y=0 \\ \sum F_z=0 \end{array}\right\} \qquad （TYBZ00604003）$$

式（TYBZ00604003-1）称为空间汇交力系的平衡方程。据此方程组可以求解三个未知量。

二、空间汇交力系平衡方程的应用

空间汇交力系平衡方程的应用与平面汇交力系平衡方程的应用基本一样，不同的只是在空间坐标系中列平衡方程。

例　图 TYBZ00604003-1（a）为起吊电杆时人字形倒落式抱杆和牵引绳的受力示意图，电杆拉力 $P=4$ kN，竖直向下。抱杆 AB、AC 的支点 B、C 在同一水平面上、ABC 所在的平面与水平面的夹角为 $60°$，且与牵引绳 AD 和力 P 所在的竖直平面垂直，AO 为两平面的交线；三角形 ABC 为一等边三角形，AO 是 BC 边上的中线，牵引绳 AD 与水平方向的夹角为 $20°$。求图示位置抱杆和牵引绳的受力。

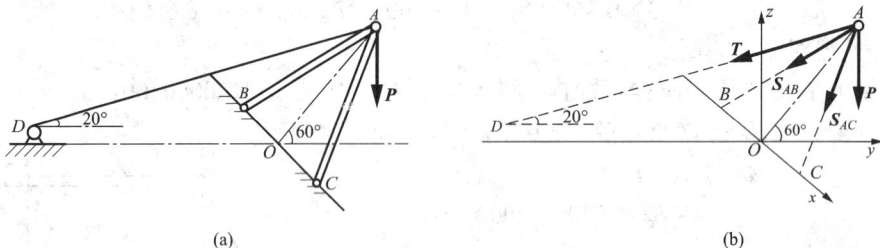

图 TYBZ00604003-1　人字形倒落式抱杆受力计算
（a）工作示意图；（b）A 点受力图

解：取 A 点为研究对象，受力如图 TYBZ00604003-1（b）所示，图中假设抱杆受拉。注意，画空间力系的受力图时，可用虚线勾出原结构图轮廓，以便于想象力系的空间关系。建立直角坐标系 $Oxyz$，图中各力与 x 轴的夹角容易观察，所以在列平衡方程时，对于 x 轴可直接投影，而对于其余二轴，部分力的投影要采用二次投影法。列平衡方程：

$$\sum F_x=0 \quad -S_{AB}\cos60°+S_{AC}\cos60°=0 \qquad (1)$$

$$\sum F_y=0 \quad -T\cos20°-S_{AB}\cos30°\cos60°-S_{AC}\cos30°\cos60°=0 \qquad (2)$$

模块 3　TYBZ00604003

$$\sum F_z=0 \quad -T\sin20°-S_{AB}\cos30° \sin60°-S_{AC} \cos30°\sin60°-P=0 \quad (3)$$

解方程组，由方程（1）得：

$$S_{AB}=S_{AC}$$

各三角函数值：

$$\cos20°=0.94，\sin20°=0.34，\cos30°=\sin60°=0.87，\cos60°=0.5$$

一并代入方程（2）和方程（3）得：

$$-0.94T-2\times S_{AB}\times 0.87\times 0.5=0 \quad (4)$$
$$-0.34T-2\times S_{AB}\times 0.87\times 0.87-4=0 \quad (5)$$

由方程（4）解得：

$$T=-0.93S_{AB}$$

代入方程（5），解得：

$$S_{AB}=S_{AC}=-3.34\text{kN}$$
$$T=-0.93S_{AB}=3.1\text{kN}$$

S_{AB}、S_{AC} 为负值说明实际方向与假设方向相反，抱杆 AB、AC 受压力 33.4kN，牵引绳受的拉力为 3.1kN。

【思考与练习】

1. 如图 TYBZ00604003-2 所示，AB、AC、AD 杆铰接于 A 点，另一端铰接于墙上，AC、AD 杆位于水平面内，A 点悬挂一重物 G=2kN，其余结构与尺寸如图示，求 AB、AC、AD 杆受的力。

2. 简易起重装置如图 TYBZ00604003-3，AD 为吊杆，与地面夹角为 60°，AB、AC 为固定绳，且 AB=AC=BC，ABC 所在的平面与水平面的夹角为 45°，O 为 BC 的中点，BC⊥OD，起吊重物 P=2kN，求固定绳 AB、AC 所受的拉力。

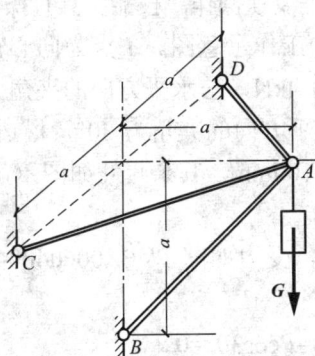

图 TYBZ00604003-2 习题 1 图

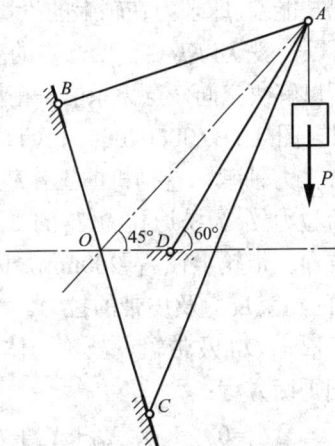

图 TYBZ00604003-3 习题 2 图

模块 4　空间任意力系的平衡（TYBZ00604004）

【模块描述】本模块介绍空间任意力系的平衡。通过与平面任意力系平衡方程的类比及应用举例，熟悉空间任意力系的平衡方程，掌握简单空间结构和简单力系情形下平衡方程的应用。

【正文】

一、空间任意力系的平衡方程

空间任意力系向一点简化，与平面任意力系的简化一样，可以得到一个力和一个力偶，由此可以推出空间任意力系的平衡条件是：力系中各力在任意轴上的投影的代数和为零，对任意轴的矩的代数和为零。即

$$\left.\begin{array}{l}\sum F_x=0\\\sum F_y=0\\\sum F_z=0\\\sum M_x(\boldsymbol{F})=0\\\sum M_y(\boldsymbol{F})=0\\\sum M_z(\boldsymbol{F})=0\end{array}\right\}$$　　　（TYBZ00604004–1）

式（TYBZ00604004–1）称为空间任意力系的平衡方程。与平面问题一样，一个平衡的空间任意力系也可以列出无数个平衡方程，但不相关的平衡方程只可列出 6 个，所以最多可以求解 6 个未知量。

二、空间任意力系平衡方程应用

空间任意力系平衡问题的解法，其"操作程序"与其他力系是一样的。不同的只是操作"技能"，即求力在轴上的投影和力对轴的矩。由于在平面上来表达力的空间关系，所以一般认为需要借助一定的空间想象力。然而，想象不具有操作性，不能依赖它。所以解决空间任意力系的平衡问题，关键是要使操作"技能"具有操作性。

例 1　图 TYBZ00604004–1（a）为卷扬机的工作示意图。A 点为向心轴承，O 点为向心推力轴承，卷扬机的工作载荷 $\boldsymbol{P}$ 大小为 4kN，与水平方向的夹角为 30°，带轮紧边拉力 T_1 为松边拉力 T_2 的 2 倍，T_1 与水平方向的夹角为 30°，松边拉力 T_2 沿水平方向。带轮半径 r_1=200mm，鼓轮半径 r_2=100mm，其余尺寸如图示，求轴承 O、A 处的约束反力及皮带的拉力。

解：取轴 OA 及带轮、鼓轮一体为研究对象，受力如图 TYBZ00604004–1（b）所示，列平衡方程：

$$\sum F_x=0 \qquad X_O+X_A+T_1\cos30°+T_2-P\cos30°=0 \qquad (1)$$
$$\sum F_y=0 \qquad Y_O=0 \qquad (2)$$

$$\sum F_z=0 \qquad Z_O+Z_A-T_1\sin30°+P\sin30°=0 \qquad (3)$$

$$\sum M_x(\boldsymbol{F})=0 \qquad Z_A\times200-T_1\sin30°\times100+P\sin30°\times320=0 \qquad (4)$$

$$\sum M_y(\boldsymbol{F})=0 \qquad (T_1-T_2)r_1-P\,r_2=0 \qquad (5)$$

$$\sum M_z(\boldsymbol{F})=0 \qquad -(T_1\cos30°+T_2)\times100-X_A\times200+P\cos30°\times320=0 \qquad (6)$$

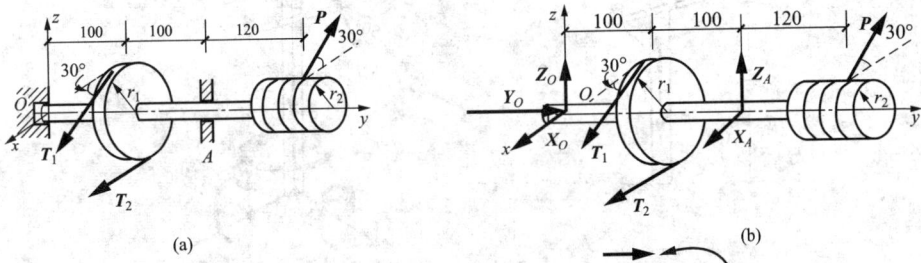

图 TYBZ00604004-1　卷扬机轴承反力、皮带拉力计算

(a) 载荷—结构图；(b) 受力图

解方程组，由方程（2）直接解出：

$$Y_O=0$$

由方程（5）解出：$T_1-T_2=P\dfrac{r_2}{r_1}=4\times0.5=2\text{kN}$

由于：

$$T_1=2T_2$$

所以：

$$T_1=4\text{kN}，\quad T_2=2\text{kN}$$

将 $T_1=4\text{kN}$ 代入方程（4）解出：

$$Z_A=\frac{1}{200}(4\sin30°\times100-4\sin30°\times320)=-2.2\text{kN}$$

将已知结果代入方程（3）解出

$$Z_O=-Z_A+T_1\sin30°-P\sin30°=2.2\text{kN}$$

代入方程（6）解得：

$$X_A=\frac{1}{200}\left[-(4\cos30°+2)\times100+4\cos30°\times320\right]=2.8\text{kN}$$

代入方程（1）解得：

$$X_O=-X_A-T_1\cos30°-T_2+P\cos30°=-2.8-2=-4.8\text{ kN}$$

Z_A、X_O 为负说明 $\boldsymbol{Z_A}$、$\boldsymbol{X_O}$ 的实际方向与假设方向相反。

例 2　某电杆架设两组相互垂直的导线，如图 TYBZ00604004-2（a）所示。下面一组横担距地面 6m，两组横担相距 3m；每组横担上的绝缘子与电杆中心距离相等；在绝缘子处，所有导线与水平方向的夹角皆为 30°，且拉力为 2kN；电杆自重

模块 4　TYBZ00604004

10kN，求地面对电杆的约束反力。

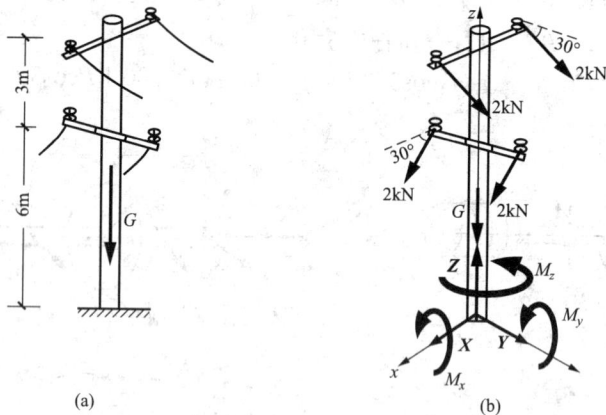

(a)　　　　　　　　　　　　　(b)

图 TYBZ00604004-2　电杆支承反力计算

（a）工作示意图；（b）受力图

解： 取电杆及横担为研究对象，选取空间直角坐标系 $Oxyz$，使 x、y 轴分别沿两个横担的方向，z 轴沿电杆方向，画出受力图如图 TYBZ00604004-2（b）所示：地面为固定端约束，约束反力为 3 个沿坐标轴向的分力和 3 个绕坐标轴转的力偶。列平衡方程：

$$\sum F_x=0 \qquad X+2\times 2\cos 30°=0$$

$$\sum F_y=0 \qquad Y+2\times 2\cos 30°=0$$

$$\sum F_z=0 \qquad Z-4\times 2\sin 30°-10=0$$

$$\sum M_x(\boldsymbol{F})=0 \qquad M_x-2\times 2\cos 30°\times 9=0$$

$$\sum M_y(\boldsymbol{F})=0 \qquad M_y+2\times 2\cos 30°\times 6=0$$

$$\sum M_z(\boldsymbol{F})=0 \qquad M_z=0$$

列平衡方程时，考虑到每个横担两边导线的拉力大小相等，方向相同，且与电杆轴线距离相等，所以等值、反向的力矩没有写出来。

解方程得：

$$X=-3.46\text{kN}$$

$$Y=-3.46\text{kN}$$

$$Z=14\text{kN}$$

$$M_x=31.18\text{kN}\cdot\text{m}$$

$$M_y=-20.76\text{kN}\cdot\text{m}$$

$$M_z=0$$

模块 4

TYBZ00604004

负号说明实际方向与假设方向相反。

【思考与练习】

1. 某电杆自重 15kN，横担距地面 10m，架设两根平行导线，如图 TYBZ00604004-3 所示。两边绝缘子相距 2m，且与电杆轴线等距离，正常状况下，每根导线的拉力 10kN，在绝缘子处与水平方向的夹角为 30°，求当发生一侧导线断线事故时地面对电杆的约束反力。

2. 某转轴安装一带轮 B 和一齿轮 D，齿轮轮齿受力垂直向下，大小 $P=400N$，到轴线的距离为 100mm；带轮直径 360mm，紧边拉力 T_1 是松边拉力 T_2 的 2 倍，两轮的受力方向及轴的结构、尺寸如图 TYBZ00604004-4 所示，求轴匀速转动时带轮皮带的拉力和轴承 A、C 的反力。

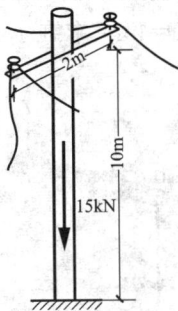

图 TYBZ00604004-3 习题 1 图

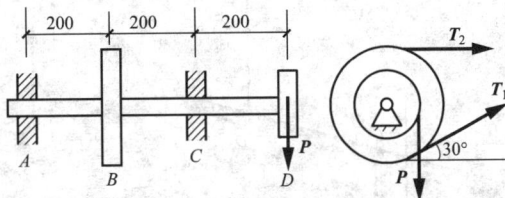

图 TYBZ00604004-4 习题 2 图

模块 5　空间平行力系的平衡（TYBZ00604005）

【模块描述】本模块介绍空间平行力系的平衡。通过对空间任意力系平衡方程的简化及应用举例，掌握空间平行力系的平衡方程及其应用方法。

【正文】

一、空间平行力系的平衡方程

如果空间力系中各力的作用线相互平行，就称为空间平行力系。空间平行力系是空间任意力系的特殊情形，建立空间直角坐标系，特别使 z 轴与各力平行（x、y 轴与各力垂直），则平面任意力系平衡方程中的平衡方程：

$$\sum F_x=0$$

$$\sum F_y=0$$

$$\sum M_z(\boldsymbol{F})=0$$

成为恒等式而自然满足。所以空间平行力系的平衡方程为：

$$\left.\begin{aligned}\sum F_z&=0\\\sum M_x(\boldsymbol{F})&=0\\\sum M_y(\boldsymbol{F})&=0\end{aligned}\right\}$$ 　　　　（TYBZ00604005）

利用式（TYBZ00604005）可以求解三个未知量。

如果选择坐标轴使 x 或 y 轴与力系平行，则平衡方程应作相应的改变。

二、空间平行力系平衡方程的应用

空间平行力系平衡方程的应用较任意力系要简单许多，注意选取坐标系时使其中一个轴与力系平行，其余轴尽量与未知力相交以进一步简化运算。

例　图 TYBZ00604005-1（a）所示为人工搬动水泥电杆的绑扎示意图，在电杆 O 点绑扎一横杆，$AB\perp OC$，且 $AO=1\text{m}$，$BO=1.5\text{m}$，绳子固定于 A、B、D 三点，拉力竖直向上，电杆重 $G=4.5\text{kN}$，重心位于 C 点，$OC=2\text{m}$，$CD=4\text{m}$；求绳子的拉力。

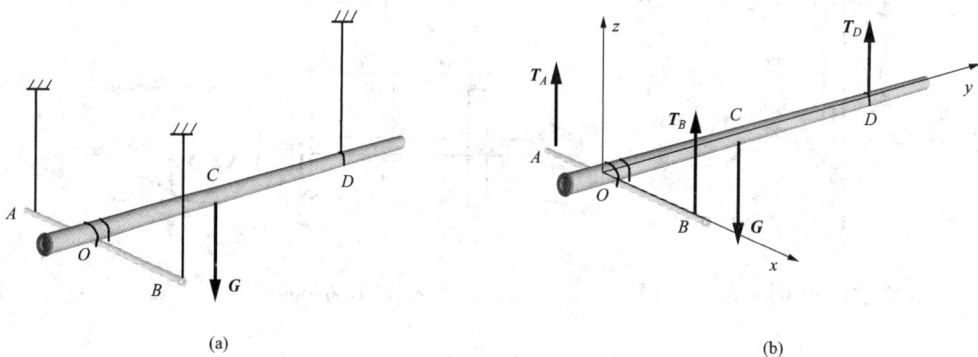

图 TYBZ00604005-1　搬动水泥电杆受力计算
(a) 绑扎示意图；(b) 水泥杆受力图

解：取电杆及横杆 AB 为研究对象，受力如图 TYBZ00604005-1（b）所示，选取直角坐标系 $Oxyz$，使 z 轴与各力平行，x 轴与 $\boldsymbol{T}_A$、$\boldsymbol{T}_B$ 相交，y 轴与 $\boldsymbol{T}_D$ 相交，列平衡方程：

$$\sum F_z=0 \qquad T_A+T_B+T_D-G=0 \qquad (1)$$

$$\sum M_x(\boldsymbol{F})=0 \qquad T_D(2+4)-G\times 2=0 \qquad (2)$$

$$\sum M_y(\boldsymbol{F})=0 \qquad T_A\times 1-T_B\times 1.5=0 \qquad (3)$$

解方程组，由方程（2）得：

$$T_D=\frac{1}{3}G=\frac{1}{3}\times 4.5=1.5\text{kN}$$

由方程（3）得：

$$T_A=1.5T_B$$

将上述结果代入方程（1）：

模块 5

TYBZ00604005

$$T_B=\frac{1}{2.5}(G-T_D)=\frac{1}{2.5}(4.5-1.5)=1.2\text{ kN}$$

$$T_A=1.5T_B=1.5\times1.2=1.8\text{ kN}$$

【思考与练习】

1. 手推三轮平板车尺寸、承载如图 TYBZ00604005-2，已知：a=1.5m，b=1m，c=0.5m，e=0.2m，P=6kN，不计车自重，求地面对轮子的约束反力。

2. 图 TYBZ00604005-2 为一起重机简图，轮 A、B、C 与地面光滑接触，并构成一等边三角形，起重机重 W=200kN，重力的作用线通过△ABC 的重心 O 点（O 点位于任一边高的三分之一处），已知两轮间的距离 a=4m，起重臂的水平长度 b=3m，并可绕铅垂轴 DE 转动，在图示位置，α=30°，载重 P=10kN，求地面对三个轮子的支承力。

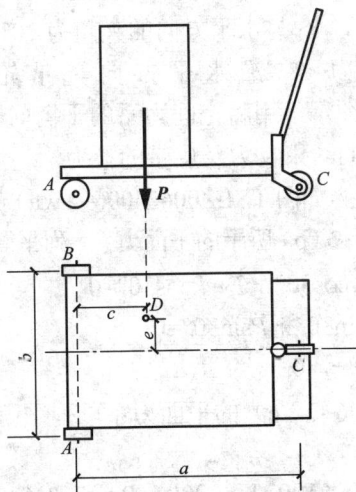

图 TYBZ00604005-2 习题 1 图　　　　图 TYBZ00604005-3 习题 2 图

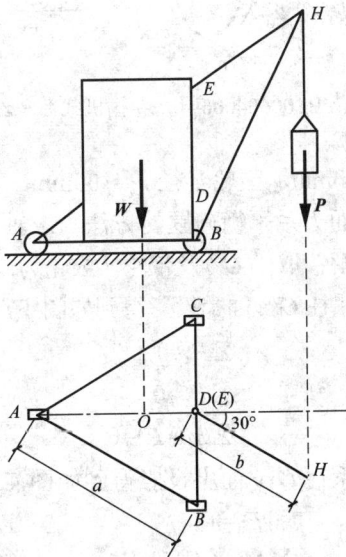

模块 6 空间力系转化为平面力系平衡问题的解法
（TYBZ00604006）

【模块描述】本模块介绍空间力系转化为平面力系平衡问题的解法。通过空间力系在平面上投影方法的讲解及平衡问题应用举例，掌握空间力系平衡问题转化为平面力系平衡问题的途径及平衡问题的具体解法。

【正文】

把空间力系化简为平面力系，用平面力系的方法手段来解空间问题，无疑会弱化对空间想象力的依赖性，增加解题的操作性，是解决空间问题的有效途径。

将空间力系化为平面力系，是通过将力系往指定的平面（一般是坐标平面）上投影来实现的。空间力系平衡时，力系在任意平面上的投影力系也必然平衡。如果将平衡的空间力系中的所有力投影到某平面，就得到在该平面上的平面平衡力系，从而建立平面力系的平衡方程。选择不同的投影面，即可列出全部需要的平衡方程。实际上并不一定需要往所有的坐标平面投影，是否往某平面投影应根据列平衡方程方便与否决定。

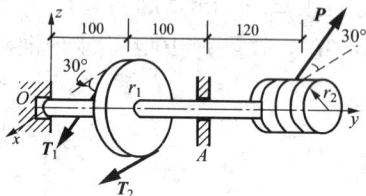

图 TYBZ00604006-1　卷扬机载荷—结构图

例1　图 TYBZ00604006-1 所示为卷扬机的工作示意图。A 点为向心轴承，O 点为向心推力轴承，卷扬机的工作载荷 **P** 大小为 4kN，与水平方向的夹角为 30°，带轮紧边拉力 T_1 为松边拉力 T_2 的 2 倍，T_1 与水平方向的夹角为 30°，松边拉力 T_2 沿水平方向。带轮半径 r_1=200mm，鼓轮半径 r_2=100mm，其余尺寸如图示，用将空间力系的平衡问题转化为平面力系平衡问题的方法，求轴承 O、A 处的约束反力及皮带的拉力。

解： 取轴 OA 及带轮、鼓轮为研究对象，受力如图 TYBZ00604006-2（a）所示，将力系往 Oxz 面上投影得到如图 TYBZ00604006-2（b）所示的平面力系，列平衡方程：

$$\sum F_x=0 \qquad X_O+X_A+T_1\cos30°+T_2-P\cos30°=0$$

$$\sum F_z=0 \qquad Z_O+Z_A-T_1\sin30°+P\sin30°=0$$

$$\sum M_O(\boldsymbol{F})=0 \qquad (T_1-T_2)r_1-P\,r_2=0$$

将力系往 Oxy 面上投影得到如图 TYBZ00604006-2（c）的平面力系，列平衡方程：

$$\sum F_y=0 \qquad Y_O=0$$

$$\sum M_O(\boldsymbol{F})=0 \qquad -(T_1\cos30°+T_2)\times100-X_A\times200+P\cos30°\times320=0$$

将力系往 Oyz 面上投影得到如图 TYBZ00604006-2（d）的平面力系，列平衡方程：

$$\sum M_O(\boldsymbol{F})=0 \qquad Z_A\times200-T_1\sin30°\times100+P\sin30°\times320=0$$

解方程组得：

$$Y_O=0$$

$$T_1=4\text{kN},\quad T_2=2\text{kN}$$

$$Z_A=-2.2\text{kN}$$

$$Z_O=2.2\text{kN}$$

$$X_A=2.8\text{kN}$$

$$X_O=-4.8\text{kN}$$

模块 6　TYBZ00604006

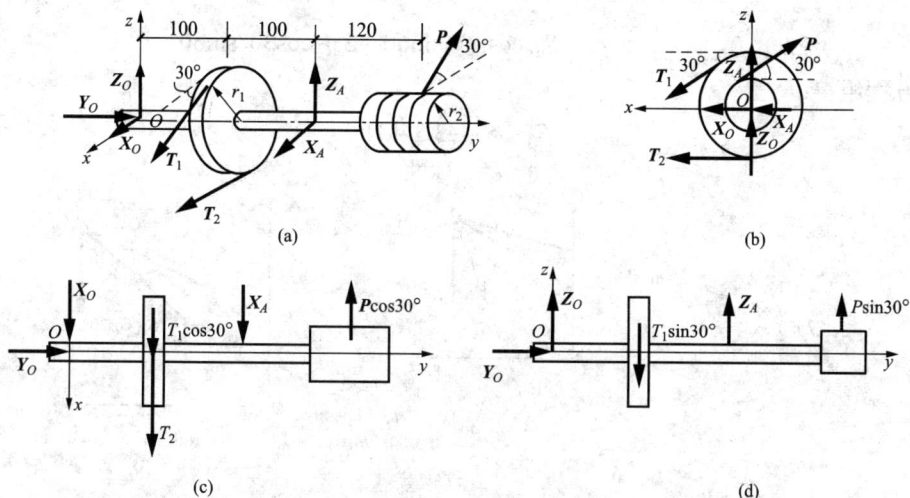

图 TYBZ00604006-2 受力图与坐标面上的投影力系

(a) 卷扬机受力图；(b) Oxz 平面上的投影力系；(c) Oxy 平面上的投影力系；(d) Oyz 平面上的投影力系

模块 6

TYBZ00604006

在上例中，列平衡方程时，在第一个投影面上列了三个方程，第二个和第三个投影面的方程数量依次减少，这是因为不同的投影面拥有共同坐标轴的原故。另外可看出，解题过程并没有简化，甚至于更繁琐，但是增强了解题的操作性。

例2 图 TYBZ00604006-3 为起吊电杆时人字形倒落式抱杆和牵引绳的受力示意图，电杆拉力 $P=4$kN，铅直向下。抱杆 AB、AC 的支点 B、C 在同一水平面上、所在的平面与水平面的夹角为 60°，且与牵引绳 AD 和力 P 所在的竖直平面垂直，AO 为两平面的交线；三角形 ABC 为一等边三角形，AO 是 BC 边上的中线，牵引绳 AD 与水平方向的夹角为 20°。用将空间力系的平衡问题转化为平面力系平衡问题的方法，求图示位置抱杆和牵引绳的受力。

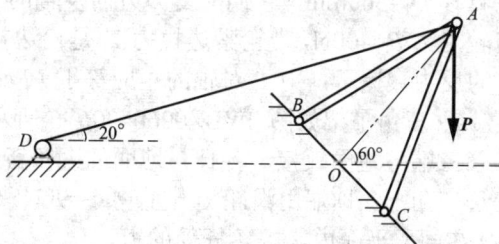

图 TYBZ00604006-3 人字形倒落式抱杆示意图

解：取 A 点为研究对象，受力如图 TYBZ00604006-4（a）所示，建立直角坐标系 $Oxyz$，分析力系中各力可以发现，它们与 x 轴的夹角都是已知的，T、P 与 x 轴垂直，其余二力夹角为 60°，所以可先往 x 轴上投影得到一个平衡方程：

$$\sum F_x=0 \qquad -S_{AB}\cos 60°+S_{AC}\cos 60°=0$$

在其余二轴的投影方程可用平面投影法。将力系往 Oxy 面上投影得到如图 TYBZ00604006-4（b）所示的平面力系，列平衡方程：

$$\sum F_y=0 \qquad -T\cos 20°-S_{AB}\cos 30°\cos 60°-S_{AC}\cos 30°\cos 60°=0$$

$$\sum F_z = 0 \qquad -T\sin 20° - S_{AB}\cos 30° \sin 60° - S_{AC}\cos 30° \sin 60° - P = 0$$

解方程组得：

$$S_{AB} = S_{AC} - 3.34\text{kN}$$

$$T = 3.1\text{kN}$$

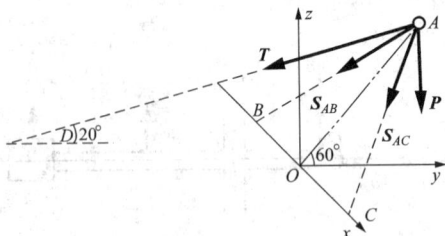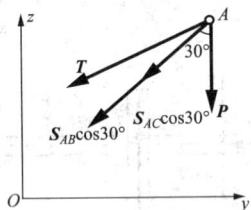

(a)　　　　　　　　　　　　　(b)

图 TYBZ00604006-4　受力图与坐标面上的投影力系

（a）A 点受力图；（b）Oyz 平面上的投影力系

此题欲将力系往包含 x 轴的 Oxy 或 Oxz 坐标面上投影就比较困难。

【思考与练习】

1. 某转轴安装一带轮 B 和一齿轮 D，齿轮直径 d_2=200mm，压力角为 20°，带轮直径 D_1=360mm，它们的受力方向及轴的尺寸如图 TYBZ00604006-5 所示，已知齿轮受力 P=400N，带轮紧边拉力 T_1 是松边拉力 T_2 的 2 倍，求带轮受的力和轴承 A、C 的反力（提示：力 **P** 对轴的矩应等于 $PR\cos 20°$）。

2. 三角吊架如图 TYBZ00604006-6 所示，三杆等长，上端 D 点用球铰相连，其余三端与地面铰接，各杆与地面的夹角皆为 60°，并且地面铰接点 A、B、C 成一等边三角形。顶端用滑轮提升重物 G=9kN，牵引绳与地面夹角 30°，且与力 **G** 和杆 CD 在同一平面内，求各杆受的力。

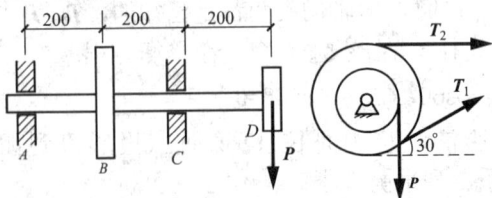

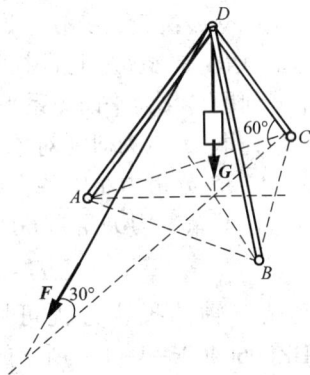

图 TYBZ00604006-5　习题 1 图　　　　　　图 TYBZ00604006-6　习题 2 图

第五章 重　　心

模块 1 重心的概念及特点 （TYBZ00605001）

【模块描述】本模块介绍重心的概念及特点。通过对生产生活中应用的实例列举及理论讲解，掌握重心的概念，熟悉重心不变的特点。

【正文】

一、研究重心的意义

地球附近的物体都受到地球的吸引力，这种吸引力作用在物体上的每一细小部分，方向指向地球中心。对于一个刚性物体来说，这些力可以合成为一个力，地球对于物体各部分的吸引力，相当于集中作用于物体上（或其延长部分）某一点的一个力。简单地说，物体的重心就是这个合力的作用点。由于地球引力非接触作用，由此这个作用点不能用肉眼直接看到，需要经过一定的测量、计算才可得到。在日常生活和工程实际中物体重心的确定又有着重要的意义，例如电杆扶立或起吊时需要根据电杆的重心位置合理布置绑扎点，以使电杆内部受到的弯矩最小，避免在扶立过程中发生断裂，使绳子的受力尽量均匀。电工用升降梯高空作业时，要尽量保持升降梯铅直，如果人和升降梯的重心到地面的垂线超出支承轮的支承范围，升降梯就会倾覆。对于高速转动的物体，重心如果偏离轴线将会引发剧烈振动等。因此，掌握物体重心的确定方法有着重要意义。

二、重心的概念及特点

物体所受的重力指向地心，任意一物体上各部分受到的重力是一空间汇交力系。但是由于研究的物体较地球小得多，所以通常近似看作一空间平行力系。同向的平行力系可以合成为一个力，其合力也必然与原力系中各力平行。对于固定姿态的物体，重力合力的作用线虽然必与物体每一部分上所受的重力平行，但是只能确定其作用线并不能确定其作用点，如图 TYBZ00605001（a）所示。如将物体顺时针旋转 90°（可按任意方向或任意角度旋转），则物体各部分所受重力及重力合力的作用线又如图 TYBZ00605001（b）所示，物体两个不同姿态的重力合力的作用线交于 C 点。实验证明，对于形体不变的物体，无论物体如何放置或放置于何处，其重力合力的作用线都通过一个固定点（C），此点（C）就称为物体的重心。

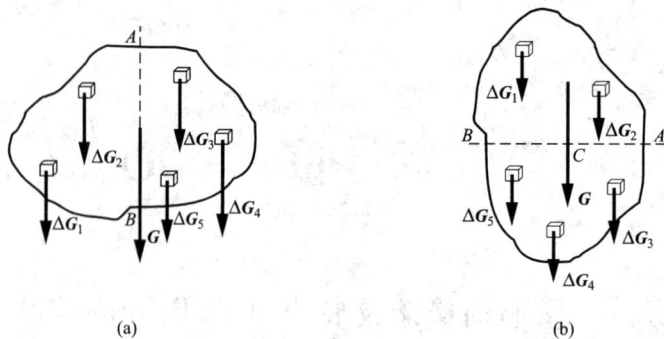

图 TYBZ00605001 物体的重心
（a）原位置的重力作用线；（b）顺时针转 90° 后的重力作用线

物体的重心不由于物体所处的位置及放置的姿态而变化，这是重心的重要特点，正是利用了这一特点才有了确定物体重心的各种方法。

【思考与练习】

1. 什么样的点称为物体的重心？
2. 物体所受的重力是否仅仅作用在物体的重心上？
3. 重心是否一定在物体内部？
4. 物体会不会"失去"重心？

模块 2 物体重心的确定方法（TYBZ00605002）

【模块描述】本模块介绍物体重心的确定方法。通过平面情况下应用合力矩定理的推导以及应用方法举例，熟悉确定物体重心的理论公式和实验方法，掌握组合体重心位置确定的公式法。

【正文】

一、观察法

对于均值（物体各处密度相同）物体，重心位于物体的几何中心。如果此类物体的形状规则，则重心可以通过观察得到。物体的几何中心位于对称位置，有对称轴（面）的物体，重心一定位于对称轴（面）上；如果物体有两个对称轴（面），则重心一定位于两个对称轴（面）的交点（线）等等。例如，矩形平板的重心位于两个对称轴的交点，也可以用两个对角线的交点来确定，如图 TYBZ00605002–1（a）所示；三角形的重心位于任意两边中线的交点，如图 TYBZ00605002–1（b）所示；圆形（球）的圆心为对称点，重心位于圆心上，如图 TYBZ00605002–1（c）所示；

长方体有三个对称面，重心位于三个对称面的交点。具体可这样确定：先确定一个对称截面（矩形），然后在此对称截面上再确定对称中心（对角线连线的交点），此对称中心即为物体的重心，如图 TYBZ00605002-1（d）所示。

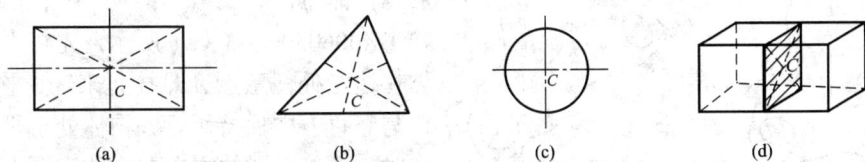

图 TYBZ00605002-1　观察法
（a）矩形；（b）三角形；（c）圆形；（d）长方形

对于不规则形状的物体，如果精度要求不高，也可以用观察法对重心位置给出粗略的判断。实际上，工程实际中遇见的物体不可能都是规则的，也不可能一一先计算其重心位置，然后再去搬动它，往往需要通过观察对重心作出粗略的判断。下面介绍观察方法。

如图 TYBZ00605002-2（a）所示，物体由两个重为 G_1、G_2，重心分别位于 O_1、O_2 的小物体组成，物体的重心 C_1 必然位于 O_1O_2 的连线上，并且靠近较大的物体，数量关系是：C_1 到 O_1、O_2 的距离与物体的重量成反比，即 $O_1C_1:O_2C_1=G_2:G_1$。

如果物体由多个规则小物体组成，可以用上法逐一判断。如在图 TYBZ00605002-2（a）中再添加一重为 G_3、重心位置为 O_3 的物体，如图 TYBZ00605002-2（b）所示，确定的方法是先由 G_1、G_2 找到 C_1，然后设想 G_1、G_2 合起来存在于 C_1 点，继续和物体 G_3 确定重心位置，与上法相同，重心 C 位于 C_1O_3 的连线上，并且：$C_1C:CO_3=G_3:(G_1+G_2)$。如果有多个物体存在，以此类推，可以大体观察出物体的重心位置。

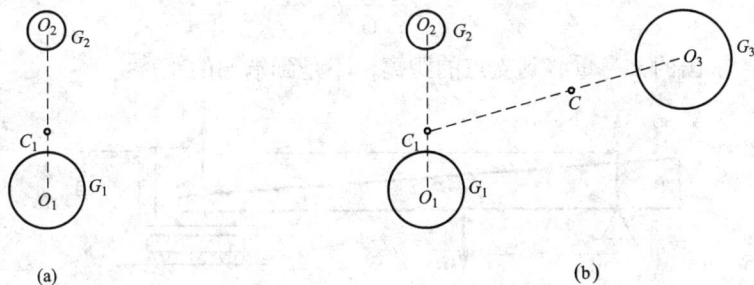

图 TYBZ00605002-2　粗略观察法
（a）两个物体的重心；（b）多个物体的重心

二、实验法
对于一些非均匀材料及不规则物体可用实验法来确定重心位置。

模块 2

TYBZ00605002

模块 2

TYBZ00605002

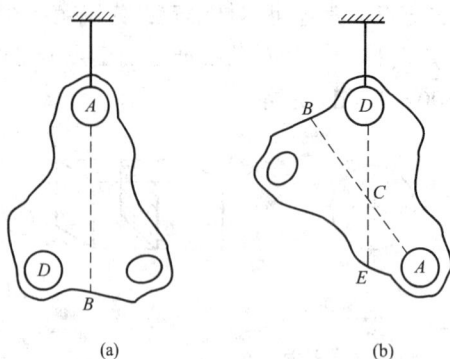

图 TYBZ00605002-3　悬挂法

(a) A 点悬挂；(b) D 点悬挂

1. 悬挂法

悬挂法适用于不太重的平面板状物体（物体的厚度可忽略不计或具有一个前后对称面）。操作如下：如图 TYBZ00605002-3（a）所示，先将平面物体在边缘处任意点 A 悬挂起来，使平面物体与竖直方向保持平行。物体处于平衡状态时，沿着绳子的方向在物体表面上画直线 AB，得到一条物体所受重力的作用线。放下物体，用同样的方法换另一点 D 悬挂，如图 TYBZ00605002-3（b）所示，画出直线 DE，两条直线的交点 C 就是物体的重心。

2. 称重法

称重法适用于大型柱状物体。操作过程如下：第一步，先称得构件的重量 G；第二步，将构件的一端支承起来，另一头放于同一水平线上的磅秤上称其重量；第三步，量出两个支承点的距离，并根据构件的总重量和第二步称出的重量，画出构件的受力图，重心的位置可假设，列出平衡方程，求出重心的位置。图 TYBZ00605002-4 为用称重法确定水泥电杆重心的操作示意图。假定水泥杆的重量为 G，两个支承点的距离 $AB=l$，设重心 C 到支点 A 的距离为 x，画出电杆的受力图如图 TYBZ00605002-4 所示，取 A 点为矩心列平衡方程：

$$\sum M_A(\boldsymbol{F})=0 \qquad G_B \cdot l - G \cdot x = 0$$

解得：

$$x = \frac{G_B}{G} l$$

注意：求出的 x 为重心到支点的距离，不是到端部的距离。

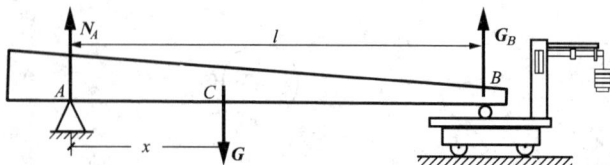

图 TYBZ00605002-4　称重法

选择不同的支点 A 可以适应磅秤的不同量程。A 离左端点越远（距重心越近），秤上承受的力越小，所以，当磅秤的量程较小时，应将支点 A 选到靠近中部的位置。

除上述两种实验方法外，对于小件物体，也可用单支点反复测试的方法来确定重心。确定锤子沿锤柄方向重心位置的示意图，如图 TYBZ00605002-5 所示，用细绳反复悬挂构件，直到构件两端持平，就可知重心位于支承位置。

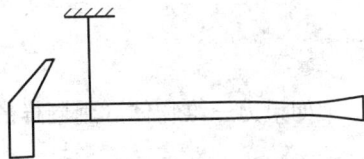

图 TYBZ00605002-5　测试法

三、公式法

公式法亦称坐标法，是确定物体重心位置的基本方法。应用方法如下：第一步，设想将物体分割成若干比较规则的小块，使每一小块的重量及重心位置都是已知的（提示：在重量及重心位置已知的前提下，分割得越大越简便）；第二步，建立直角坐标系，标出或找出各小块的重心坐标；第三步，套用重心坐标公式，求出重心坐标。

重心坐标公式可由合力矩定理导出。下面以平面物体为例来推导重心坐标公式。

如图 TYBZ00605002-6（a）所示，假设某物体可以被分割为图示若干小块，每一小块的重量 ΔG_i 都为已知，物体的总重量应为各部分小块物体的重量之和；建立固定于物体上的直角坐标系 Oxy，在此坐标系中，每一小块的重心坐标（x_i, y_i）也都已知。设物体的重心坐标为（x_C, y_C），根据合力矩定理，物体总的重力 G 对于 O 点的矩应等于各个小块物体对于同一点 O 的矩的代数和，即

$$Gx_C = \Delta G_1 x_1 + \Delta G_2 x_2 + \Delta G_3 x_3 + \Delta G_4 x_4 + \Delta G_5 x_5 = \sum \Delta G_i x_i$$

所以

$$x_C = \frac{\sum G_i x_i}{G}$$

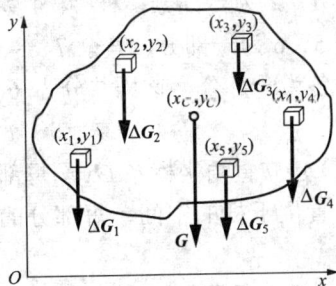

(a)

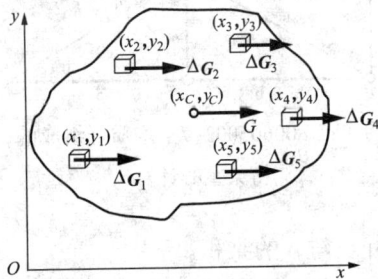

(b)

图 TYBZ00605002-6　公式法

（a）使 y 轴与重力平衡求 x_C；（b）旋转 90° 物体与一起求 y_C

将物体连同坐标系一起顺时针旋转 90°，如图 TYBZ00605002-6（b）所示。为着观察方便，图中物体和坐标系未动，相当于重力场逆时针转了 90°，图中右边为下，所以物体受到的重力向右。同样取 O 点为矩心，应用合力矩定理得：

$$G y_C = \Delta G_1 y_1 + \Delta G_2 y_2 + \Delta G_3 y_3 + \Delta G_4 y_4 + \Delta G_5 y_5 = \sum \Delta G_i y_i$$

解得：

$$y_C=\frac{\sum G_i\,y_i}{G}$$

如果为三维物体，用同样的方法，可得到重心的 z 坐标公式。

$$z_C=\frac{\sum G_i\,z_i}{G}$$

由此可得物体重心坐标的一般公式：

$$\left.\begin{array}{l}x_C=\dfrac{\sum G_i\,x_i}{G}\\[2mm]y_C=\dfrac{\sum G_i\,y_i}{G}\\[2mm]z_C=\dfrac{\sum G_i\,z_i}{G}\end{array}\right\}$$ （TYBZ00605002）

例　求图 TYBZ00605002–7 所示桁架的重心。设各杆皆为均值杆且单位长度的重量等于 p。

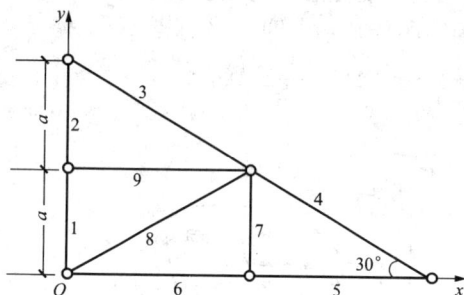

图 TYBZ00605002–7　均质杆组成的桁架重心计算

解：（1）分割物体。物体由 9 根杆组成，天然分成 9 部分，每部分的重量等于杆长乘以 p。分割物体时注意，在重心可确定的情况下，尽量将物体分割得大一些以简化计算。所以本例这样来分割：杆 1、2 为一部分；杆 3、4 为一部分；杆 5、6 为一部分。其余 7、8、9 杆每根杆各为一部分，这样共分为 6 部分即可。

（2）建立直角坐标系 Oxy，每部分的重心位置位于杆的中间，每部分的重量等于杆长与 p 的乘积。

第一部分杆 1、2：重心坐标：$(x_1,\,y_1)=(0,\,a)$，重量为：$\Delta G_1=2ap$

第二部分杆 3、4：重心坐标：$(x_2,\,y_2)=(\sqrt{3}\,a,\,a)$，重量为：$\Delta G_2=4ap$

第三部分杆 5、6：重心坐标：$(x_3,\,y_3)=(\sqrt{3}\,a,\,0)$，重量为：$\Delta G_3=2\sqrt{3}\,ap$

第四部分杆 7：重心坐标：$(x_4,\,y_4)=\left(\sqrt{3}\,a,\,\dfrac{a}{2}\right)$，重量为：$\Delta G_4=ap$

第五部分杆 8：重心坐标：$(x_5,\,y_5)=\left(\dfrac{\sqrt{3}}{2}\,a,\,\dfrac{a}{2}\right)$，重量为：$\Delta G_5=2ap$

第六部分杆 9：重心坐标：$(x_6,\,y_6)=\left(\dfrac{\sqrt{3}}{2}\,a,\,a\right)$，重量为：$\Delta G_6=\sqrt{3}\,ap$

物体的总重量：$G=(3a+6a+3\sqrt{3}a)p=3(3+\sqrt{3})ap=14.2\,ap$

3）设重心坐标为（x_C, y_C），根据式（TYBZ00605002）得：

$$x_C=\frac{\sum G_i\,x_i}{G}=\frac{\sqrt{3}a\cdot 4ap+\sqrt{3}a\cdot 2\sqrt{3}ap+\sqrt{3}a\cdot ap+\dfrac{\sqrt{3}}{2}a\cdot 2ap+\dfrac{\sqrt{3}}{2}a\cdot\sqrt{3}ap}{14.2ap}=1.26\,a$$

$$y_C=\frac{\sum G_i\,y_i}{G}=\frac{a\cdot 2ap+a\cdot 4ap+\dfrac{a}{2}\cdot ap+\dfrac{a}{2}\cdot 2ap+a\cdot\sqrt{3}ap}{14.2ap}=0.65\,a$$

由计算结果可知，对于由均值杆组成的桁架，其重心位置与杆的重量无关，只与杆的长度、位置等几何因素有关。

【思考与练习】

1. 悬挂法的力学原理是什么？

2. 图 TYBZ00605002-8 为某铁塔的一部分，整体为等腰梯形状。测得上、中、下三根横杆分别长 3m、3.5m 和 4m，两侧斜杆长 4×3m，下半部分交叉斜杆长 2×4.9m，上半部分交叉斜杆长 2×4.3m，设各杆所用钢材规格型号相同，试以两侧斜杆长代替高度，近似计算此部分铁塔的重心位置。

3. 汽车自重 20kN，重心位于 A 点；载货 80kN，货物重心位于 B 点。尺寸如图 TYBZ00605002-9 所示，试确定汽车连同货物的重心。

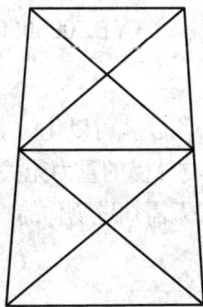

图 TYBZ00605002-8 习题 2 图

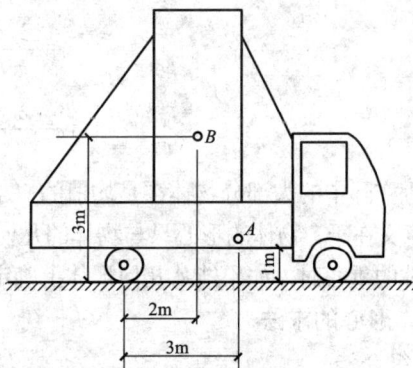

图 TYBZ00605002-9 习题 3 图

模块 3 形心（TYBZ00605003）

【模块描述】本模块介绍物体的形心。通过与重心概念的比较及应用举例，熟悉形心的概念及计算公式，掌握平面组合图形形心确定的组合法和负面积法，了解

模块 3

TYBZ00605003

空间组合体形心确定的组合法。

【正文】

一、形心的概念

对于均值物体，设物体密度为 ρ，则物体所受的重力为体积 V、密度 ρ 和重力加速度 g 三者的乘积，即：$G=V\rho g$，代入重心公式（TYBZ00605002）消去公因子 ρg 得：

$$\left.\begin{array}{l} x_C=\dfrac{\sum V_i\,x_i}{V} \\[3mm] y_C=\dfrac{\sum V_i\,y_i}{V} \\[3mm] z_C=\dfrac{\sum V_i\,z_i}{V} \end{array}\right\} \qquad （TYBZ00605003\text{-}1）$$

式（TYBZ00605003-1）与物体所受重力无关，只与物体的体积及体积的分布，即物体的几何形状有关。由式（TYBZ00605003-1）确定的点（x_C, y_C, z_C）称为物体的形心。

形心是物体的几何中心，对称的物体，形心位于物体的对称位置，可由观察法得到。均值物体的形心与重心重合，但非均质物体形心与重心一般不重合。

对于均值、等厚的板状物体，使坐标面 Oxy 位于板的对称面，即板的一半厚度处，这样 $z_C=0$。体积 V 等于面积 A 与厚度 δ 的乘积，即：$V=A\delta$，代入式（TYBZ00605003-1）并消去公因子 δ，即可得到平面物体的形心坐标公式：

$$\left.\begin{array}{l} x_C=\dfrac{\sum A_i\,x_i}{A} \\[3mm] y_C=\dfrac{\sum A_i\,y_i}{A} \end{array}\right\} \qquad （TYBZ00605003\text{-}2）$$

工程实际中的大部分物体都是均值的，求这类物体的重心问题就可以化为求形心问题。其意义在于，物体的形心只与物体的几何形状有关，而与物体受的重力无关。因此，确定物体的重心时，如果能从几何形体上确定物体的形心，就无需知道物体的重量。

二、形心的求法

1. 组合法

组合法也称为分割法，具体做法与求重心的坐标法相同：第一步，设想将物体分割成若干比较规则的小块，每一小块的体积（或面积）及形心位置都是已知的；第二步，建立直角坐标系，标出或找出各小块的形心坐标；第三步，将各小块的体积（或面积）及坐标值代入形心坐标公式，求出形心坐标。

例 1　求图 TYBZ00605003-1 所示平面图形的形心。

解：如图 TYBZ00605003-1 所示，用 m-m 截线将图形分割为图示三部分。建

立直角坐标系 Oxy，各部分的坐标及面积为：

$$A_1=80\times120=9600\text{mm}^2,\quad (x_1,\ y_1)=(40,\ 180)$$
$$A_2=80\times240=19\,200\text{mm}^2,\quad (x_2,\ y_2)=(260,\ 240)$$
$$A_3=300\times120=36\,000\text{mm}^2,\quad (x_3,\ y_3)=(150,\ 60)$$

总面积：$A=A_1+A_2+A_3=64\,800\text{mm}^2$

设形心坐标为 (x_C,y_C) 据式（TYBZ00605003-2）得：

$$x_C=\frac{\sum A_i x_i}{A}=\frac{9600\times40+19\,200\times260+36\,000\times150}{64\,800}$$
$$=166\text{mm}$$
$$y_C=\frac{\sum A_i y_i}{A}=\frac{9600\times180+19\,200\times240+36\,000\times60}{64\,800}$$
$$=131\text{mm}$$

2. 负面积法

对于如图 TYBZ00605003-2 所示阴影部分的平面物体，不可能分割为有限数量的规则图形。但是，换个角度看，此图形是大圆里面挖去一个小圆而形成的，而圆是规则图形。所以求解此类图形的形心，关键是如何能利用这一点。下面就以求图 TYBZ00605003-2 中所示平面图形阴影部分的形心为例，来说明求解此类图形形心的负面积法。

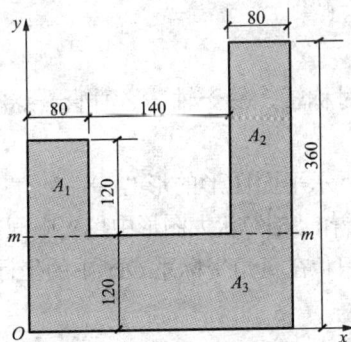

图 TYBZ00605003-1 组合法

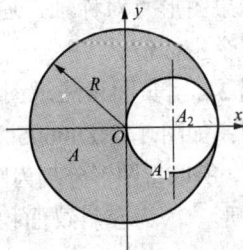

图 TYBZ00605003-2 负面积法

基本思想是将大圆中挖去的小圆假想地"补"起来，也就是在挖去小圆的地方重新给图形加一小圆，得到完整规则的大圆。凭空多加了一个小圆当然影响原图形的形心，然而如果再在同样的地方减去同样大小的一个小圆，这样便等于不加不减，自然不会改变原图形的形心。用数学方法来表达就是如下的推导过程。

在直角坐标系 Oxy 中，设阴影部分的面积为 A，重心坐标 (x_C,y_C)；大圆的面积为 A_1，重心坐标 (x_1,y_1)，小圆的面积为 A_2，重心坐标 (x_2,y_2)。根据组合法或式（TYBZ00605003-2）得：

$$x_C = \frac{\sum A_i x_i}{A} = \frac{\sum A_i x_i + A_2 x_2 - A_2 x_2}{A}$$

因为 　　　　$\sum A_i x_i = A x_C$ 　　$A x_C + A_2 x_2 = A_1 x_1$

代换前式得：

$$\left. \begin{array}{l} x_C = \dfrac{A_1 x_1 - A_2 x_2}{A_1 - A_2} \\[3mm] y_C = \dfrac{A_1 y_1 - A_2 y_2}{A_1 - A_2} \end{array} \right\} \qquad （TYBZ00605003-3）$$

由式（TYBZ00605003-3）可看出，对于有挖去部分的平面图形仍然可用组合法，只是需要将挖去部分的面积当作负值。由此该方法称为负面积法。对于上例，代入具体坐标值：

$$(x_1, \ y_1) = (0, \ 0),$$

$$(x_2, \ y_2) = \left(\frac{R}{2}, \ O \right)$$

$$x_C = \frac{A_1 x_1 - A_2 x_2}{A_1 - A_2} = \frac{\pi R^2 \, 0 - \dfrac{1}{4} \pi R^2 \, \dfrac{R}{2}}{\pi R^2 - \dfrac{1}{4} \pi R^2} = -\frac{R}{6}$$

由于图形关于 x 轴对称，所以 $y_C = 0$。

如果图形有对称轴，通常使一个坐标轴沿对称轴，另一轴与之垂直，这样只需计算一个坐标值。

例 2 用负面积法求图 TYBZ00605003-1 所示平面图形的形心。

解： 如图 TYBZ00605003-3 所示，将图形看作"凸"状大图形中挖去中间部分矩形所得，所以将图形分割为图示三个矩形，其面积和在直角坐标系 Oxy 中的坐标如下：

矩形一，为左斜纹面积加上"挖去"部分：

$$A_1 = 120 \times 2 \times (80 \times 2 + 140) = 72\,000 \text{mm}^2$$

$$(x_1, \ y_1) = (150, \ 120)$$

矩形二，为"挖去"部分：

$$A_2 = -120 \times 140 = -16\,800 \text{mm}^2$$

$$(x_2, \ y_2) = (150, \ 180)$$

矩形三，为右斜纹面积：

$$A_3 = 80 \times (360 - 120 \times 2) = 9600 \text{mm}^2$$

$$(x_3, \ y_3) = (260, \ 300)$$

总面积：

$$A=A_1+A_2+A_3=72\,000-16\,800+36\,000=64\,800\text{mm}^2$$

设形心坐标为（x_C, y_C）利用负面积法得：

$$x_C=\frac{72\,000\times150-16\,800\times150+9600\times260}{64\,800}=166\text{mm}$$

$$y_C=\frac{72\,000\times120-16\,800\times180+9600\times300}{64\,800}=131\text{mm}$$

负面积法本质上还是组合法，只是对一个几何体构成的不同看法。应用时首先要将空洞的部分"补"起来，凑成一个较大的规则图形，然后再将空洞部分的面积当作负值减去。其余做法与组合法无异。

对于确定三维物体的形心，类似的有组合法和负体积法，只需在三维坐标系中去分割物体，计算每一分割部分的体积，确定其坐标，代入式（TYBZ00605003–1）计算即可，方法步骤与求平面图形的形心完全一样。

图 TYBZ00605003-3　组合图形形心计算

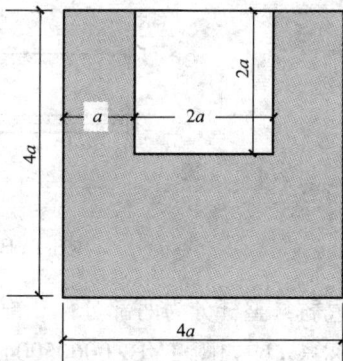

此外，一些简单形状物体的形心还可从有关工程手册中查得，需要时可查阅。

【思考与练习】

1. 物体的形心与物体的重力是否有关？

2. 物体的重心与形心是否一定重合？何时重合，何时不一定重合？

3. 求图 TYBZ00605003–4 所示图形的形心。

4. 分别用组合法和负面积法计算图 TYBZ00605003–5 所示平面图形的形心。

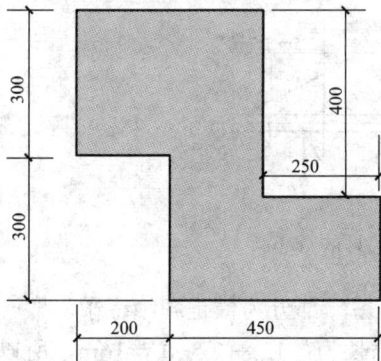

图 TYBZ00605003-4　习题 3 图

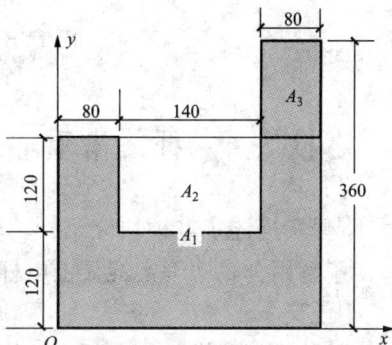

图 TYBZ00605003-5　习题 4 图

5. 在一块长 600mm，宽 200mm 的矩形板上挖去两个直径为 100mm 的圆孔，如图 TYBZ00605003-6 所示，求剩余部分（图中阴影部分）的形心。

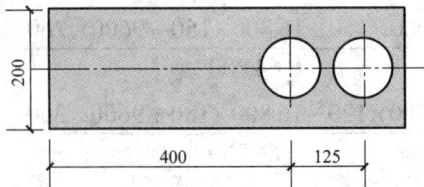

图 TYBZ00605003-6　习题 5 图

模块 4　杆、塔重心位置的确定（TYBZ00605004）

TYBZ00605004

【模块描述】本模块介绍杆、塔重心位置的确定。通过公式法的运用及实例列举，了解用公式法确定混凝土电杆、铁塔重心位置的计算方法和简化方法。

【正文】

整体立杆或塔时，需要先计算杆、塔的重心位置，以便合理布置绑扎点。

一、混凝土杆重心位置的确定

1. 等径杆的重心

等径杆是指上下直径相等的混凝土电杆。杆本身的重心位于杆长二分之一处的轴线上，加上横担、绝缘子串及金具等的重量后，重心根据各部分的重量及位置由重心公式来确定。

例 1　结构尺寸如图 TYBZ00605004-1 所示的等径电杆，已知电杆重量：$q=1$kN/m，横担及绝缘子串共重 $P=1.7$kN，求整杆的重心。

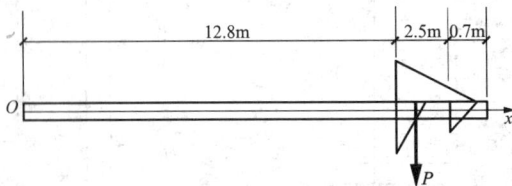

图 TYBZ00605004-1　等径杆的重心

解：整杆分为两部分：一部分为电杆本身，另一部分为横担和绝缘子。取一维坐标系 Ox 如图 TYBZ00605004-1 所示，电杆总长为：12.8+2.5+0.7=16m，所以电杆本身的重心坐标：

$$x_1=8\text{m}$$

电杆重量：$G_1=16q=16\text{kN}$。

横担和绝缘子的重力一般可认为作用于横担部分 $\dfrac{1}{3}$ 高度处，重心坐标：

$$x_2=12.8+\frac{2.5}{3}=13.6\text{m}。$$

设整杆的重心坐标为 x_C，根据重心坐标公式得：

$$x_C=\frac{G_1x_1+Px_2}{G_1+P}=\frac{16\times8+1.7\times13.6}{16+1.7}=8.5\text{m}$$

2. 拔梢杆（锥形杆）的重心

拔梢杆亦称锥形杆，锥度一般为 1:75。即：$\lambda=(D-d)/h=1/75$。各参数如图 TYBZ00605004–2 所示。D 为杆大端直径，d 为梢部直径，t 为杆壁厚，h 为杆的长度。

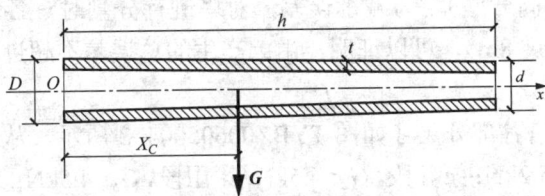

图 TYBZ00605004–2 拔梢杆的重心

由理论推导可得重心坐标公式为（推导过程略）：

$$x_C=\frac{h(D+2d-3t)}{3(D+d-2t)}\qquad\text{（TYBZ00605004–1）}$$

或者：

$$x_C=\left(\frac{h}{3}\right)\frac{3(d-t)+\dfrac{h}{75}}{2(d-t)+\dfrac{h}{75}}\qquad\text{（TYBZ00605004–2）}$$

例2 如图 TYBZ00605004–2 的拔梢杆混凝土电杆，已知壁厚 t=50mm，梢部直径 d=190mm，锥度 λ=1:75，杆长 h=18m，求杆的重心位置。

解：杆的大端直径：

$$D=d+\lambda h=190+\frac{1}{75}\times18\,000=430\text{mm}$$

把各参数代入式（TYBZ00605004–1）得：

$$x_C = \frac{h(D+2d-3t)}{3(D+d-2t)} = \frac{18\times(430+2\times190-3\times50)}{3\times(430+190-2\times50)} = 7.6\text{m}$$

也可不计算 D，而把各参数直接代入式（TYBZ00605004-2）计算 x_C。

如果考虑横担、绝缘子串等重量时，处理方法与等径杆相同。

二、铁塔重心位置的确定

计算铁塔的重心时，要根据铁塔结构变化的情况，将铁塔分为若干部分。分割的依据就是各部分的重心、重量要已知。每部分的重量可根据所用钢材的型号及尺寸计算得到；每部分的重心位置，可以根据组成杆件的重量及分布情况计算出来，但这样做工作量太大，不太实用。所以工程上通常对各部分的重心作粗略的估计，比如对于等截面、主材规格不变的铁塔部分，重心位置认为在各部分塔高的 $\frac{1}{2}$ 处；对于变截面铁塔，所取部分的形状一般为等腰梯形，可由梯形的形心公式计算确定（亦为近似值），为进一步简化计算，一般也可以认为位于所取部分的塔高 $\frac{1}{2}$ 处（由此确定的重心会偏高一些）。为减小误差，对塔进行分割时，各段的长度应尽量小些（一般要求不超过 8m），可以证明，由此产生的总误差不超过各部分误差的最大值。

例3 有一铁塔各部分尺寸如图 TYBZ00605004-3 所示。从左到右各段重量依次为：第Ⅰ段，G_1=5.2kN；第Ⅱ段，G_2=4.5kN；第Ⅲ段，G_3=4.5kN；第Ⅳ段，G_4=4.7kN；第Ⅴ段，G_5=4.4kN；第Ⅵ段，G_6=4.3kN。试确定铁塔的重心位置。

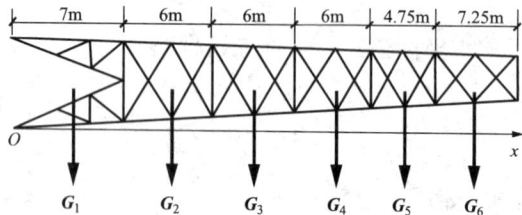

图 TYBZ00605004-3　铁塔的重心

解： 取一维坐标系 Ox，各部分的重心位置取相应部分塔高的 $\frac{1}{2}$，坐标依次为：

$$x_1=3.5\text{m};$$
$$x_2=7+3=10\text{m};$$
$$x_3=7+6+3=16\text{m};$$
$$x_4=7+6+6+3=22\text{m};$$
$$x_5=7+6+6+6+\frac{4.75}{2}=27\text{m};$$

$$x_6=7+6+6+6+4.75+\frac{7.25}{2}=33\text{m};$$

铁塔总重量：

$$G=\sum G_i=5.2+4.5+4.5+4.7+4.4+4.3=27.6\text{kN}。$$

设重心坐标为 x_C，将如上数据代入重心公式（TYBZ00605002）得：

$$x_C=\frac{\sum G_i\,x_i}{G}=\frac{5.2\times3.5+4.5\times10+4.5\times16+4.7\times22+4.4\times27+4.3\times33}{27.6}=18\text{m}$$

【思考与练习】

1. 拔梢混凝土电杆，已知壁厚 t=50mm，梢部直径 d=230mm，锥度 λ=1:75，杆长 h=15m，杆重 G=17.3kN。横担及绝缘子串重 1.5kN，各部分尺寸见图 TYBZ00605004-4。求杆整体的重心。

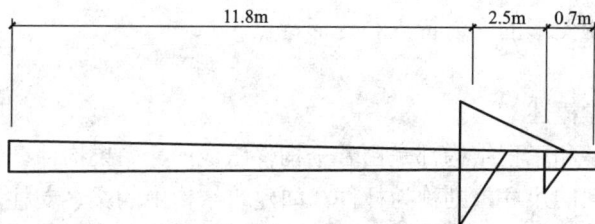

图 TYBZ00605004-4 习题 1 图

2. 铁塔尺寸如图 TYBZ00605004-5 所示，已知各部分重量为：G_1=10kN，G_2=9.2kN，G_3=8.4kN，试确定铁塔的重心位置。

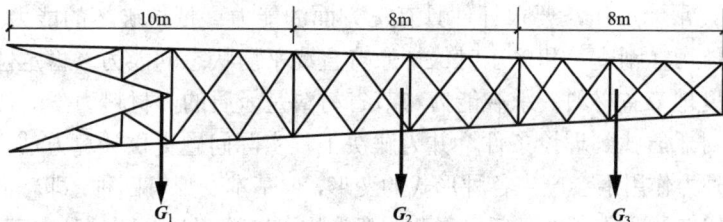

图 TYBZ00605004-5 习题 2 图

国家电网公司
生产技能人员职业能力培训通用教材

第六章　轴向拉伸与压缩

模块 1　轴向拉伸与压缩的概念（TYBZ00606001）

【模块描述】本模块介绍轴向拉伸与压缩的概念，涉及材料力学的研究对象及任务。通过实例分析，了解材料力学的任务，熟悉杆、轴线、横截面、等直杆等概念，掌握轴向拉压变形的受力特点和变形特点。

【正文】

一、材料力学概述

各种机械设备和工程结构都是由若干构件组成的。如果构件一个方向的尺寸远大于另外两个方向的尺寸，则称为杆件。如建筑结构中的梁、支柱，输电线路中的电杆，塔架结构中的大多数构件等。沿杆件横向的平剖面称为横截面，各横截面形心的连线称为杆的轴线；轴线为直线、横截面大小和形状均不变的杆称为等直杆。材料力学的研究对象主要是等直杆。

工程实际中杆件要承受载荷，如果载荷超过杆件的承受能力，就会使杆件产生过大的变形或破坏而不能正常工作，甚至造成机械设备和工程结构的毁坏。为了保证杆件安全正常地工作，要求杆件具有三方面的能力：抵抗破坏的能力（强度）、抵抗变形的能力（刚度）和受压时保持原有直线平衡状态的能力（稳定性）。同时，还需最大限度地节省材料。承载能力与节省材料是矛盾的，材料力学的任务就是为合理解决这对矛盾找到理论条件，并为解决工程实际问题提供计算方法。

杆件在外力作用下会产生各种形式的变形，但基本变形有四种：即轴向拉伸与压缩、剪切、扭转及弯曲变形，任何复杂的变形均可以分解为这四种基本变形的组合。

二、轴向拉伸与压缩的概念

当杆件承受的外力沿着杆的轴线时，杆件产生轴向拉伸或压缩变形，如图 TYBZ00606001-1 所示三角支架 AB、AC 杆的受力。再如起重用的钢丝绳，工作时承受拉力；房屋建筑中的柱子，承受压力；输电铁塔中的杆件，都认为承受轴向的拉力或压力等。

受轴向拉压杆件的变形特点是杆件沿轴线方向产生伸长或缩短，如图

TYBZ00606001–2 所示：分图（a）为拉伸变形，分图（b）为压缩变形。

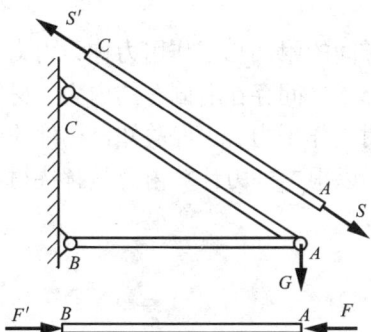

图 TYBZ00606001-1　三角支架杆件的受力

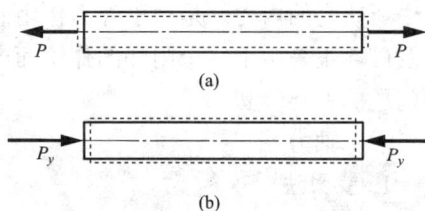

图 TYBZ00606001-2　轴向拉伸与压缩
（a）拉伸变形；（b）压缩变形

【思考与练习】

1. 材料力学研究的主要对象是什么？
2. 材料力学的研究任务是什么？
3. 什么是强度、刚度和稳定性？
4. 什么是杆件的横截面、轴线？
5. 杆件产生拉压变形时受力特点如何？
6. 试判断图 TYBZ00606001–3 中各构件是否产生轴向拉伸或压缩变形。

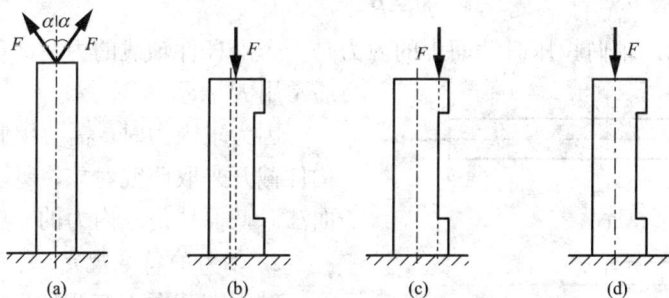

图 TYBZ00606001-3　轴向拉压判断
（a）与轴线斜交对称二力作用；（b）力作用于端部横截面的形心上；（c）力与轴线不共线；（d）力沿轴线作用

模块 2　轴向拉伸与压缩时横截面上的内力
（TYBZ00606002）

【模块描述】本模块介绍轴向拉压时横截面上的内力。通过平衡方程的应用及实例

模块 2　TYBZ00606002

分析，熟悉内力、轴力、轴力图的概念及截面法，掌握轴力的求法和轴力图的画法。

【正文】

由于外力作用而引起的、构件内部截面分子间的附加相互作用力称为内力。通常构件能保持一定的形状和尺寸，说明其内部分子之间存在着固有的内力。材料力学中所研究的内力，是由于外力作用而引起的附加作用力。由经验知，构件的变形以及破坏正是由于这个附加的作用而产生的，所以根据外力计算内力是解决材料力学问题的首要步骤。

一、轴力

1. 截面法

杆 *AB* 受轴向外力如图 TYBZ00606002-1（a）所示，杆件整体平衡。要求任一横截面 *m–m* 上的内力，必须也只需从 *m–m* 截面处将杆件截开，取其中任一部分为研究对象，画出杆件受的外力和内力，列出平衡方程求解即可。余下的问题是，杆件截面上有什么样的内力？

通常情况下，*m–m* 截面处一侧的部分对另一侧部分的作用相当于固定端约束，所以内力既可能是一个力，也可能是一个力偶，或力和力偶兼而有之。但是，具体在轴向拉压情形下，由于外力沿轴向，所以根据平衡条件可推知，*m–m* 截面上的内力也只能是一个与外力 **P** 等值、反向、共线的力，受力如图 TYBZ00606002-1（b）或（c）所示。列平衡方程

$$\sum F_x=0: \quad N-P=0$$

可得
$$N=P$$

由此可知：轴向拉压时截面上的内力是一个沿杆件轴线的力，故称之为轴力，通常用 N 表示。

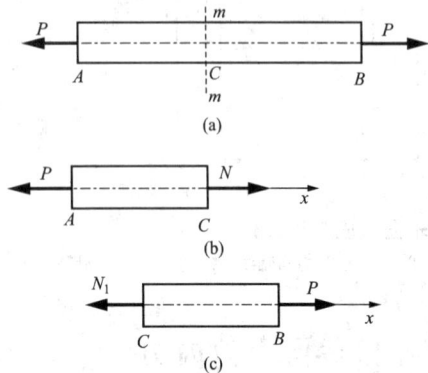

图 TYBZ00606002-1　截面法求轴力
(a) 载荷图；(b) *m–m* 截面左边部分的受力图；
(c) *m–m* 截面右边部分的受力图

因为求内力时，需要用假想的截面将构件截开来取研究对象，所以此法称为截面法。截面法是求内力的一般方法。

2. 轴力的符号规定

轴力在截面上有两种可能的方向（不包含 0）：离开截面和指向截面，分别反映了拉压两种不同的变形效果，为着加以区别，轴力用代数量来表示，通常规定：使杆产生拉伸变形亦即离开截面的轴力为正，反之为负。轴力方向为正，如图 TYBZ00606002-1（b）、（c）所示。

在求轴力时，假设轴力沿正方向，即离开截面。这样计算结果的符号与规定相同，不易出错。另外，取截面两侧的不同部分时，轴力的符号是一致的。

例1　某杆件在 A、B、C、D 受外力，如图 TYBZ00606002-2（a）所示，求杆件的轴力。

解：通过简单观察便知，杆件共受 4 个外力，杆件的轴力不是一个值，而是分段变化的，故应分段求内力。

AB 段：根据截面法，取 1—1 截面左侧部分为研究对象，受力如图 TYBZ00606002-2（b）所示，列平衡方程

$$\sum F_x = 0 \qquad N_1 - P = 0$$

解得：

$$N_1 = P \tag{1}$$

BC 段：取 2—2 截面左侧为研究对象，受力如图 TYBZ00606002-2（c）所示，列平衡方程：

$$\sum F_x = 0 \qquad N_2 - P + 2P = 0$$

解得：

$$N_2 = P - 2P = -P \tag{2}$$

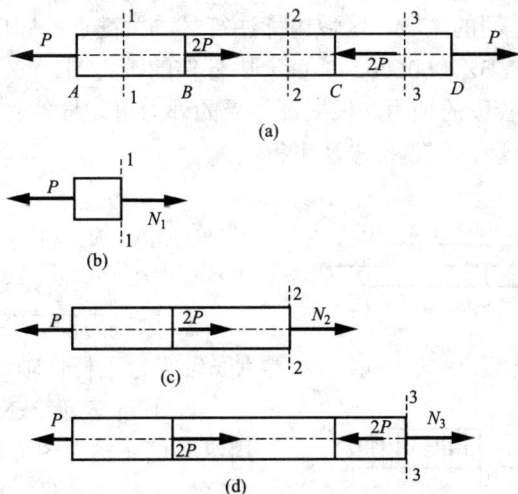

图 TYBZ00606002-2　截面法

（a）载荷图；（b）1—1 截面左侧部分的受力图；（c）2—2 截面左侧部分的受力图；

（d）3—3 截面左侧部分的受力图

轴力为负，说明杆件的 BC 段受压。

CD 段：取 3—3 截面左侧部分为研究对象，受力如图 TYBZ00606002-2（d）所示，列平衡方程：

模块2

TYBZ00606002

$$\sum F_x = 0 \quad N_3 - P + 2P - 2P = 0$$

解得：

$$N_3 = P - 2P_3 + 2P = P \tag{3}$$

3. 轴力的直接求法

截面法是求内力的基本原理和方法，但是其过程较繁琐，尤其在需要多次截取截面时。由例 1 式（1）、（2）、（3）可以看出：某横截面上的轴力等于该截面一侧所有外力的代数和，左边（右边）部分向左（右）的外力产生的轴力为正，反之为负。据此规律，可以直接根据杆件所受外力计算出任意截面处的内力，而无需经过截面法的具体过程，故称之为直接求法。

二、轴力图

当杆件受多个外力作用时，不同杆段内的轴力是不同的，为了直观地看出轴力沿杆件轴线变化的情况，以确定最大轴力及所在截面的位置，方便于工程设计，需要画轴力图。轴力图是轴力随横截面位置变化的函数图像。画轴力图的要求如下：

1）横坐标表示杆件横截面的位置，为使图中每一横坐标对应于杆件的一个横截面，轴力图要画在杆件的正下方；

2）纵坐标用适当的比例表示截面上的轴力 N，为了直观，需用纵向线条填充图像曲线与横坐标之间的区域，区域内标注符号，关键点处标出内力大小。

例 2　绘制图 TYBZ00606002-3（a）中杆件的轴力图。

解：1）求杆件各段的轴力。根据杆件受的外力可知杆件的内力应分三段变化：AB 段、BC 段和 CD 段。用直接求法可得：

$$N_{AB} = 3 - 3 + 1 = 1\text{kN}$$

$$N_{BC} = 1 - 3 = -2\text{kN}$$

$$N_{CD} = 1\text{kN}$$

2）画轴力图。建立直角坐标系 xON，使 x 轴平行于杆件轴线并位于杆件的正下方；以 1cm 表示 2kN 绘出轴力的图像；用纵线填充轴力图像与 x 轴之间的区域，在区域内标注符号，关键点处标出内力大小。作出轴力图如图 TYBZ00606002-3（b）所示。

由轴力图可直观地看出轴力沿杆轴线变化的情况：最大的正轴力、最大的负轴力、发生拉伸变形的杆段和发生压缩变形的杆段等等。

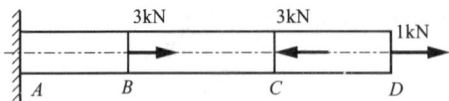

(a)

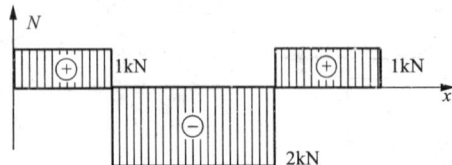

(b)

图 TYBZ00606002-3　轴力图
(a) 载荷图；(b) 轴力图

【思考与练习】

1. 什么是内力？简述轴向拉压变形时的内力。

2. 如何根据杆件受的外力直接求出任意截面处的轴力？

3. 计算图 TYBZ00606002–4 所示各杆指定截面上的轴力，并绘制杆件的轴力图。

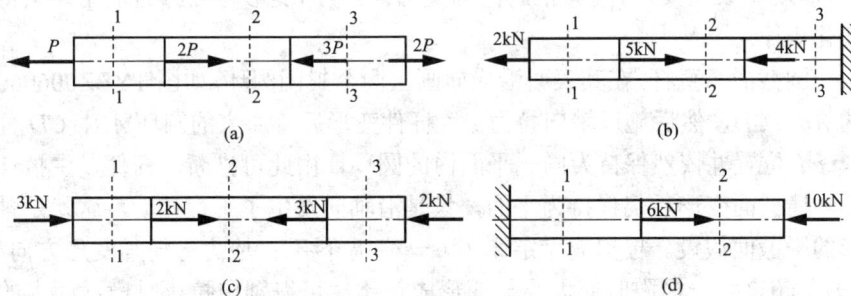

图 TYBZ00606002–4　习题 3 图

（a）两端自由的等直杆；　（b）右端固定的等直杆；　（c）两端自由的等直杆；　（d）左端固定的等直杆

模块 3　轴向拉伸与压缩时横截面上的应力
（TYBZ00606003）

【模块描述】本模块介绍轴向拉压时横截面上的应力。通过结合实际问题的讲解及轴向拉压时的平截面假设介绍，熟悉应力的概念，掌握轴向拉压时横截面上正应力的分布规律和计算公式。

【正文】

一、应力的概念

实践证明材料相同、粗细不同的杆件，承受相同的轴向拉力时，总是较细的杆件首先发生破坏。原因是相同轴力作用下，横截面较小的杆件单位面积上要承受较大的内力。这说明杆件是否发生破坏，不决定于内力，而是决定于单位面积上的内力。单位面积上承受的内力称为应力。

材料力学通常只研究横截面上的应力，并且将应力分为垂直于横截面和沿着横截面的两个分量来单独研究。垂直于横截面的应力称为正应力，用 σ 来表示；与横截面相切的应力称为剪应力，用 τ 来表示。应力的标准单位是 Pa（帕），常用单位为 MPa（兆帕），少数情况下用 GPa（吉帕）等。

$$1Pa=N/m^2,\ \ 1MPa=1N/mm^2,\ \ 1GPa=1kN/mm^2;$$

换算关系为：$1MPa=10^6Pa,\ 1GPa=10^3MPa=10^9Pa$。

应力是考察强度的指标。

二、轴向拉伸与压缩时横截面上的应力

为了计算应力，首先要分析应力在横截面上的分布规律。因为构件内部的应力是不能直接测量的，所以要知道横截面上的分布规律，一般需要通过三个步骤：① 由实验观察表面变形；② 推断内部变形；③ 由变形与应力的正比关系得出应力的变化规律。

取一圆截面等直杆，在其表面沿横向画上两个封闭圆环，如图 TYBZ00606003-1 所示的 AB、CD，然后施以轴向拉力 P。杆件变形后，原来的圆环 AB、CD 分别移到 ab、cd 位置并依然保持为同一平面内的圆环，由此可推断，杆件发生拉伸变形时，任一横截面变形后仍保持为平面，只是沿轴向发生了平行移动，这就是轴向拉压变形的平截面假设。根据虎克定律（下一模块介绍）：应力方向与变形方向相同，（当应力不超过某一极限时）大小与变形成正比，可得轴向拉压时横截面上的应力为正应力，大小均匀分布，因此，计算公式为：

$$\sigma = \frac{N}{A} \qquad (\text{TYBZ00606003})$$

式中　N ——横截面上的轴力，N；

　　　A ——横截面的面积，m^2，常用 mm^2；

　　　σ ——横截面上的正应力，Pa，常用 MPa。

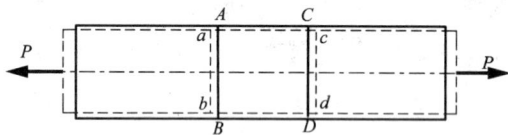

图 TYBZ00606003-1　平截面假设

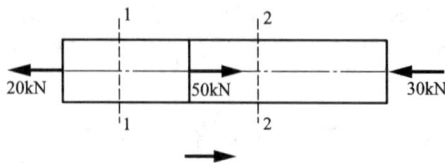

图 TYBZ00606003-2　例题 1 图

正应力 σ 为代数量，正负号由轴力决定，拉应力为正，压应力为负。

例 1　计算图 TYBZ00606003-2 所示杆的 1-1、2-2 截面上的应力。杆横截面为 50mm×50mm 的正方形。

解：杆的横截面面积为：

$$A = 50 \times 50 = 2500 mm^2$$

对 1-1 截面：

$$N_1 = 20kN = 20 \times 10^3 N$$

$$\sigma_1 = \frac{N_1}{A} = \frac{20 \times 10^3}{2.5 \times 10^3} = 8\text{MPa}$$

对 2-2 截面:

$$N_2 = 20 - 50 = -30\text{kN} = -30 \times 10^3\text{N}$$

$$\sigma_2 = \frac{N_2}{A} = \frac{-30 \times 10^3}{2.5 \times 10^3} = -12\text{MPa}$$

工程实际中应力常用 MPa 作单位,所以在应力计算中,长度和力的单位常用 mm 和 N。

例 2 某阶梯型杆受力如图 TYBZ00606003-3(a)所示。试确定杆的危险截面(应力最大的截面)。AC 段横截面为 20mm×30mm 的矩形,CD 段横截面为 20mm×20mm 的正方形。

解:作轴力图如图 TYBZ00606003-3(b)所示。由图知:危险截面可能在 AB 段(内力最大),或在 CD 段(面积最小),具体位置需计算出 σ_{AB} 和 σ_{CD} 才能确定。

$$\sigma_{AB} = \frac{N_{AB}}{A_{AB}} = \frac{40 \times 10^3}{20 \times 30} = 66.7\text{MPa}$$

$$\sigma_{CD} = \frac{N_{CD}}{A_{CD}} = \frac{20 \times 10^3}{20 \times 20} = 50\text{MPa}$$

由计算结果知危险截面在 AB 段。

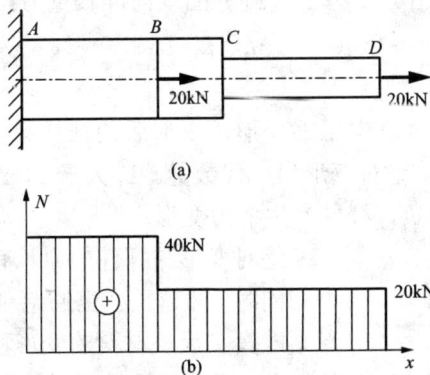

图 TYBZ00606003-3 危险截面确定

(a)载荷图;(b)轴力图

【思考与练习】

1. 什么是应力、正应力?

2. 如何确定应力的分布规律?

3. 计算图 TYBZ00606003-4 所示杆件各指定截面上的应力。

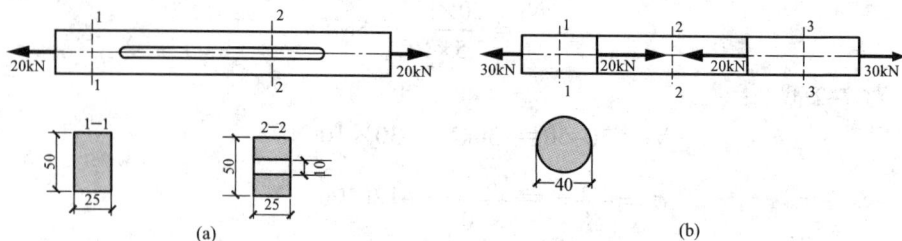

图 TYBZ00606003-4 习题 3 图

(a) 截面变心; (b) 内力变化

模块 4 轴向拉伸与压缩时的变形与虎克定律
(TYBZ00606004)

【模块描述】本模块介绍轴向拉伸与压缩时的变形与虎克定律。通过实例分析，了解绝对变形、相对变形（应变）、弹性模量等概念，掌握虎克定律及其应用。

【正文】

一、绝对变形和相对变形

如图 TYBZ00606004-1 所示，长为 L 的等直杆，在轴向拉力作用下，杆件将会产生拉伸变形。设杆件由 L 变为 L_1，则杆的纵向伸长量为：

$$\Delta L = L_1 - L$$

ΔL 称为杆的绝对变形。

当杆受压力时，将会产生压缩变形，变形后的杆长会小于原长，绝对变形 ΔL 将会为负值。由此可见，绝对变形为一代数量。L_1 大于 L，ΔL 为正，杆件产生伸长变形；L_1 小于 L，ΔL 为负，杆件产生缩短变形。

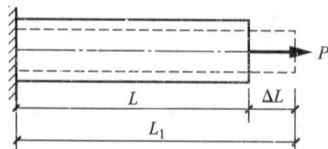

图 TYBZ00606004-1 绝对变形

绝对变形与杆件的原长有关，由经验可知，在受力相同时，杆越长产生的绝对变形越大，所以绝对变形不能真实反映材料的变形程度。为此引入相对变形的概念，消去杆长对变形的影响。所谓相对变形就是单位长度上产生的变形，也称线应变，简称应变，常用符号 ε 表示。

$$\varepsilon = \frac{\Delta L}{L} \qquad\qquad (\text{TYBZ00606004-1})$$

式中 ε ——应变，无量纲量；

ΔL ——杆件的绝对变形，mm；

L ——杆件原长，mm。

应变 ε 亦为代数量，正负号由 ΔL 确定，即杆件伸长时，ε 为正；杆件缩短时，ε 为负。

二、虎克定律

大量实验证明：当杆件所受外力不超过一定限度时，其伸长量 ΔL 与杆件横截面上的轴力 N 和杆件的长度 L 成正比，与杆件的横截面面积 A 成反比。即

$$\Delta L \propto \frac{NL}{A}$$

引入比例系数 $\frac{1}{E}$，则有

$$\Delta L = \frac{NL}{A} \qquad （TYBZ00606004-2）$$

式中　ΔL ——杆件的伸长量，mm；

　　　N ——横截面上的轴力，N；

　　　L ——杆件原长，mm；

　　　A ——横截面的面积，mm^2；

　　　E ——杆件材料的弹性模量，MPa。

式（TYBZ00606004-2）称为虎克定律，揭示了杆件变形与受力的正比关系。

将 $\sigma = \dfrac{N}{A}$ 和 $\varepsilon = \dfrac{\Delta L}{L}$ 代入式（TYBZ00606004-2）并整理，可得虎克定律的第二种表达形式

$$\sigma = E\varepsilon \qquad （TYBZ00606004-3）$$

式（TYBZ00606004-3）说明：当横截面上正应力不超过一定限度时，应力应变成正比。

弹性模量 E 与材料有关，E 越大，在相同载荷作用下，杆件产生的变形越小，反映了材料抵抗弹性变形的能力。在常温下同一种材料 E 是一个常数。常用材料的弹性模量见表 TYBZ00606004。

表 TYBZ00606004　　　　　　常用材料的弹性模量 E

材料名称	弹性模量（GPa）	材料名称	弹性模量（GPa）
碳钢	196～206	合金钢	206
铸钢	172～202	灰铸铁	113～157
纵纹木材	9.8～12	横纹木材	0.5～0.98

续表

材料名称	弹性模量（GPa）	材料名称	弹性模量（GPa）
硬铝合金	70	拔制铝线	69
可锻铸铁	152	橡胶	0.007 84
高压聚乙烯	0.15～0.25	低压聚乙烯	0.49～0.78

例　等直杆承载如图 TYBZ00606004-2 所示，A 端固定，材料为低碳钢，弹性模量 $E=200\text{GPa}$，杆的横截面面积 $A=20\text{mm}^2$，求杆的总变形。

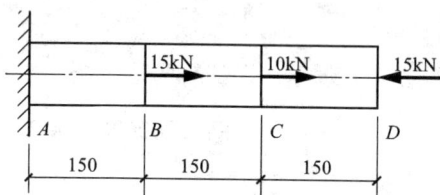

图 TYBZ00606004-2　杆的变形计算

解：根据受力情况，杆件的变形需分三段计算，总变形应为各段变形的代数和。计算各段轴力时取截面右侧为研究对象。注意到 $1\text{GPa}=1\text{kN/mm}^2$，为着单位变换方便，力的单位用 kN，长度单位用 mm，分别计算如下：

AB 段：

$$N_{AB}=15+10-15=10\text{kN}$$

$$\Delta L_{AB}=\frac{N_{AB}L}{EA}=\frac{10\times150}{200\times20}=0.375\text{mm}$$

BC 段：

$$N_{BC}=10-15=-5\text{kN}$$

$$\Delta L_{BC}=\frac{N_{BC}L}{EA}=\frac{-5\times150}{200\times20}=-0.188\text{mm}$$

CD 段：

$$N_{CD}=-15\text{kN}$$

$$\Delta L_{CD}=\frac{N_{CD}L}{EA}=\frac{-15\times150}{200\times20}=-0.563\text{mm}$$

杆的总变形：

$$\Delta L=\Delta L_{AB}+\Delta L_{BC}+\Delta L_{CD}=0.375-0.188-0.563=-0.376\text{mm}$$

ΔL 为负值说明杆件产生压缩变形。

【思考与练习】

1. 什么是绝对变形、应变、弹性模量？

2. 虎克定律描述的是什么量之间的关系？

3. 横截面为正方形的等直杆如图 TYBZ00606004-3 所示，已知：截面边长为 20mm，材料的弹性模量为 200GPa，求杆件的总变形。

4. 阶梯直杆受力如图 TYBZ00606004-4 所示，已知材料的弹性模量为 E，CD 段横截面积为 A，AC 段横截面积为 $2A$。试求端面 D 的位移。

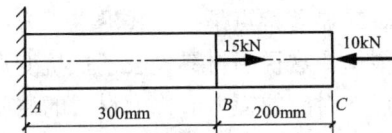

图 TYBZ00606004-3 习题 3 图

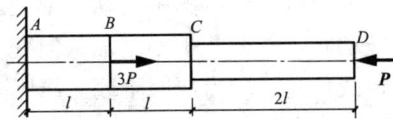

图 TYBZ00606004-4 习题 4 图

模块 5 材料在拉伸与压缩时的力学性能
(TYBZ00606005)

【模块描述】本模块介绍材料在拉伸与压缩时的力学性能。通过对低碳钢及铸铁的拉压实验曲线分析，了解比例极限、屈服极限、强度极限、延伸率等概念及参考数据，熟悉塑性材料、脆性材料拉压的力学性能及强度指标。

【正文】
承受相同应力但不同材料的杆件，如木杆和钢杆，随着载荷的增大，木杆将会首先发生破坏。这说明构件能否安全工作，还与杆件材料本身抵抗破坏的能力有关。材料的力学性能需通过试验来得到。试验需在常温、静载及使用标准试件的情况下进行。试验时，试验机会自动绘制载荷—变形图，即 $P-\Delta l$ 曲线。将 Δl 除以试件原长 l，得到应变 ε；将 P 除以试件原来的横截面积 A，得到应力 σ。如此 $P-\Delta l$ 曲线便变换为 $\sigma-\varepsilon$ 曲线，由于 $\sigma-\varepsilon$ 曲线消除了试件尺寸的影响，所以可反映出材料本身的力学性能。

一、拉伸时材料的力学性能

1. 低碳钢拉伸时的力学性能

低碳钢是工程中广泛应用的材料，在拉伸试验中其表现出的力学性能又最具有典型性，因此，拉伸试验通常用低碳钢试件。图 TYBZ00606005-1 为 Q235 钢拉伸时的 $\sigma-\varepsilon$ 曲线。从图可看出，整个拉伸过程大致可分为以下四个阶段。

（1）弹性阶段：图中 Oa 段。这个阶段的特点是：变形很小，且应力应变成正

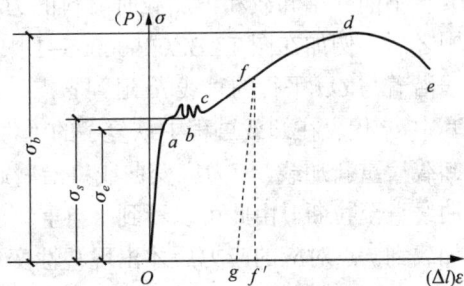

图 TYBZ00606005-1 低碳钢的拉伸曲线

比（除接近 a 点的很小一段外，一般不加区分），满足虎克定律。若将载荷卸去，变形可全部恢复，故称为弹性阶段。由此可测得材料的弹性模量 $E=\sigma/\varepsilon$。Q235 钢的弹性极限 σ_e 约为 200MPa。

（2）屈服阶段：图中抖动的部分。这个阶段的显著特点是：曲线沿水平方向呈上下波动状，载荷几乎不增加，但变形却增加很快。这说明材料失去了抵抗变形的能力，故称此阶段为屈服阶段。屈服阶段最低点 b 对应的应力值称为材料的屈服极限，常用 σ_s 表示，σ_s 是衡量材料强度的重要指标。Q235 钢的屈服极限约为 240MPa。

（3）强化阶段：图中 cd 段。这个阶段的特点是：变形增大时，外力也增大，经过屈服阶段后材料又恢复了一定的抵抗能力，这种现象称为材料的强化，故此阶段称为强化阶段。强化阶段的最高点对应的应力，代表材料在断裂前所能承受的最大应力，称为材料的强度极限，用 σ_b 表示。σ_b 也是衡量材料强度的指标。Q235 钢的强度极限约为 400MPa。

（4）颈缩与断裂阶段：图中 de 段。这个阶段的特点是：外力在减小，但变形在快速增加，直至在试件的某一局部范围内，横截面显著缩小，出现颈缩现象，最后在此处断裂，这个阶段称为颈缩与断裂阶段。

试件断裂后，弹性变形随外力的消失而恢复，残留的变形 Δl 称为塑性变形，塑性变形相对于试件原长的比率称为延伸率，用 δ 表示，用以表示材料产生塑性变形的能力，即

$$\delta = \frac{\Delta l}{l} \times 100\% \qquad （TYBZ00606005）$$

式中 δ ——延伸率，无量纲；

   l ——试件原始标距的长度，mm；

   Δl ——试件的塑性变形，mm。

延伸率是材料重要的塑性指标。工程上将 $\delta \geqslant 5\%$ 的材料称为塑性材料，如低碳钢、铝合金、青铜等；将 $\delta < 5\%$ 的材料称为脆性材料，如铸铁、玻璃、混凝土和砖块等。

下面介绍卸载和再加载时材料的力学性能。如果将拉伸试件加载到超过弹性范围之后，例如在图 TYBZ00606005–1 中强化阶段的 f 点卸载，可以看到应力应变曲线沿着与 Oa 平行的直线 fg 退到 g 点。说明材料在卸载中应力与应变成直线关系。其中 gf 代表在卸载过程中恢复了的弹性应变，Og 代表残留下来的塑性应变。如果卸载后重新加载，应力应变曲线将沿着卸载时同一直线 gf 上升，回到 f 点后仍沿 fde 曲线直至拉断。由此可以看到，当重新加载到 $\sigma=\sigma_s$ 时，试件并不出现屈服现象，而加载到 f 点对应的应力后才出现塑性变形。所以这种预拉过的材料的比例极限已提高到 f 点对应的应力，但是断裂后的塑性应变要比原来小 Og。这种现象称为冷作硬化，工程中常利用冷作硬化来提高构件在弹性范围内所能承受的最大载荷。

2. 铸铁拉伸时的力学性能

铸铁是常用的脆性材料，其力学性能具有广泛的代表性。图 TYBZ00606005-2 是铸铁拉伸实验时所得到的应力应变曲线。与塑性材料相比，该曲线没有明显的直线部分，虎克定律不适用，通常在工程计算中，取应力应变曲线的割线，图 TYBZ00606005-2 中的虚线，代替此曲线的开始部分，并认为服从虎克定律。断裂前无明显变形，没有屈服、颈缩等现象。断裂时的最大应力，称为强度极限，用 σ_b 表示。常用灰口铸铁的强度极限 σ_b 约 120～180MPa，延伸率 δ 约为 0.5%。强度极限是脆性材料唯一的强度指标。

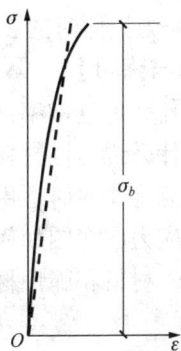

图 TYBZ00606005-2　铸铁的拉伸曲线

二、压缩时材料的力学性能

低碳钢和铸铁等金属材料的压缩试件常做成圆柱形，长度 l 为直径 d 的 1.5～3 倍，以使试件在压缩过程中有足够的稳定性。

1. 低碳钢压缩时的力学性能

图 TYBZ00606005-3 中实线代表低碳钢压缩时的 σ-ϵ 曲线，虚线代表拉伸时的 σ-ϵ 曲线。比较这两条曲线可看出，在屈服阶段前，两条曲线基本吻合，说明低碳钢在拉伸和压缩时的弹性模量 E、弹性极限 σ_e 及屈服极限 σ_s 大致相同。屈服阶段后，横截面尺寸随载荷的增加而明显增加，导致曲线可以无限制地上升而无法测定其强度极限。工程实际中，把塑性材料的屈服极限作为破坏应力，在屈服阶段之前塑性材料的拉压力学性能可以认为相同。

2. 铸铁压缩时的力学性能

图 TYBZ00606005-4 中实线代表灰口铸铁压缩时的 σ-ϵ 曲线，虚线代表拉伸时

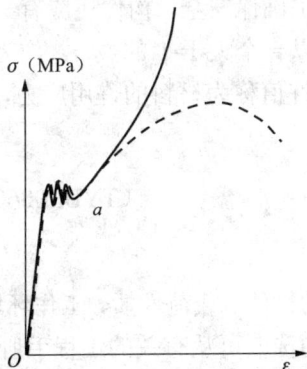

图 TYBZ00606005-3　低碳钢的压缩曲线　　　图 TYBZ00606005-4　铸铁的压缩曲线

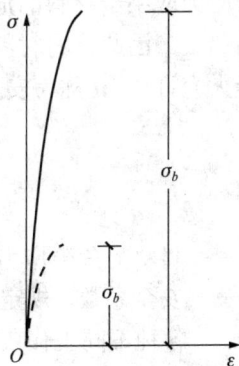

的 σ-ε 曲线。比较后可以看出，这两条曲线的形状基本相同，只是压缩时的曲线较拉伸时的曲线高出许多。说明铸铁的抗压能力要优于抗拉能力，试验证明压缩时的强度极限约为拉伸时的 3～4 倍，所以工程实际中，脆性材料常用作受压构件。

【思考与练习】

1. 为什么说延伸率是材料的塑性指标？
2. 为什么说脆性材料适宜制造受压构件？
3. 虎克定律何时适用？
4. 由应力应变图如何测定材料的弹性模量 E 值？
5. 塑性材料和脆性材料的强度指标各是什么？

模块 6　轴向拉伸与压缩时的强度条件及计算
（TYBZ00606006）

【模块描述】本模块介绍轴向拉压时的强度条件及计算。通过工程案例分析和条件的数学演绎、应用举例，熟悉危险应力、安全系数、许用应力等概念，掌握强度计算的一般步骤和轴向拉压时三类强度问题的具体计算。

【正文】

一、危险应力　许用应力　安全系数的概念

材料破坏时的应力称为极限应力，也称危险应力，用符号 σ_0 表示。塑性材料的危险应力为屈服极限 σ_s，达到 σ_s 构件将产生较大的塑性变形；脆性材料的危险应力为强度极限 σ_b，达到 σ_b 构件将发生断裂破坏。脆性材料的危险应力更具危险性。

在外力作用下，杆件横截面上产生的应力称为工作应力。为使杆件不发生破坏，其最大工作应力应小于材料的危险应力 σ_0。为了确保安全，构件还应有一定的抵抗破坏能力的储备。因此，将材料的危险应力除以一个大于 1 的数 n，作为强度设计时应力的最大允许值。n 称为安全系数，这个允许值称为材料的许用应力，用符号[σ]表示，即

$$[\sigma] = \frac{\sigma_0}{n} \qquad （TYBZ00606006-1）$$

式中　σ_0——材料的危险应力；

n——安全系数，规定时应考虑材料的性能、载荷性质、工作环境等因素。

各种不同工作条件下安全系数的选取可从有关的工程手册中查找。

一般情况下，塑性材料取 1.3～2.0，脆性材料取 2.0～3.5。

二、强度条件及应用方法

杆件轴向拉压时的强度条件为：最大工作应力不超过所用材料的许用应力，即

$$\sigma_{max} = \frac{N_{max}}{A} \leqslant [\sigma] \qquad \text{（TYBZ00606006-2）}$$

式中　σ_{max}——杆件的最大工作应力，MPa；

　　　N_{max}——杆件的最大轴力，N；

　　　A——杆件的横截面面积，mm²；

　　　$[\sigma]$——杆件所用材料的许用应力，MPa。

式（TYBZ00606006-2）称为轴向拉压变形时的强度条件。据此条件，可解决有关强度的三类问题。

（1）强度校核。若已知杆件的截面尺寸、所受外力和材料的许用应力，利用式（TYBZ00606006-2）可校核杆是否满足强度条件或是否安全。

（2）设计截面尺寸。若已知杆件所受的外力和材料的许用应力，利用式（TYBZ00606006-2）可确定杆件的最小横截面面积 A，进而确定截面的几何尺寸。

（3）确定许可载荷。若已知杆件的截面尺寸和材料的许用应力，利用式（TYBZ00606006-2）可确定杆件所能承受的最大轴力 N_{max}，从而确定杆件的许可载荷。

不论哪一类问题，都可用相同的解题步骤。

第一步，确定危险截面及此截面上的内力。危险截面为产生最大应力的截面，一般情况下，要通过作轴力图等方法来确定。

第二步，把各量代入式（TYBZ00606006-2），针对具体问题计算。

第三步，给出结论。强度条件是一个不等方程，除强度校核外，解是一个范围，最后需在既安全又经济的原则下，给出确定的结论。

例1　图 TYBZ00606006-1（a）所示为某变压器安装示意图。设变压器重量 $W=50\text{kN}$，BC 杆横截面面积 $A=300\text{mm}^2$，所用材料的许用应力$[\sigma]=160\text{MPa}$。试校核其强度。

解：求 BC 杆的内力：

用截面法将 BC 杆截开，取变压器、AB 杆及 BC 杆的上半部分为研究对象，受力见图 TYBZ00606006-1（b），列平衡方程：

$$\sum M_A = 0 \qquad -W \times 1 - N \times 1.5 \times \sin 45° = 0$$

解得：

$$N = -\frac{2\sqrt{2}W}{3} = -47.14\text{kN}$$

负号说明 BC 杆受压。

模块6

TYBZ00606006

计算 BC 杆横截面上的工作应力（绝对值大小）与许用应力比较：

$$\sigma = \frac{N}{A} = \frac{47.14 \times 10^3}{300}$$

$$= 157\text{MPa} < [\sigma] = 160\text{MPa}$$

所以，BC 杆满足强度条件。

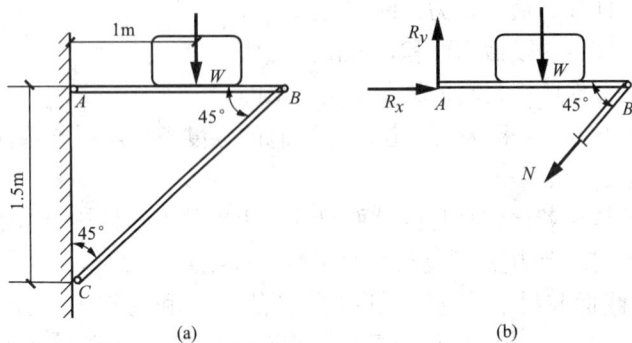

图 TYBZ00606006-1　强度校核

（a）载荷—结构图；（b）受力图

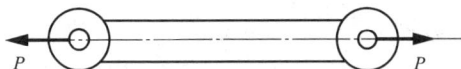

图 TYBZ00606006-2　确定截面尺寸

例2　如图 TYBZ00606006-2 所示为某电力设备操纵机构中一圆截面拉杆的受力简图。设操纵过程中 P 的最大值为 20kN，所用材料的许用拉应力为 200MPa。试确定该拉杆的横截面直径 d。

解：求 BC 杆的最大内力：

$$N_{\max} = P_{\max} = 20\text{kN}$$

设杆横截面直径为 d：

把杆横截面面积 $A = \frac{\pi d^2}{4}$、轴力和许用应力代入强度条件得：

$$\frac{20 \times 10^3}{\frac{\pi d^2}{4}} \leqslant 200$$

即：

$$\frac{\pi d^2}{4} \geqslant \frac{20 \times 10^3}{200} = 100$$

$$d \geqslant \sqrt{\frac{4 \times 100}{\pi}} = 11.28 \text{ mm}$$

取拉杆的截面直径 d=12mm。

例 3 如图 TYBZ00606006–3（a）所示为一简易起重装置示意图。AB 和 BC 两杆的尺寸和材料相同，横截面积 $A=300\text{mm}^2$，材料的许用应力 $[\sigma]=120\text{MPa}$。试确定该起重装置的最大起重量 P。

解：求最大内力：用截面法假想地将杆 AB 和 BC 截开，取右边部分为研究对象，受力如图 TYBZ00606006–3（b）所示。列平衡方程：

$$\sum F_x=0 \qquad -N_{AB}-N_{BC}\cos 60°=0$$

$$\sum F_y=0 \qquad N_{BC}\sin 60°-P=0$$

解上述方程组得

$$N_{AB}=-\frac{\sqrt{3}}{3}P \quad（压力）$$

$$N_{BC}=\frac{2\sqrt{3}}{3}P \quad（拉力）$$

由于两杆面积相同，所以危险截面在 BC 杆，且

$$N_{\max}=N_{BC}=\frac{2\sqrt{3}}{3}P$$

把各量代入强度条件式（TYBZ00606006–2）得

$$\frac{\frac{2\sqrt{3}}{3}P}{300}\leq 120$$

即

$$P\leq \frac{\sqrt{3}}{2}\times 300\times 120=0.87\times 300\times 120=31\,177.8\text{N}$$

所以，该起重装置的最大起重量为 31 177.8N。

图 TYBZ00606006–3 确定最大载荷
(a) 载荷—结构图；(b) 受力图

【思考与练习】

1. 图 TYBZ00606006–4 所示为某链环的受力示意图，链环截面直径为 $d=25\text{mm}$，材料的许用应力 $[\sigma]=60\text{MPa}$，若链条承受的最大重量 $F=40\text{kN}$，试按拉伸强度条件校核链环的强度。

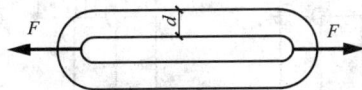

图 TYBZ00606006–4 习题 1 图

2. 图 TYBZ00606006–5 所示为起立电杆时的示意图，设起立电杆所需最大拉力 $F=10\text{kN}$，绳索所用材料的许用应力 $[\sigma]=20\text{MPa}$，试确定绳索的直径。

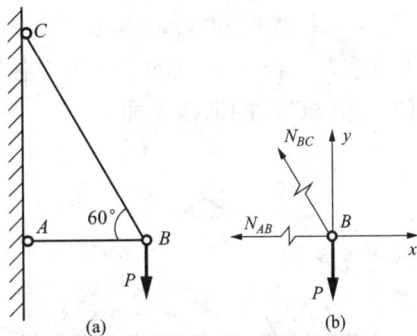

模块 6

TYBZ00606006

3. 图 TYBZ00606006-6 所示为某高压输电线路横担示意图，图中 P 为来自导线的重力，若 $P=10\text{kN}$，横担中各杆件所用材料的许用应力$[\sigma]=160\text{MPa}$，试确定 AB 杆和 BC 杆的横截面面积。

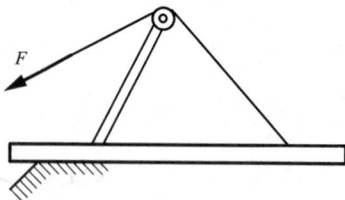

图 TYBZ00606006-5　习题 2 图

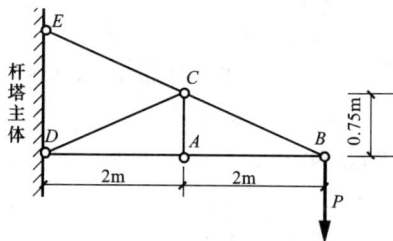

图 TYBZ00606006-6　习题 3 图

4. 一绳索直径为 $d=20\text{mm}$，所用材料的许用应力$[\sigma]=20\text{MPa}$，试确定此绳索的许可载荷。

模块 7　应力集中（TYBZ00606007）

【模块描述】本模块介绍应力集中。通过对工程实例的列举及定性分析，了解应力集中概念及其对构件强度的影响。

【正文】

一、应力集中概念

等直杆在发生轴向拉压变形时，横截面上的正应力是均匀分布的。但在实际工

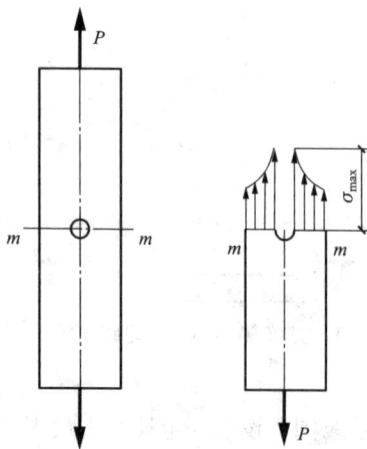

图 TYBZ00606007　应力集中

程结构和机构中，杆件的形状是比较复杂的，如开有油孔或键槽的轴，带有螺纹的直杆等，它们的横截面尺寸在孔、槽、螺纹处发生了突然变化。实验和理论都证明，在横截面尺寸发生突变的部位，横截面上的应力不再是均匀分布的，而会显著增大，如图 TYBZ00606007 中的 $m-m$ 截面处。这种由于截面尺寸突变而导致局部范围内应力显著增大的现象称为应力集中。

应力集中现象是在人们长期的实践中和力学理论发展的基础上发现的，是导致许多构件破坏的原因。理论证明，应力集中程度与构件形状突变程度有关，突变程度越大，应力集中程度越

高，尤其在尖角、裂缝等周围，应力集中程度非常严重。

二、应力集中现象对构件强度的影响

在静载作用下，对于塑性材料来说，当应力集中导致的最大应力达到屈服极限时，将发生局部屈服现象，而使最大应力不再增大，当外力继续增大时，截面上未屈服部分的应力将会继续增大，从而使应力趋于均匀分布，而且产生的局部塑性变形有利于降低应力集中程度。因塑性材料的许用应力较屈服极限要小，故对塑性材料而言，一般可不考虑应力集中的影响。对于脆性材料来说，一旦局部区域最大应力达到抗拉强度极限时，就会引发局部脆性断裂，加剧截面的突变程度或减小截面的承载面积，进而导致更为严重的应力集中和整个构件的破坏，如玻璃表面有划痕后极易破裂就是如此。所以对脆性材料而言，一般要考虑应力集中的影响。

在周期性变化或冲击载荷作用时，无论是塑性材料还是脆性材料，应力集中对杆件的强度都有较大的影响，是杆件破坏的主要原因。例如要折断一根铁丝，通常只需剪开一个小口，通过有限次的正反弯曲就可以使之断裂，道理就在于此。所以在工程实际中对于承受交变载荷作用的构件应尽可能避免带尖角的孔或槽，在截面必须变化时，要用圆角过渡，且圆角半径要尽可能大些，尤其要避免带有尖锐的裂口、裂缝等局部破坏。

【思考与练习】

1. 什么是应力集中现象？
2. 在构件截面需要变化时，为什么要避免突然变化？
3. 应力集中现象对构件的强度有何影响？

模块 8　拉伸与压缩的超静定问题（TYBZ00606008）

【模块描述】本模块介绍拉伸与压缩的超静定问题。通过分析论述和应用举例，熟悉求解超静定问题的一般方法，掌握简单结构超静定问题的解法。

【正文】

在前面研究的问题中，杆件所受的约束反力正好与平衡方程一样多，所以由静力学平衡方程即可求得唯一解，这类问题称为静定问题。工程实际中为了增加结构的可靠性，往往增添多余的约束，此时就不能仅由静力学平衡方程求出所有的约束反力，如图 TYBZ00606008-1 所示结构，这种问题称之为超静定问题。超静定问题中的约束反力，不仅决定于外力，而且还与多余约束带来的变形有关。

由虎克定律可知，图 TYBZ00606008-1 所示的杆件 AB，在受到外力 P 的作用时，杆件 AC 段将产生伸长量 ΔL，如果 B 端自由，BC 段将向右移动 ΔL。但当 B

端增加约束后，因 B 截面不能向右移动而使整个杆件的总伸长量变为零。所以，在求解超静定问题时，除了建立静力学平衡方程外，还需根据杆件的变形协调条件建立补充方程，另外还要建立把变形与受力联系起来的物理方程，最后联立求解三方面的方程，方可求出约束反力。

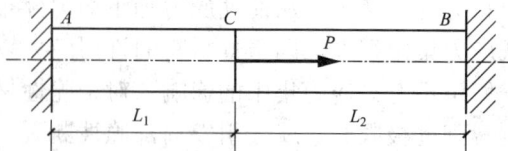

图 TYBZ00606008-1　两端固定的超静定结构

例　求图 TYBZ00606008-1 所示等直杆在 A、B 处所受的约束反力。

解：（1）建立静力学平衡方程：

取 AB 杆为研究对象，受力如图 TYBZ00606008-2 所示，列平衡方程：

$$\sum F_x = 0 \qquad -R_A + P + R_B = 0 \qquad (1)$$

（2）变形协调条件：杆件总的伸长量为 0，即

$$\Delta L_{AC} + \Delta L_{BC} = 0 \qquad (2)$$

（3）物理方程：由虎克定律及轴力和外力的关系可得

$$\Delta L_{AC} = \frac{N_{AC}L_1}{EA} = \frac{R_A L_1}{EA}$$

$$\Delta L_{BC} = \frac{N_{BC}L_2}{EA} = \frac{R_B L_2}{EA}$$

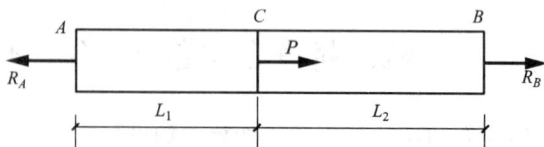

图 TYBZ00606008-2　AB 受力图

将此二式代入变形相容条件（2）并化简可得

$$R_A L_1 + R_B L_2 = 0$$

上式与平衡方程（1）联立求解可得

$$R_A = \frac{PL_2}{L_1 + L_2}, \quad R_B = -\frac{PL_1}{L_1 + L_2}$$

R_A 为正值，说明其方向与图中所设方向一致，AC 段发生拉伸变形；R_B 为负值，说明其方向与图中所设方向相反，BC 段发生压缩变形。

由计算结果可以看出，约束反力（或杆件内力）不仅与载荷 P 的大小有关，还与载荷 P 在杆件上的作用位置及杆件的长度有关。事实上，由求解过程可知，若 AC 段和 BC 段的材料或横截面面积不同，也将影响到约束反力的大小。而在静定问题中，约束反力仅与载荷 P 的大小有关，这就是超静定问题和静定问题区别所在。

【思考与练习】

1. 解决超静定问题应考虑哪几个方面或建立哪几个方面的方程？

2. 图 TYBZ00606008-3 所示杆件 A 端固定，B 端到右侧固定面的间隙 $\delta=0.2$mm，横截面积为 50mm^2，材料的弹性模量为 160GPa，杆件中间作用外力 $P=20$kN，试求 A、B 两端受到的约束反力。

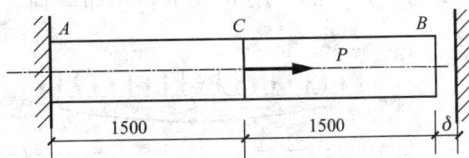

图 TYBZ00606008-3

模块 9 柔索 (TYBZ00606009)

【模块描述】 本模块介绍柔索。通过理论分析、实用简化及计算举例，熟悉支承点在同一水平线上柔索的最大拉力、最小垂度及柔索长度的实用计算方法。

【正文】

一、柔索概念

工程实际中常见绳索一类的构件，例如输配电线路中的导线、避雷线、索道中的钢索等。这些架空绳索的共同特点是只能承受轴向拉力，统称其为柔索。由于柔索的刚度很小，在不同外力的作用下具有不同的形状。所以在计算柔索强度时，需要考虑柔索在外力作用下的形状和尺寸。影响柔索形状和尺寸的因素很多，主要有柔索的自重、风力、温度的变化和作用于柔索上的主动载荷等。

悬挂柔索的两个支点可以在同一水平线上，如图 TYBZ00606009-1（a），也可以不在同一水平线上，如图 TYBZ00606009-1（b）。L 称为水平跨度，h 称为垂直跨度，柔索中点下垂的距离 f 称为垂度，也称弧垂。

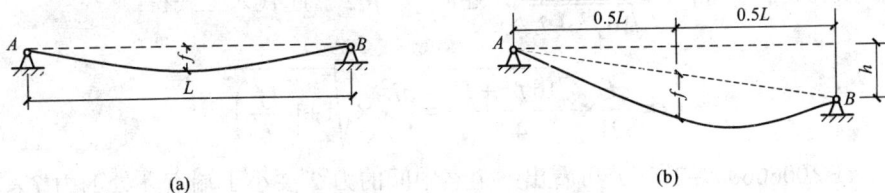

(a)   (b)

图 TYBZ00606009-1 柔索及参数

(a) 支承点在同一水平线；(b) 支承点不在同一水平线

二、柔索受力分析

图 TYBZ00606009–2（a）所示，是支座位于同一水平上单跨等截面柔索。在研究其受力情况前，需对载荷作一定的简化处理：在自重作用下，柔索 AB 呈曲线状态，垂度为 f。由于柔索横截面不变，故其重量（包括风力和其上的附着物）可认为沿柔索曲线均匀分布。在小垂度情况下，柔索的垂度 f 与跨度 L 相比很小，柔索的曲线长度（实际长度）与跨度相差不大，可认为柔索的重量是沿柔索的水平投影长度均匀分布的，用 q 表示该均布载荷。

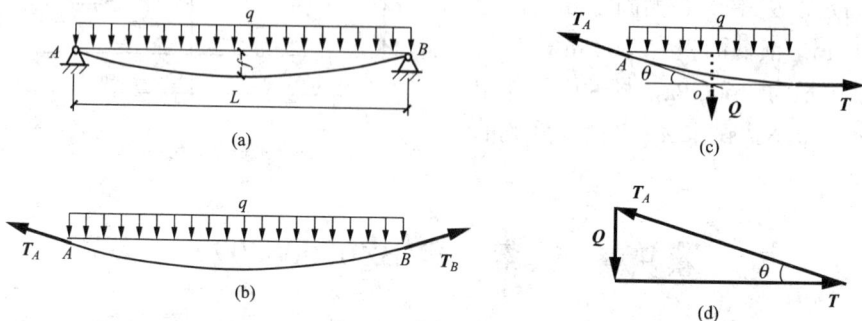

图 TYBZ00606009–2　柔索的受力分析
（a）载荷—结构图；（b）柔索受力图；（c）左半部分受力图；（d）封闭的力三角形

取柔索整体为研究对象，受力如图 TYBZ00606009–2（b）所示。由平衡条件可得：

$$T_A = T_B$$

再从绳索中间截开，取左边部分为研究对象，受力如图 TYBZ00606009–2（c）所示。由对称性知，柔索中间的拉力沿水平方向。把均布载荷简化为一个集中力 Q，$Q = ql/2$，作用于绳索的 1/4 处。根据三力平衡汇交原理，Q、T_A、T 的作用线汇交于一点 O，根据平衡的几何条件画出封闭的力三角形如图 TYBZ00606009–2（d）所示，由此得：

$$T_A = Q/\sin\theta$$

由几何关系可得：$\sin\theta = \dfrac{4f}{\sqrt{16f^2 + L^2}}$，连同 $Q = ql/2$ 一起代入上式得：

$$T_A = \frac{qL}{2} \times \frac{\sqrt{16f^2 + L^2}}{4f} = \frac{qL^2}{8f} \times \sqrt{1 + \left(\frac{4f}{L}\right)^2}$$

由图 TYBZ00606009–2（d）可看出：柔索中间的力 T 要小于端点 A 处的力 T_A，一般地可证明，支座位于同一水平上单跨等截面柔索的最大拉力发生于两个端点处，即

$$T_{max} = T_B = T_A = \frac{qL^2}{8f} \times \sqrt{1 + \left(\frac{4f}{L}\right)^2}$$

在对小垂度柔索计算时，因比值 $\frac{f}{L}$ 很小，可近似认为

$$T_{max} = \frac{qL^2}{8f} \qquad (TYBZ00606009\text{-}1)$$

式（TYBZ00606009-1）就是柔索横截面上所受最大拉力的实用计算公式。

三、柔索最小垂度及长度的计算

由柔索的强度条件：

$$\sigma = \frac{T_{max}}{A} = \frac{qL^2}{8fA} \leqslant [\sigma]$$

可得

$$f \geqslant \frac{qL^2}{8A[\sigma]}$$

所以

$$f_{min} = \frac{qL^2}{8A[\sigma]} \qquad (TYBZ00606009\text{-}2)$$

式（TYBZ00606009-2）即为最小垂度的实用计算公式。

由式（TYBZ00606009-2）说明，当柔索结构的跨度及其受到的载荷、横截面和材料一定时，垂度存在一个最小值，所以柔索不宜拉得过紧，否则，将可能导致柔索断裂。

柔索实际长度可用如下的公式计算：

$$S = L + \frac{8f^2}{3L} \qquad (TYBZ00606009\text{-}3)$$

例　某段架空钢芯铝导线，两端支点在同一水平线上。设其跨度为 200m，沿水平方向的均布载荷为 14N/m，导线横截面为 380mm²，许用应力为 80MPa。若安装时要求的垂度是 5m，试计算导线内的工作应力、导线的长度，并确定导线的最小垂度。

解：由式（TYBZ00606009-1）得

$$T = \frac{qL^2}{8f} = \frac{14 \times 200^2}{8 \times 4} = 17\,500\text{N}$$

导线内的工作应力为：

$$\sigma = \frac{T}{A} = \frac{17\,500}{380} = 46.1\text{MPa} < 80\text{MPa}$$

可见导线是安全的。

由式（TYBZ00606009–3）得

$$S = L + \frac{8f^2}{3L} = 200 + \frac{8 \times 5^2}{3 \times 200} = 200.33\text{m}$$

由式（TYBZ00606009–2）得

$$f_{\min} = \frac{qL^2}{8A[\sigma]} = \frac{14 \times 200^2}{8 \times 380 \times 10^{-6} \times 80 \times 10^6} = 2.303 \approx 2.31\text{m}$$

在实际工程设计中，由于热胀冷缩的现象，还应考虑温度变化对最小垂度的影响。

【思考与练习】

1. 设某两端支点在同一水平线上的架空导线，若其跨度为 100m，沿水平方向的均布载荷为 12.8N/m，导线横截面为 300mm²，强度极限为 280MPa。若安装时要求的垂度是 2.5m，试计算：① 导线内的工作应力；② 导线的长度；③ 安装时导线的垂度减小到多少时导线将断裂？

2. 某段架空铝导线，两端支点在同一水平线上。设其跨度为 120m，沿水平方向的均布载荷为 4N/m，导线横截面为 100mm²，许用应力为 60MPa。若安装时要求的垂度是 2.5m，试计算导线内的工作应力、导线的长度，并确定导线的最小弧垂。

第七章 剪切与挤压

模块 1 剪切与挤压概述 (TYBZ00607001)

【模块描述】本模块介绍剪切与挤压变形的概念。通过实例分析，熟悉剪切和挤压变形的受力特点，掌握剪切面、挤压面的确定及剪应力、挤压应力的计算方法。

【正文】

一、剪切

1. 剪切变形的受力特点与剪切面

剪切变形常发生在各种连接件上，如螺栓、铆钉、销钉等，如图 TYBZ00607001-1 所示。分图（a）为螺栓松连接的工作示意图，图（b）为螺栓的受力图，由图可看出其受力特点是：作用于螺栓两侧的外力大小相等，方向相反且作用线相距很近。由试验可知，螺栓的变形特点是：在反向二力之间，与力平行的相邻截面将沿外力的作用方向发生相对错动，见分图（c）。这种相邻截面相对平行错动的变形称为剪切变形，发生相对错动的截面称为剪切面。一般不计正反二力之间的距离，故剪切面与外力平行且为正反二力的交界面。如图 TYBZ00607001-1（c）中的 m-m 截面。

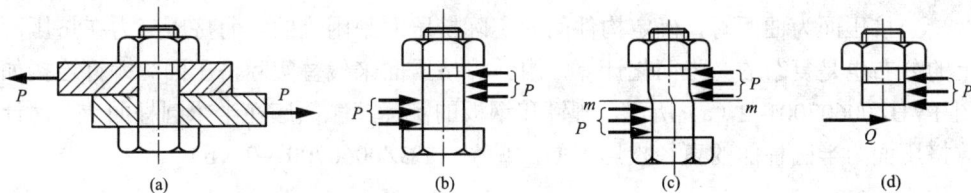

图 TYBZ00607001-1 剪切变形的受力特点与剪切面
（a）螺栓松联接工作示意图；（b）螺栓受力图；（c）螺栓的变形与剪切面；（d）剪切变形的内力

2. 剪切变形的内力

如图 TYBZ00607001-1（c），假想沿剪切面将螺栓切开，取剪切面上部为研究对象，受力情况如图 TYBZ00607001-2（d）所示：剪切面上的内力必然与外力等值、反向，由于相距很近，可认为共线。与截面平行的内力称为剪力，用 Q 来表示，由平衡条件可知，$Q=P$。

模块 1

TYBZ00607001

3. 剪切变形的应力

因剪切面上的内力——剪力平行于剪切面,所以剪切面上的应力也应与剪切面平行。平行于截面的应力称为剪应力,用 τ 表示。剪应力在剪切面上的分布是复杂的,在实用计算中,假定剪应力在剪切面上均匀分布,所以剪应力的实用计算公式为:

$$\tau = \frac{Q}{A}$$ (TYBZ00607001-1)

式中 Q ——剪切面上的剪力,N;

     A ——剪切面面积,mm^2;

     τ ——剪切面上的剪应力,MPa。

二、挤压

挤压变形是指连接件在局部范围内受到较大压力作用时,在构件的接触表面发生的压陷现象。

挤压变形的受力和变形都发生在构件相互接触的局部表面,因此,在研究挤压变形时无需研究内力。构件间的相互接触面称为挤压面,常用符号 A_{jy} 表示;接触面间相互作用的外力称之为挤压力,常用符号 F_{jy} 表示;不计接触面之间的摩擦,挤压力垂直于构件的接触表面,所以挤压应力是正应力,用符号 σ_{jy} 表示,并认为挤压应力在挤压面上是均匀分布的,因此挤压应力的实用计算公式为:

$$\sigma_{jy} = \frac{F_{jy}}{A_{jy}}$$ (TYBZ00607001-2)

式中 F_{jy} ——挤压力,N;

     A_{jy} ——挤压面的面积,mm^2;

     σ_{jy} ——挤压应力,MPa。

当挤压面为曲面时,确定构件间的实际挤压面是困难的,而挤压应力在挤压面上的分布也是复杂的。为简化计算,用计算挤压面来代替实际挤压面。铆钉连接如图 TYBZ00607001-2(a)所示,铆钉和钢板的实际接触面应在半个圆柱面上,而计算挤压面为半圆柱面的直径投影平面,见图 TYBZ00607001-2(b)。

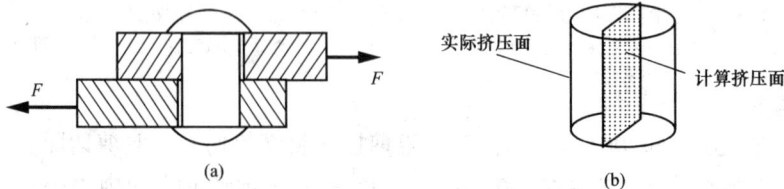

图 TYBZ00607001-2 计算挤压面

(a)铆钉连接的载荷—结构图;(b)计算挤压面

例　在图TYBZ00607001-2(a)所示的铆钉连接中，$F=20$kN，铆钉直径$D=10$mm，板厚$t=18$mm。试计算铆钉的剪应力和挤压应力。

解：铆钉的受力情况如图TYBZ00607001-3（a）所示。

1）计算剪应力。

将铆钉从反向二力的交界处截开，取上侧部分为研究对象，受力如图TYBZ00607001-3（b）所示，由平衡条件可得剪切面上剪力

$$Q=F=20\text{kN}$$

剪切面为铆钉的横截面，面积为

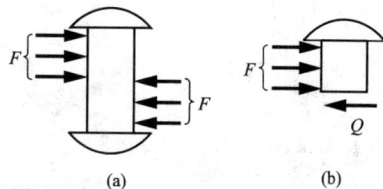

图 TYBZ00607001-3　铆钉的外力与内力

（a）外力；（b）内力

$$A=\frac{\pi D^2}{4}=\frac{3.14\times 10^2}{4}=78.5\text{mm}^2$$

代入式（TYBZ00607001-1）得剪应力为

$$\tau=\frac{Q}{A}=\frac{20\times 10^3}{78.5}=255\text{MPa}$$

2）计算挤压应力。

由于上下两块钢板厚度相同，所以铆钉上下部分个接触面的挤压情况一样。挤压力：

$$F_{jy}=F=20\text{kN}$$

计算挤压面面积为：

$$A_{jy}=D\times t=10\times 18=180\text{mm}^2$$

代入式（TYBZ00607001-2）得挤压应力为

$$\sigma_{jy}=\frac{F_{jy}}{A_{jy}}=\frac{20\times 10^3}{180}=111\text{MPa}$$

【思考与练习】

1. 剪切变形的受力特点和变形特点是什么？

2. 挤压变形和轴向压缩变形有何区别？

3. 图 TYBZ00607001-4 所示的结构是某拉杆头部及固定件的连接部分，其中$D=30$mm，$h=12$mm，$d=15$mm，试分析拉杆头部剪切面和挤压面的形状，并计算剪切面上的剪应力和挤压面的挤压应力。

4. 在图 TYBZ00607001-5 所示的铆钉连接结构中，已知铆钉直径为15mm，钢板厚度$t=12$mm，设两个铆钉平均受力，试计算铆钉所受的剪应力和挤压应力。

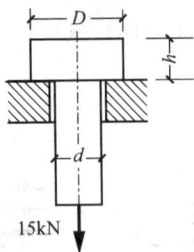

图 TYBZ00607001–4 习题 3 图

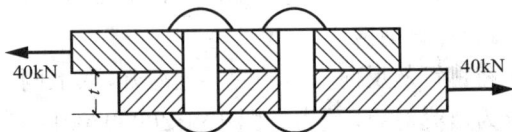

图 TYBZ00607001–5 习题 4 图

模块 2 剪切与挤压的强度计算（TYBZ00607002）

【模块描述】本模块介绍剪切与挤压变形的强度计算。通过强度计算一般方法的应用及应用举例，掌握剪切和挤压强度的实用计算方法。

【正文】

一、剪切与挤压的强度条件

发生剪切变形的构件除了满足剪切强度条件外，还要满足挤压强度条件，所以强度条件为：

$$\tau = \frac{Q}{A} \leqslant [\tau] \qquad\qquad (\text{TYBZ00607002–1})$$

$$\sigma_{jy} = \frac{F_{jy}}{A_{jy}} \leqslant [\sigma_{jy}] \qquad\qquad (\text{TYBZ00607002–2})$$

式中，$[\tau]$、$[\sigma_{jy}]$ 为材料的许用剪应力和许用挤压应力，实际计算时可查阅相关手册。

与轴向拉压时的强度条件一样,利用式（TYBZ00607002–1）和式（TYBZ00607002–2）可解决有关剪切和挤压强度的三类问题。

二、剪切与挤压强度条件的应用举例

例1 在 110kV 线路的门形电杆上,抱箍与叉梁用螺栓联接,图 TYBZ00607002–1（a）是该连接简化示意图。设叉梁受 $F=24$kN 的拉力作用,螺栓材料的许用剪应力为 80MPa,许用挤压应力为 100MPa,叉梁连接部位厚度为 $2t=20$mm。试确定该螺栓的直径。

解：取螺栓为研究对象，其受力情况如图 TYBZ00607002–1（b）所示，根据受力特点可知，在叉梁板和其两侧抱箍板之间的 m–m、n–n 截面都将发生剪切变形。在螺栓和三块板的接触面上将发生挤压变形，所以应按剪切和挤压两个强度条件来确定螺栓直径。

（1）据剪切强度条件确定螺栓直径：

由于结构的对称性，在两个剪切面 m-m 和 n-n 上剪力相等。取 m-m 和 n-n 截面中间的部分为研究对象，受力如图 TYBZ00607002-1（c），由水平方向的平衡可得：

$$F-2Q=0$$

$$Q=\frac{F}{2}=\frac{24\times10^3}{2}=1.2\times10^4\,\text{N}$$

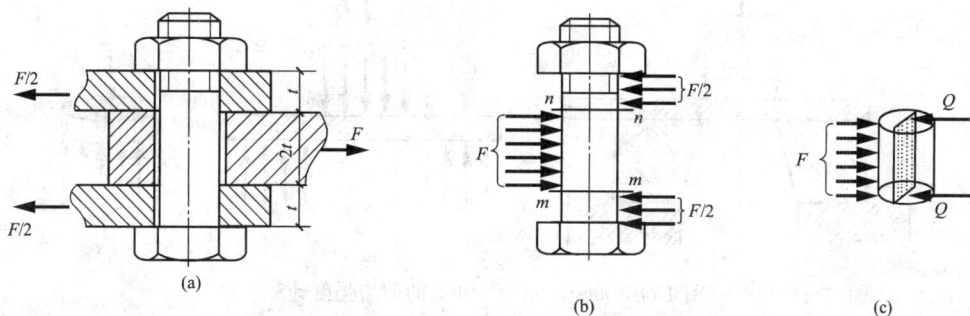

图 TYBZ00607002-1　螺栓受力图

（a）载荷—结构图；（b）螺栓受力图；（c）剪切面、剪力与挤压面

剪切面的面积为螺栓的横截面，设螺栓直径为 D，则 $A=\dfrac{\pi D^2}{4}$，代入剪切强度条件可得：

$$\frac{4Q}{\pi D^2}\leqslant[\tau]$$

解之得：$D_1\geqslant\sqrt{\dfrac{4Q}{\pi[\tau]}}=\sqrt{\dfrac{4\times1.2\times10^4}{3.14\times80\times10^6}}=1.38\times10^{-2}\,\text{m}=13.8\text{mm}$

（2）据挤压强度条件确定螺栓直径：

实际挤压面为螺栓两端的右侧面和螺栓中段的左侧面，为半圆柱面。因柱面高度和对应的力的大小成正比，故各个挤压面上的挤压应力相等，取中段研究，挤压力 $F_{jy}=F$，挤压面为圆柱面，计算挤压面为螺栓的直径投影面，如图 TYBZ00607002-1（c）所示的阴影部分，其面积为：

$$A_{jy}=2tD$$

代入挤压强度条件可得：

$$\frac{F}{2tD}\leqslant[\sigma_{jy}]$$

解之得：$D_2\geqslant\dfrac{F}{2t[\sigma_{jy}]}=\dfrac{24\times10^3}{2\times10\times10^{-3}\times100\times10^6}=1.2\times10^{-2}\,\text{m}=12\text{mm}$

118

取公共解 $D \geqslant 13.8$mm.，螺栓是标准件，应根据标准系列选内径大于等于 13.8mm 的螺栓。

例 2 图 TYBZ00607002-2（a）所示是某冲床的示意图，其中，冲头直径为 $D=$ 16mm，现要在厚度为 $\delta=5$mm 的钢板上冲出直径为 16mm 的圆孔，设钢板材料的剪切强度极限 $\tau_b=400$MPa，求此冲床的冲头必须具有的冲压力。

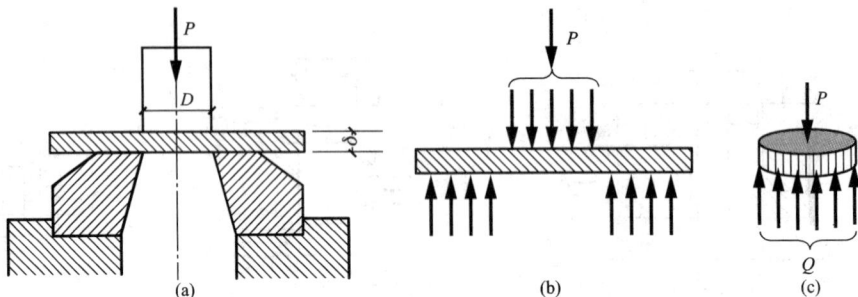

图 TYBZ00607002-2　冲剪的剪切强度计算
（a）冲床工作示意图；（b）钢板受力图；（c）剪切面与剪力

解：取钢板为研究对象，受力如图 TYBZ00607002-2（b）所示，由此可见剪切面为直径与冲头直径相同的圆柱侧面，用截面法从剪切面截开，取中间部分为研究对象，受力如图 TYBZ00607002-2（c）所示，由平衡条件得：

$$Q = P$$

由图可看出剪切面面积为：

$$A = \pi d\delta$$

由此得剪应力：

$$\tau = \frac{Q}{A} = \frac{P}{\pi d\delta}$$

令 $\tau = \tau_b$ 即：

$$\tau = \frac{Q}{A} = \frac{P}{\pi d\delta} = \tau_b$$

代入数字并解出 P 得：

$$P = \pi d\delta\tau_b = 3.14 \times 16 \times 5 \times 400$$
$$= 100\ 480\text{N} = 100.48\text{kN}$$

因此，剪断钢板时该冲床冲头必须具有的冲压力为 100.48kN。

【思考与练习】

1. 在如图 TYBZ00607002-3 所示的铆钉连接中，钢板和铆钉的材料相同，许用应力$[\sigma]=160$MPa，许用剪应力$[\tau]=60$MPa，许用挤压应力$[\sigma_{jy}]=80$MPa，钢板厚

度 $h=20mm$，宽度 $b=80mm$，铆钉直径 $d=10mm$，试确定此连接能承受的最大拉力 P。

2. 某轴与轮毂通过安全销连接，如图 TYBZ00607002-4，要求轴传递的力偶矩 M 达到 200N·m 时，安全销自动剪断以保护设备。已知轴的直径 $D=25mm$，销钉材料的强度极限 $\tau_b=400MPa$，试确定安全销的直径（提示：设销钉两端受力相等）。

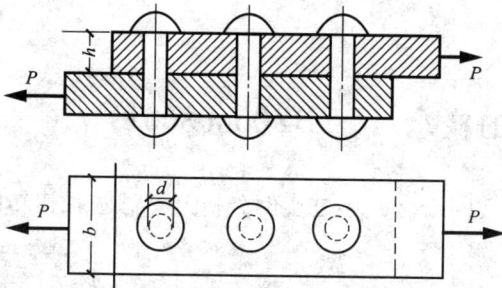

图 TYBZ00607002-3　习题 1 图　　　　　图 TYBZ00607002-4　习题 2 图

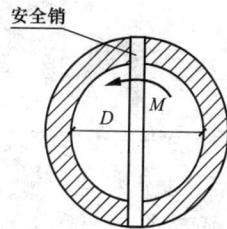

第八章 圆 轴 扭 转

模块 1 圆轴扭转的概念（TYBZ00608001）

【模块描述】本模块介绍圆轴扭转的概念。通过实例分析，熟悉圆轴扭转的受力特点和变形特点。

【正文】

扭转变形的受力特点和变形特点

在工程结构和传动机构中，发生扭转变形的构件是比较多见的。如汽车方向盘的操动杆，受力情况如图 TYBZ00608001-1（a）所示；再如隔离开关和断路器操纵机构中的转动部件，各种机械上的传动轴等。在输电线路中的电杆，当各导线的拉力不均衡或某导线断开时，电杆也将发生扭转变形。

当杆两端受到一对大小相等，转向相反且作用面垂直于轴线的外力偶作用时，杆件发生扭转变形，见图 TYBZ00608001-2。通常将以扭转为主要变形形式的杆件称为轴。对于非圆形横截面杆，扭转变形是复杂的，所以材料力学中只研究圆轴的扭转。圆轴扭转变形的特点是杆件的横截面绕轴线作相对转动。

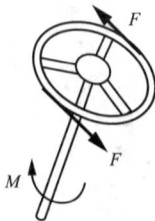

图 TYBZ00608001-1 扭转变形实例   图 TYBZ00608001-2 圆轴扭转的受力与变形特点

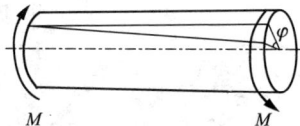

【思考与练习】

1. 扭转变形研究何种杆件？
2. 受何种外力作用时杆件产生扭转变形？

模块 2　圆轴扭转时横截面上的内力（TYBZ00608002）

【模块描述】本模块介绍圆轴扭转时横截面上的内力。通过平衡条件的应用和举例分析，掌握外力偶矩的计算、扭矩的概念和计算以及扭矩图的绘制。

【正文】

一、外力偶矩与功率、转速的关系

圆轴所受到的外力偶矩，通常由轴传递的功率和轴的转速计算而来。若已知轴传递的功率为 P（kW），轴的转速为 n（rpm），则轴受的外力偶矩与功率、转速的关系为

$$M = 9550 \frac{P}{n} \qquad \text{（TYBZ00608002）}$$

式中　M——外力偶矩，N·m；

$\quad\quad P$ ——轴传递的功率，kW；

$\quad\quad n$ ——轴的转速，r/min。

二、扭矩

1. 截面法

确定圆轴扭转时横截面上内力的基本方法依然是截面法。如图 TYBZ00608002-1（a）所示的轴，两端受一对等值、反向作用面垂直于轴线的力偶矩作用发生扭转变形。从任意一横截面 $m-m$ 将杆截开，取一侧为研究对象，由平衡条件可推知，截面上的内力必然是一个作用面位于轴的横截面内的力偶矩，如图 TYBZ00608002-1（b），通常用 M_n 表示，称为扭矩。由平衡方程可得：

$$M_n = M$$

2. 扭矩的符号规定

扭矩在截面上有两种可能的转向，为加以区别，用代数量来表示，通常用右手来确定扭矩的符号：用手握轴线，将四指指向扭矩的旋转方向，如果大拇指的指向离开截面则扭矩为正，反之为负，如图 TYBZ00608002-2 所示。

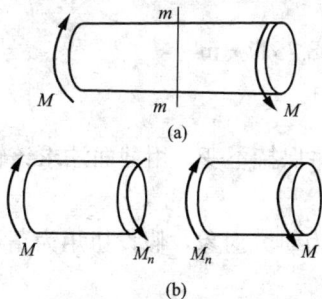

图 TYBZ00608002-1　截面法求扭矩

（a）扭转的外力；（b）扭转的内力

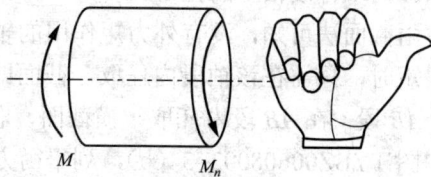

图 TYBZ00608002-2　扭矩的符号规定

例1　某轴结构如图 TYBZ00608002-3（a）所示。设轴的转速为 200r/min，转动方向如图，轮 B 的输入功率为 30kW，轮 A、C、D 的输出功率分别为 15kW、10kW和 5kW，试计算各段轴上的扭矩。

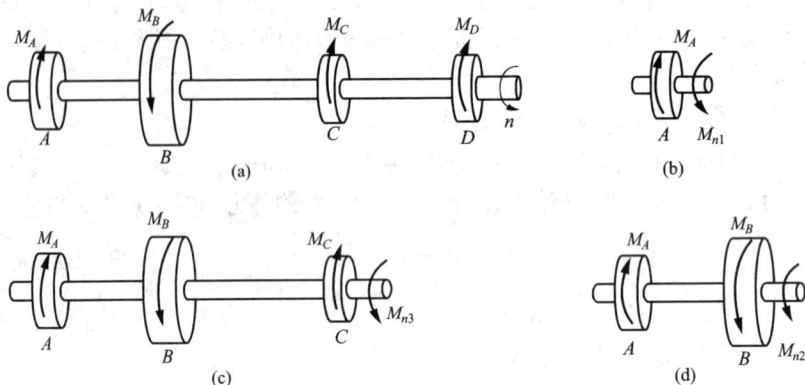

图 TYBZ00608002-3

（a）载荷图；（b）AB 移任意截面左侧部分受力图；

（c）CD 移任意截面左侧部分受力图；（d）BC 移任意截面左侧部分受力图

解：（1）求各轮作用于轴的外力偶矩。

由轴的转动方向，可判定各轮施加到轴上的外力偶矩方向如图 TYBZ00608002-3（a）所示：M_B 与轴的转向一致。各力偶矩大小可由式（TYBZ00608002-1）确定如下：

$$M_A = 9550\frac{P_A}{n} = 9550 \times \frac{15}{200} = 716.25\,\text{N}\cdot\text{m}$$

$$M_B = 9550\frac{P_B}{n} = 9550 \times \frac{30}{200} = 1432.5\,\text{N}\cdot\text{m}$$

$$M_C = 9550\frac{P_C}{n} = 9550 \times \frac{10}{200} = 477.5\,\text{N}\cdot\text{m}$$

$$M_D = 9550\frac{P_D}{n} = 9550 \times \frac{5}{200} = 238.75\,\text{N}\cdot\text{m}$$

（2）求各段轴上的扭矩。

由截面法可知，没有外力矩作用的轴段，扭矩将保持不变，用截面法求该轴段的扭矩时，只需在该轴段内任取一截面即可。

AB 段：在 *AB* 段内任取一横截面，取左侧部分为研究对象，假设扭矩为正，受力如图 TYBZ00608002-3（b），列平衡方程：

$$\Sigma M=0 \qquad M_{n1}-M_A=0$$

解之得：

$$M_{n1}=M_A=716.25\text{N}\cdot\text{m} \tag{1}$$

BC 段：在*BC*段内任取一横截面,取左侧部分为研究对象,受力如图TYBZ00608002-2（d）,列平衡方程：

$$\Sigma M=0 \qquad M_{n2}-M_A+M_B=0$$

解之得：

$$M_{n2}=M_A-M_B=716.25-1432.5=-716.25\text{N}\cdot\text{m} \tag{2}$$

CD 段：在 *CD* 段 *n* 内任取一横截面，取左侧部分为研究对象，受力如图 TYBZ00608002-2（c），列平衡方程：

$$\Sigma M=0 \qquad M_{n3}-M_A+M_B-M_C=0$$

解得：

$$M_{n3}=M_A-M_B+M_C=716.25-1432.5+477.5=-238.75\text{N}\cdot\text{m} \tag{3}$$

3. 扭矩的直接求法

由例1的式（1）～式（3）可看出，某截面上的扭矩等于该截面一侧（左侧或右侧）的所有外力偶矩的代数和。正负也可用右手来判断：用手握轴线，四指指向外力偶矩的旋转方向，对于截面左（右）边部分的外力偶矩，若大拇指指向左（右）则产生的扭矩为正，反之为负。这就是扭矩的直接求法。用此方法，无须经过截面法的具体过程，而可直接根据外力矩求出任一截面上的扭矩。

三、扭矩图

为了直观地表示扭矩随横截面位置变化的情况，需要画扭矩图。扭矩图是扭矩随轴上横截面位置变化的函数图像。画扭矩图的要求如下：

1）横坐标表示轴横截面的位置，为使图中每一横坐标对应于轴的一个横截面，扭矩图要画在轴的正下方；

2）纵坐标用适当的比例表示截面上的扭矩 M_n，为了直观，需用纵向线条填充图像曲线与横坐标之间的区域，区域内标注符号，关键点处标出扭矩大小。

例 2　绘制图 TYBZ00608002-4（a）所示轴的扭矩图。

解：求各轴段的扭矩：由扭矩的直接求法可得：

$M_{nAB}=100\text{N}\cdot\text{m}$

$M_{nBC}=100-200=-100\text{N}\cdot\text{m}$

$M_{nCD}=-50\text{N}\cdot\text{m}$

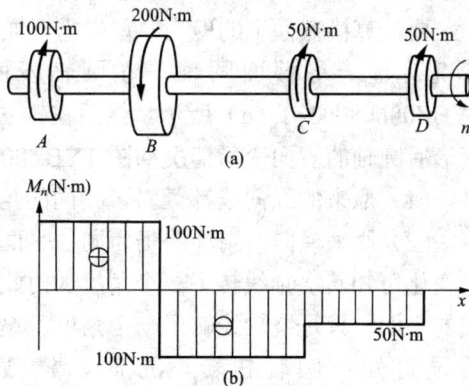

图 TYBZ00608002-4　扭矩图绘制

（a）载荷图；（b）扭矩图

绘扭矩图：使 x 轴平行于轴线，位于轴的正下方。用 1cm 代表 100N·m 描出扭矩曲线的图像，用纵线填充扭矩曲线与 x 轴之间的区域，并在相应的区域内标出正、负标志，在关键点处标出扭矩值，结果如图 TYBZ00608002–4（b）所示。

从图中可以看出，最大扭矩值发生在 AB 和 BC 段，且$|M_{n\max}|$=100N·m。

【思考与练习】

1. 某传动轴上各轮的输入输出功率及转动方向如图 TYBZ00608002–5 所示，设轴的转速 n=200r/min，试求各段轴的扭矩。

2. 绘制图 TYBZ00608002–6 所示轴的扭矩图。

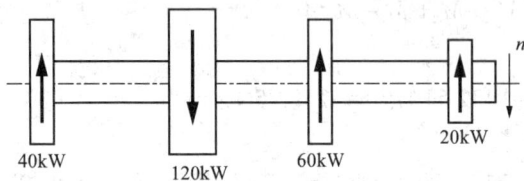

图 TYBZ00608002–5 习题 1 图

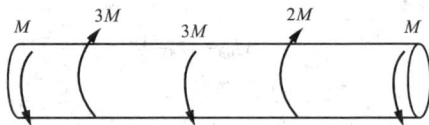

图 TYBZ00608002–6 习题 2 图

模块 3 圆轴扭转时的应力（TYBZ00608003）

【模块描述】本模块介绍圆轴扭转时横截面上的应力。通过对扭转变形时平截面假设的介绍和分析，了解极惯性矩、抗扭截面模量的概念，熟悉横截面上剪应力的分布规律，掌握最大剪应力计算公式。

【正文】

一、圆轴扭转时横截面上应力的分布规律

要计算横截面上的应力，首先需要通过平截面假设得到应力在横截面上的分布情况。取一等截面圆轴，在圆轴表面均匀地画一系列纵线和横线，如图 TYBZ00608003–1（a）所示。然后在轴的两端施加一对力偶矩使轴产生扭转变形，变形后圆轴的表面变形情况如图 TYBZ00608003–1（b）所示

（1）原来的纵向线都倾斜了相同的角度，被扭成了螺旋线。

（2）原来横向的圆环线仍为同一平面上的圆环且与轴线保持垂直，根据纵向线的变化可知其绕轴线转了一个角度。由此可推知任一横截面变形后仍然为垂直于轴线的平面，只是绕轴线转了一个角度。这就是圆轴扭转变形时的平截面假设。由此假设可知：圆轴扭转变形时，横截面上任一直径上点的变形情况见图 TYBZ00608003–2（a）：变形方向平行于横截面且垂直于半径，设相邻两横截面转过的角度为 φ，则在小变形假设的前提下，半径为 ρ 的点的变形大小为：$\rho\varphi$，由于

同一截面上φ为常数，所以点的变形与半径成正比，圆心处变形为零，边缘上变形最大。

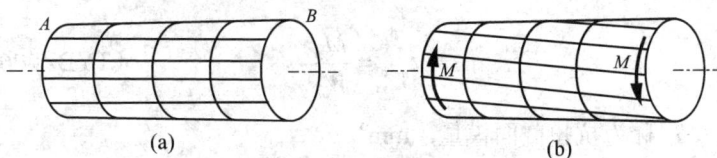

图 TYBZ00608003-1 圆轴扭转时的平截面假设

（a）变形前的轴；（b）变形后的轴

据虎克定律可知：横截面上只有剪应力，没有正应力。且剪应力的方向垂直于半径，在应力不超过弹性极限时，大小与半径成正比。轴线上应力为零，边缘处应力最大。分布规律见图 TYBZ00608003-2（b）。

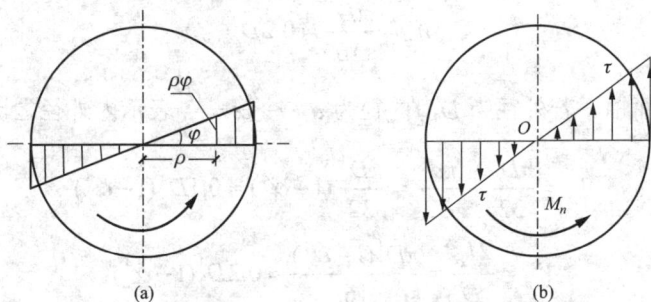

图 TYBZ00608003-2 圆轴扭转时的应力分布

（a）变形规律；（b）应力分布规律

二、横截面上最大应力计算公式

根据理论推导可以得到截面上任一点应力的计算公式为

$$\tau_\rho = \frac{M_n\rho}{I_\rho} \qquad \text{（TYBZ00608003-1）}$$

式中　τ_ρ——到截面中心距离为ρ的一点的剪应力，MPa；

M_n——截面上的扭矩，N·mm；

I_ρ——截面的极惯性矩，mm^4；

ρ——点到截面中心的距离，mm。

在横截面上，M_n及I_ρ都是定值，故τ_ρ随ρ的增大而增大，当ρ达到截面的半径R时，τ_ρ达到最大值$\tau_{\max}$，即

$$\tau_{\max} = \frac{M_n R}{I_\rho} = \frac{M_n D}{2I_\rho} = \frac{M_n}{W_n}$$

模块 3

TYBZ00608003

模块 3

TYBZ00608003

即

$$\tau_{max} = \frac{M_n}{W_n} \qquad \text{（TYBZ00608003-2）}$$

式中，$W_n = 2I_\rho/D$ 称为抗扭截面模量，mm^3。

由于扭转变形时的平截面假设，仅对圆轴在小变形时适用，因此式（TYBZ00608003-1）和式（TYBZ00608003-2）只对圆轴在 τ_{max} 不超过剪切比例极限时适用。

I_ρ 和 W_n 的计算公式如下：

对于实心圆截面轴：
$$I_\rho = \frac{\pi D^4}{32} \approx 0.1 D^4$$

$$W_n = \frac{\pi D^3}{16} \approx 0.2 D^3$$

对于空心圆截面轴，若外径为 D，内径为 d，令 $\alpha = \dfrac{d}{D}$ 表示内外径之比，则

$$I_\rho = \frac{\pi D^4}{32} - \frac{\pi d^4}{32} = \frac{\pi D^4}{32}(1-\alpha^4) \approx 0.1 D^4(1-\alpha^4)$$

$$W_n = \frac{2I_\rho}{D} = \frac{\pi D^3(1-\alpha^4)}{16} \approx 0.2 D^3(1-\alpha^4)$$

例　设某空心圆截面轴的外径为 $D=50mm$，内径为 $d=30mm$，轴所承受的最大扭矩为 $M_n=2kN \cdot m$，如图 TYBZ00608003-3（a）所示，试计算截面内、外边缘处的剪应力，并画出该截面的应力分布图。

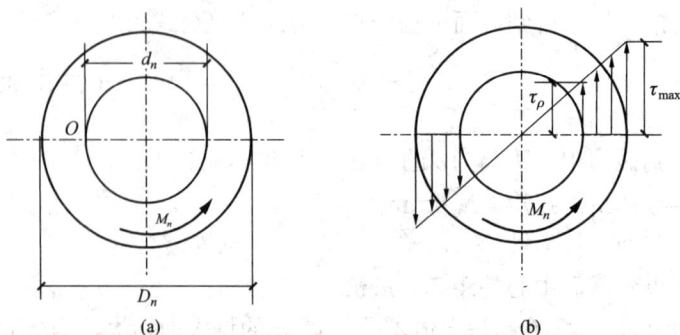

图 TYBZ00608003-3

（a）横截面及其扭矩；（b）剪应力分布规律

解： 计算截面的抗扭截面模量

$$W_n = \frac{\pi D^3}{16}(1-\alpha^4)$$

$$= \frac{3.14\times50^3}{16}\times\left[1-\left(\frac{30}{50}\right)^4\right] = 21\,352\text{mm}^3$$

外边缘处的应力为截面上的最大应力：

$$\tau_{\max} = \frac{M_n}{W_n} = \frac{2\times10^6}{21\,352} = 93.6\text{MPa}$$

根据截面上的应力大小与半径成正比，设内边缘上点的应力为 τ_ρ，则

$$\frac{\tau_\rho}{\tau_{\max}} = \frac{30}{50}$$

所以得：

$$\tau_\rho = \frac{3}{5}\tau_{\max} = \frac{3}{5}\times93.6 = 56.2\text{MPa}$$

内边缘上点的应力为 τ_ρ 也可以由式（TYBZ00608003-1）计算。

画出截面的应力分布图如图 TYBZ00608003-3（b）所示。

【思考与练习】

1. 画出图 TYBZ00608003-4 中各截面的应力分布图。

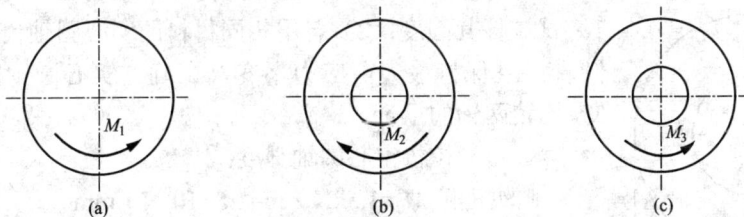

图 TYBZ00608003-4　习题 1 图
（a）实心截面；（b）、（c）空心截面

2. 实心圆截面轴的受力情况，如图 TYBZ00608003-5 所示，设轴的直径为 $D=40$mm，试计算 A 截面上的最大应力和轴上的最大应力。

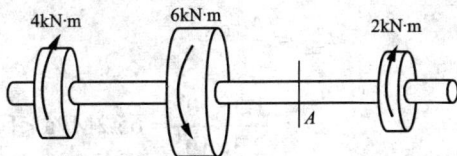

图 TYBZ00608003-5　习题 2 图

模块 4 圆轴扭转的强度条件及计算（TYBZ00608004）

【模块描述】 本模块介绍扭转时的强度条件及应用，涉及合理截面概念。通过应用举例分析，掌握扭转时强度计算的三类问题解法，了解扭转变形时的合理截面形状。

【正文】

一、圆轴扭转时的强度条件

圆轴扭转的强度条件是轴上的最大工作应力不超过材料的许用剪应力[τ]，即

$$\tau_{\max} = \frac{M_n}{W_n} \leqslant [\tau] \qquad （TYBZ00608004-1）$$

上述条件中的 $\tau_{\max}$ 为整个轴上的最大应力，而不仅是某截面上的最大应力。对于等截面轴，W_n 为常量，$\tau_{\max}$ 发生在最大扭矩 $M_{n\max}$ 所在的截面；对于阶梯轴，则需要分段来考虑。整个轴上最大工作应力所在的截面称为危险截面。

根据圆轴扭转时的强度条件，可解决扭转的三类强度问题，即强度校核、设计截面尺寸和确定许可载荷。解题方法与杆件轴向拉压时强度计算的方法相同。

二、强度条件应用举例

例 1　某等截面空心圆轴，截面尺寸如图 TYBZ00608004-1 所示，设其承受的最大扭矩为 1.5kN·m，所用材料的许用剪应力为 70MPa。1）试校核其强度；2）若用相同材料的实心圆轴代替此空心圆轴，且保持最大剪应力不变，试确定实心圆轴的直径；3）比较两轴的重量。

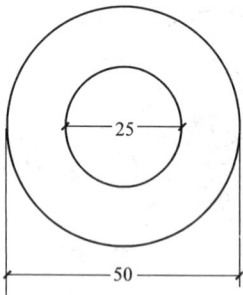

图 TYBZ00608004-1
空心轴横截面

解：1）校核空心圆轴强度：

轴的扭矩 $M_n=1.5$kN·m$=1.5×10^6$N·mm

轴的抗扭截面模量。

$$W_n = \frac{\pi D^3 (1-\alpha^4)}{16}$$

$$= \frac{3.14 \times 50^3 \times (1-0.5^4)}{16} = 2.3 \times 10^4 \, \text{mm}^3$$

$$\tau_{\max} = \frac{M_{n\max}}{W_n}$$

$$= \frac{1.5 \times 10^6}{2.3 \times 10^4} = 65.2\text{MPa} < [\tau]$$

所以此轴安全。

2）确定实心圆轴的直径：

设实心圆轴直径为 D_1，因受力情况不变，且要求保持最大剪应力相等，故有：

$$\left(W_n\right)_{空心}=\frac{\pi D^3(1-\alpha^4)}{16}=\left(W_n\right)_{实心}=\frac{\pi D_1^{\ 3}}{16}$$

即

$$D_1=D\sqrt[3]{1-\alpha^4}=50\times\sqrt[3]{1-0.5^4}=48.94\text{mm}$$

3）比较两轴重量：

因两轴的长度和材料均相同，所以两轴重量之比就等于两轴横截面的面积之比，即

$$\frac{\left(A\right)_{空心}}{\left(A\right)_{实心}}=\frac{(D^2-d^2)}{D_1^2}=\frac{50^2-25^2}{48.94^2}=0.783$$

可见，在保持最大工作剪应力不变的前提下，采用空心圆轴比实心圆轴节省材料，即在减轻构件重量、节省材料方面，空心圆截面为扭转变形的合理截面。这一点还可以从截面上应力的分布规律得到证实：由于应力大小与半径成正比，所以在圆心周围的材料受力很小，造成浪费，空心轴使这种情况得到了不同程度的改善。但因空心圆轴的加工工艺复杂、成本高，在工程实际中较少使用，只有在对构件重量要求较高的场合才采用。

例 2　某电动机转轴的横截面为实心圆截面，其直径为 30mm，转速为 1500r/min，转轴所用材料的许用剪应力为 40MPa。试确定此电动机转轴可传递的最大功率。

解：求扭矩

$$M_n=M=9550\frac{P}{n}$$

代入强度条件得：

$$\frac{9550\times\dfrac{P}{n}}{W_n}=\frac{9550 P\times10^3}{1500}\leqslant40$$

解之得：

$$P\leqslant40\times0.2\times3^3\times\frac{1500}{9550}=33.927\text{kW}$$

所以该轴可传递的最大功率为 33.927kW。

模块 4

TYBZ00608004

【思考与练习】

1. 某轴所受转矩如图 TYBZ00608004–2 所示，设 M_B=1.5kN·m，M_A=0.8kN·m，轴的直径 D=40mm，材料的许用剪应力[τ]=70MPa。1）校核轴的强度；2）若用 α=3/4 的空心轴替代此轴，要求强度不变，确定空心轴的外径；3）比较两轴的重量。

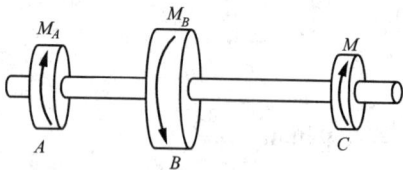

图 TYBZ00608004–2

2. 某传动轴直径为 D=45mm，转速 n=150r/min，若所用材料的许用应力[τ]=60MPa，试求此轴能传递的最大功率。

3. 某轴传递的功率为 20kW，转速为 500r/min，若所用材料的许用应力[τ]=40MPa，试确定此轴的直径。

模块 5 圆轴扭转时的变形和刚度计算（TYBZ00608005）

【模块描述】本模块介绍圆轴扭转时的变形和刚度计算。通过对圆轴扭转变形的分析和实例列举，了解扭转角、单位长扭转角、剪切弹性模量概念，熟悉扭转时的刚度条件及其应用。

【正文】

一、圆轴扭转时的变形

圆轴扭转变形时，横截面之间绕轴线产生相对转动。如图 TYBZ00608005–1 所示，B 截面相对于 A 截面转过了一个角 φ。这个角称为 B 截面相对于 A 截面的扭转角，或简称扭转角，通常记为 φ_{BA}。

设 AB 段为等截面圆轴，所受的扭矩为 M_n，轴长为 l，则扭转角 φ_{BA} 的计算公式为

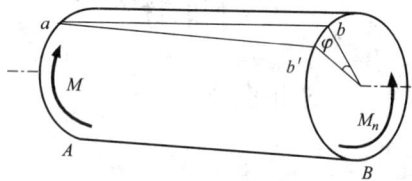

图 TYBZ00608005–1 扭转角

$$\varphi_{BA} = \frac{M_n l}{GI_\rho}$$

（TYBZ00608005–1）

式中 φ_{BA} ——B 截面相对于 A 截面的扭转角，rad；

      M_n ——横截面上的扭矩，N·mm；

      l ——AB 段的长度，mm；

      I_ρ ——横截面的极惯性矩，mm⁴；

      G ——材料的剪切弹性模量，MPa。

剪切弹性模量 G 反映了材料抵抗剪切变形的能力亦即材料的抗剪刚度，由实验测得，常用材料剪切弹性模量的值见表 TYBZ00608005。

表 TYBZ00608005 常用材料的剪切弹性模量

材　料	剪切弹性模量（GPa）	材　料	剪切弹性模量（GPa）
钢	75～82	铸铁	41
铜	41	黄铜	39
球墨铸铁	62	铝及其合金	28

扭转角反映了扭转变形大小，因其与轴的长度有关，故不能反映扭转变形的程度，为此引入单位长度扭转角的概念，以符号 θ 表示，常用单位是（°/m）。由式（TYBZ00608005-1）可得其计算公式为：

$$\theta = \frac{\varphi_{BA}}{l} \times \frac{180°}{\pi} = \frac{M_n}{GI_\rho} \times \frac{180}{\pi} \qquad (\text{TYBZ00608005-2})$$

式中各物理量的意义及单位同式（TYBZ00608005-1）。

二、圆轴扭转时的刚度条件及应用

对一些圆轴，除了要求其满足强度条件外，还需限制其变形程度，以保证圆轴的正常工作。圆轴扭转的刚度条件是：最大单位长度扭转角 θ_{max} 不超过许用值 $[\theta]$，即

$$\frac{M_n}{GI_\rho} \times \frac{180}{\pi} \leqslant [\theta] \qquad (\text{TYBZ00608005-3})$$

$[\theta]$ 为许用单位长度的扭转角，其值可从有关手册中查得。

根据刚度条件，可求解类似于强度问题的三类刚度问题，即刚度校核、设计截面尺寸（或选择材料）和确定许用载荷。

例 1 如图 TYBZ00608005-2(a)所示的等截面圆轴，已知轴的转速 $n=200$r/min，B 轮输入功率 $P_B=35$kW，A 轮输出功率 $P_A=20$kW，C 轮输出功率 $P_C=15$kW，轴材料的剪切弹性模量 $G=80$GPa，许用应力 $[\tau]=60$MPa，轴许用单位长度的扭转角 $[\theta]=0.3$°/m。试确定圆轴的直径。

解：1）作扭矩图，确定危险截面。

先计算外力矩的值：

$$M_B = 9550\frac{P_B}{n} = 9550 \times \frac{35}{200} = 1671.25 \, \text{N} \cdot \text{m}$$

$$M_C = 9550\frac{P_C}{n} = 9550 \times \frac{15}{200} = 716.25 \, \text{N} \cdot \text{m}$$

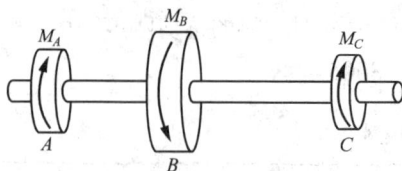

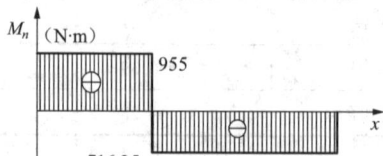

图 TYBZ00608005-2　轴的强度与

刚度计算

（a）载荷图；（b）扭矩图

由外力偶矩可求得 AB 段和 BC 段上的扭矩为：

$$M_{nAB}=M_B-M_C=1671.25-716.25=955\text{N}\cdot\text{m}$$
$$M_{nBC}=-M_C=-716.25\text{N}\cdot\text{m}$$

作扭矩图如图 TYBZ00608005-2（b）所示，由图可见，危险截面在 AB 段上，且最大扭矩

$$M_{n\max}=955\text{N}\cdot\text{m}$$

2）按强度条件确定轴的直径

由强度条件可得：$W_n=0.2D^3 \geq \dfrac{M_{n\max}}{[\tau]}$，即

$$D_1 \geq \sqrt[3]{\frac{M_{n\max}}{0.2[\tau]}}=\sqrt[3]{\frac{955}{0.2\times60\times10^6}}$$
$$=4.3\times10^{-2}\text{m}=43\text{mm}$$

3）按刚度条件确定轴的直径

由刚度条件可得：$I_\rho=0.1D^4 \geq \dfrac{M_{n\max}}{G[\theta]}\times\dfrac{180}{\pi}$，即

$$D_2 \geq \sqrt[4]{\frac{M_{n\max}}{0.1G[\theta]}\times\frac{180}{\pi}}=\sqrt[4]{\frac{955\times180}{0.1\times80\times10^9\times0.3\times3.14}}=6.9\times10^{-2}\text{m}=69\text{ mm}$$

所以 $D \geq 69\text{mm}$，可取圆轴的直径 $D=70\text{mm}$。

【思考与练习】

1. 什么是扭转角和单位长度的扭转角？

2. 某圆轴承受的扭矩为 $M_n=3.8\text{kN}\cdot\text{m}$，材料的许用应力 $[\tau]=60\text{MPa}$，剪切弹性模量 $G=80\text{GPa}$，轴的许用单位长度扭转角为 $[\theta]=0.3°/\text{m}$，试确定轴的最小直径。

3. 某实心圆轴的直径为 $D=20\text{mm}$，许用单位长度的扭转角为 $[\theta]=0.2°/\text{m}$，所用材料的剪切弹性模量 $G=60\text{GPa}$。1）计算此轴所能传递的最大转矩；2）若此轴的转速为 $n=200\text{r/min}$，则确定此轴所能传递的最大功率；3）若此轴长度为 $l=500\text{mm}$，则计算此轴两端截面的相对扭转角。

第九章 弯　曲

模块 1　梁弯曲的概念（TYBZ00609001）

【模块描述】本模块介绍弯曲变形的概念。通过工程实例列举及梁的受力、变形分析，了解梁及载荷的种类，掌握弯曲变形的受力特点和变形特点以及掌握平面弯曲概念。

【正文】

一、弯曲变形的受力特点

弯曲变形是实际工程中构件常见的一种变形形式，如电厂厂房顶部的行车大梁，见图 TYBZ00609001-1（a）；输电线路中固定于电杆上的横担，如图 TYBZ00609001-1（c）所示；房屋建筑中的梁等。杆件产生弯曲变形的受力特点是：外力的作用线垂直于轴线或外力偶的作用面包含轴线，见图 TYBZ00609001-1（b）、（d）。其变形特点是：杆件的轴线将由直线变为曲线。

通常将以弯曲为主要变形形式的杆件称为梁。

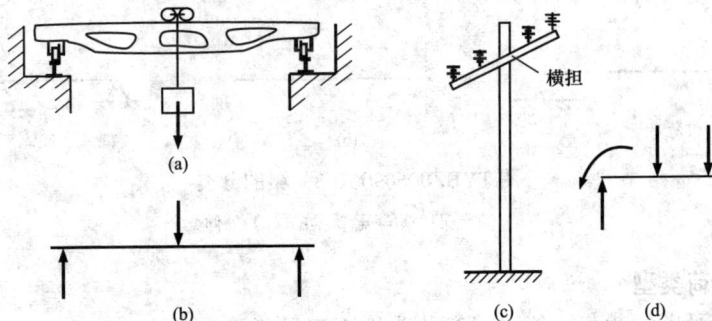

图 TYBZ00609001-1　弯曲的受力特点

（a）行车大梁载荷—结构图；（b）行车梁的受力图；（c）横担结构示意图；（d）横担的受力图

二、平面弯曲

通常梁的横截面都有一个或多个对称轴，如工程实际中常用的圆形、矩形、工字形截面梁等。过横截面的对称轴与梁的轴线构成一个平面，称为梁的纵向对称面。若梁受到的外力（包括外力偶）都在同一个纵向对称面内，则梁变形后，其轴线将变为该纵向对称面内的一条平面曲线，如图 TYBZ00609001-2 所示。这样的弯曲称为平面弯曲。

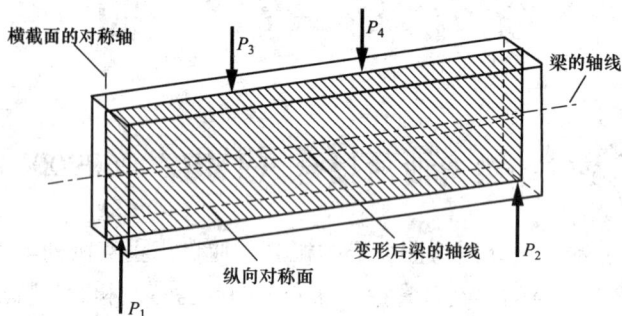

图 TYBZ00609001-2　梁的平面弯曲

材料力学只研究梁的平面弯曲，本章只研究直梁在一个纵向对称面内的平面弯曲。

三、梁的分类

根据支承情况，梁可分为三种类型：

（1）简支梁：两端用铰链支承，如图 TYBZ00609001-3（a）所示。

（2）悬臂梁：一端自由，另一端用固定端支承，如图 TYBZ00609001-3（b）所示。

（3）外伸梁：用铰链支承，但梁的一端或两端自由，如图 TYBZ00609001-3（c）所示。

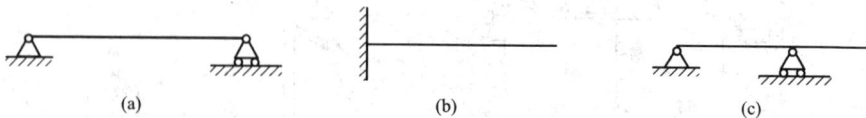

图 TYBZ00609001-3　梁的分类
(a) 简支梁；(b) 悬臂梁；(c) 外伸梁

四、载荷类型

作用在梁上的载荷一般可以简化为以下三种类型：

（1）集中载荷。作用于梁上一点的力称为集中载荷或集中力。

（2）集中力偶。在梁的纵向对称面内作用于某横截面处的力偶。如电杆受到的来自横担的作用，悬臂梁在其固定端受到的约束反力偶等。

（3）分布载荷。连续作用于梁的一定长度上的横向力称为分布载荷，如梁的重力等。如果载荷均匀分布，则称为均布载荷。用单位长度上受得力来表示作用大小，常用符号 q 来表示，单位为 N/m 或 kN/m 等。

【思考与练习】

1. 弯曲变形的受力特点是什么？
2. 什么是平面弯曲？发生平面弯曲的条件是什么？
3. 实际中的梁可以简化为哪几个种类？

模块 2　梁弯曲时横截面上的内力——剪力和弯矩（TYBZ00609002）

【模块描述】 本模块介绍梁弯曲时横截面上的内力。通过平衡方程的应用和实例分析，掌握弯矩、剪力的概念、符号规定以及计算方法。

【正文】

剪力和弯矩

1. 截面法

如图 TYBZ00609002-1（a）所示简支梁，在梁的中间受外力 P。由于两端都有支座，所以先需要至少求出一个支座反力。取梁整体为研究对象，列平衡方程：

$$\Sigma M_B=0 \quad -2aR_A+Pa=0$$
$$\Sigma M_A=0 \quad 2aR_B-Pa=0$$

解得：

$$R_A=R_B=0.5P$$

对梁上任意一截面 1-1，假想从 1-1 截面处将梁截开，取出左侧部分为研究对象，由平衡条件可推知，在 1-1 截面上必须有一个作用线在 1-1 截面内且与 R_A 的大小相等，方向相反的力 Q 和一个作用面在梁纵向对称面内矩为 M 的力偶，受力如图 TYBZ00609002-1（b）所示。列平衡方程：

$$\Sigma F_y=0 \quad R_A-Q=0$$
$$\Sigma M_C=0 \quad -xR_A+M=0$$

解得：

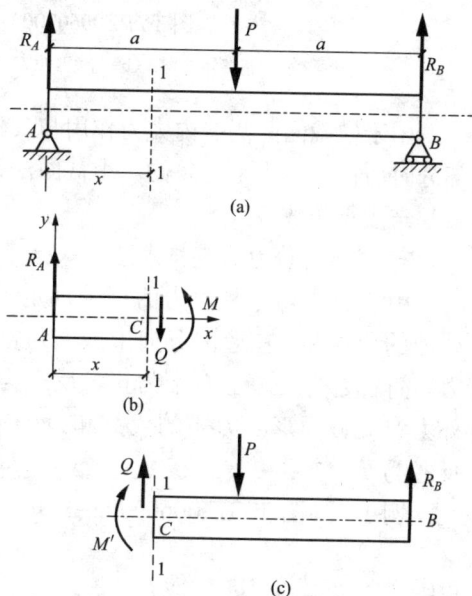

图 TYBZ00609002-1　梁的内力

（a）载荷—结构图；（b）1-1 截面左侧部分的受力图；

（c）1-1 截面右侧部分的受力图

模块 2

TYBZ00609002

$$Q=R_A=0.5P$$
$$M=xR_A=0.5Px$$

由此可见：梁弯曲变形时横截面上的内力由两部分组成：一部分为作用线沿截面的剪力 Q，另一部分为作用面包含轴线的力偶矩 M——称为弯矩。

2. 弯矩和剪力的符号规定

平面弯曲时，横截面上的剪力和弯矩在截面上各有两种可能的方向或转向，为了区别，剪力和弯矩用代数量来表示。对于弯矩：使梁向下弯曲的弯矩为正，反之为负，如图 TYBZ00609002–2（a）、（b）所示。

对于剪力：截面右侧向下或截面左侧向上的剪力为正，反之为负，如图 TYBZ00609002–2（c）、（d）所示。

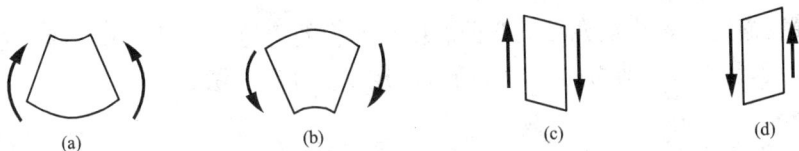

图 TYBZ00609002–2 剪力和弯矩的符号

（a）正弯矩方向；（b）负弯矩方向；（c）正剪力方向；（d）负剪力方向

由于横截面两侧的内力为作用与反作用关系，这样的规定，取截面两侧的不同部分时所得的结果是一致的。用截面法计算时，先假设为正方向，计算结果无论正负都与规定一致。

3. 弯矩和剪力的直接求法

由截面法和弯曲内力的符号规定可知，任一截面上的剪力等于此截面一侧的外力的代数和，左边部分向上或右边部分向下的外力产生正剪力，反之产生负剪力。简言之为：左上右下为正，反之为负；任一截面上的弯矩等于此截面一侧的外力对此截面形心力矩的代数和，力向上为正，向下为负，力偶为左顺右逆为正，反之为负。

例 1 如图 TYBZ00609002–3 所示外伸梁 $ABCDE$，已知外力偶矩大小为 Pa，试计算梁各段中点截面上的剪力和弯矩。

解：求 A、D 处的支座反力：梁受力如图 TYBZ00609002–3 所示，列平衡方程：

$$\Sigma M_D=0 \quad -3aR_A+2aP+aP+M=0$$
$$\Sigma M_A=0 \quad 3aR_D-Pa-2aP+M=0$$

解方程得

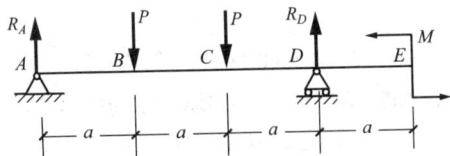

图 TYBZ00609002–3 集中力和力偶作
用时剪力和弯矩计算

$$R_A = \frac{3Pa + M}{3a} = \frac{3Pa + Pa}{3a} = \frac{4P}{3}$$

$$R_D = \frac{3Pa - M}{3a} = \frac{3Pa - Pa}{3a} = \frac{2P}{3}$$

用剪力和弯矩的直接求法：

AB 段中点：
$$Q_1 = 2P - R_D = 2P - \frac{2P}{3} = \frac{4P}{3}$$

$$M_1 = 2.5aR_D - (0.5 + 1.5)Pa + M = \frac{2Pa}{3} \times \frac{5}{2} - Pa(0.5 + 1.5 - 1) = \frac{2Pa}{3}$$

BC 段中点：
$$Q_2 = P - R_D = P - \frac{2P}{3} = \frac{P}{3}$$

$$M_2 = R_D \times \frac{3a}{2} - P\frac{a}{2} + Pa = \frac{2P}{3} \times \frac{3a}{2} - P\frac{a}{2} + Pa = \frac{3Pa}{2}$$

CD 段中点：
$$Q_3 = -R_D = -\frac{2P}{3}$$

$$M_3 = R_D\frac{a}{2} + Pa = \frac{2P}{3} \times \frac{a}{2} + Pa = \frac{4Pa}{3}$$

DE 段中点：
$$Q_4 = 0$$

$$M_4 = Pa$$

例 2　简支梁 AB 受力和尺寸如图 TYBZ00609002–4 所示，已知 $q=4$kN/m，$l=1.5$m，求梁中部 C 截面上的剪力和弯矩。

解：求 A、B 处的支座反力，由对称性知：

$$R_A = R_B = \frac{1}{2}ql = \frac{1}{2} \times 4 \times 1.5 = 3\,\text{kN}$$

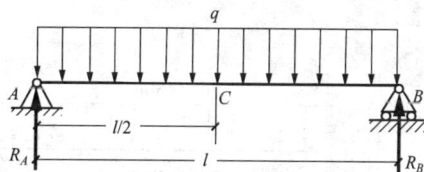

图 TYBZ00609002–4　均布荷载作用时
剪力与弯矩计算

据剪力和弯矩的直接求法得：

$$Q_C = R_A - \frac{1}{2}ql = 3 - \frac{1}{2} \times 4 \times 1.5 = 0$$

$$M_C = R_A \cdot \frac{l}{2} - \frac{ql}{2} \cdot \frac{l}{4} = \frac{1}{2}R_Al - \frac{1}{8}ql^2$$

$$= \frac{1}{2} \times 3 \times 1.5 - \frac{1}{8} \times 4 \times 1.5^2$$

$$= 1.125\text{kN} \cdot \text{m} = 1125\text{N} \cdot \text{m}$$

例 3　简支梁 AB 中间受一集中力偶作用如图 TYBZ00609002–5 所示，已知

$M=4\text{kN}\cdot\text{m}$，$l=2\text{m}$，求梁中部 C 截面处的剪力和弯矩。

解：求 A、B 处的支座的反力，由平面力偶系的平衡条件知，A、B 处的支座反力必为一力偶，方向如图 TYBZ00609002–5 所示，大小为：

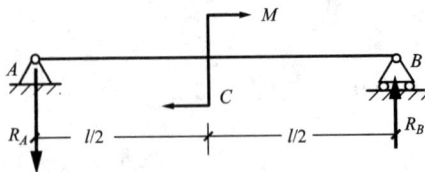

图 TYBZ00609002–5 中间有力偶作用时
剪力和弯矩计算

$$R_A = R_B = \frac{M}{l} = \frac{4}{2} = 2\,\text{kN}$$

据剪力的直接求法得： $Q_C = -R_A = -2\text{kN}$

C 截面处的弯矩应在 C 截面左侧（C^-）和右侧（C^+）分别截取截面来求。

C 截面左侧：$M_{C^-} = R_A \cdot \dfrac{l}{2} = -2 \times 1 = -2\,\text{kN}\cdot\text{m}$

C 截面右侧： $M_{C^+} = R_B \cdot \dfrac{l}{2} = 2 \times 1 = 2\,\text{kN}\cdot\text{m}$

由此可见，在集中力偶作用的 C 截面处，左右两侧的弯矩是不相等的，它们的差值等于此截面处作用的外力偶矩的值。

【思考与练习】

1. 如何直接求出任一截面上的剪力和弯矩？

2. 计算如图 TYBZ00609002–6 所示各梁中指定截面 n–n 上的剪力和弯矩（提示：在集中力作用处求剪力时，需要分别在截面的左侧和右侧截取截面来求）。

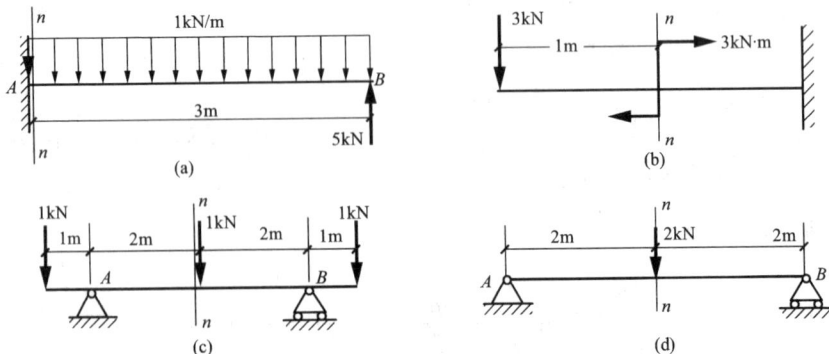

图 TYBZ00609002–6 习题 2 图

（a）悬臂梁受均布荷载； （b）悬臂梁受力偶与集中力；

（c）外伸梁受集中力； （d）简支梁受集中力

模块 3 梁弯曲时的内力图——剪力图和弯矩图
（TYBZ00609003）

【模块描述】本模块介绍梁内力图的画法。通过一般方法的应用、举例示范及归纳总结，熟悉剪力方程的建立、剪力图的绘制，掌握集中力、力偶及均布载荷作用时弯矩方程的建立和弯矩图的绘制，了解弯矩图与载荷的对应关系。

【正文】

一、剪力方程和弯矩方程

一般情况下，横截面上的弯矩和剪力随截面位置的变化而变化。若以梁的轴线为 x 坐标轴，左端截面为 x 坐标轴的原点，则任意横截面上的弯矩和剪力可分别表示为

$$Q = Q(x)$$
$$M = M(x)$$

这种表示剪力和弯矩随截面位置变化的函数，在工程计算中分别称为剪力方程和弯矩方程。由于梁在集中力或集中力偶作用处，内力会发生突变或函数发生变化，所以在载荷突变处，上述方程需要分段列出。

例1 写出如图 TYBZ00609003-1 所示悬臂梁的剪力方程和弯矩方程。

解：根据载荷情况，剪力和弯矩方程应分 AB 和 AB 两段来写。在 AB 段上任取一截面，设该截面到梁左端的距离为 x，取截面右侧作为研究对象（避免求 A 处的约束反力）。则由直接求解剪力和弯矩的方法可得

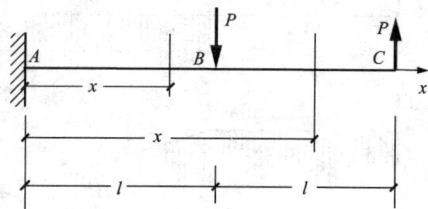

图 TYBZ00609003-1 剪力方程与
弯矩方向

$$Q(x) = P - P = 0$$
$$M(x) = P(2l - x) - P(l - x) = Pl$$

同理，对 BC 段上任一截面有

$$Q(x) = -P$$
$$M(x) = P(2l - x) = 2Pl - Px$$

所以梁的剪力方程为：

$$Q(x) = \begin{cases} 0 & (0 \leqslant x \leqslant l) \\ -P & (l < x \leqslant 2l) \end{cases} \tag{1}$$

弯矩方程为：

$$M(x) = \begin{cases} Pl & (0 \leqslant x \leqslant l) \\ 2Pl - Px & (l < x \leqslant 2l) \end{cases} \qquad (2)$$

二、剪力图和弯矩图

为了直观地表示剪力和弯矩随梁横截面位置变化的情况，需要画剪力图和弯矩图。画剪力图和弯矩图的方法及要求与其他基本变形画内力图相同，即：1）横坐标表示梁横截面的位置，为使图中每一横坐标对应于梁的一个横截面，剪力图或弯矩图要画在梁的正下方；2）纵坐标用适当的比例表示截面上剪力或弯矩的大小，为了更直观，需用纵向线条填充图像曲线与横坐标之间的区域，区域内标注剪力或弯矩的正负，关键点处标出剪力或弯矩的大小。

例 2 绘制图 TYBZ00609003-1 所示悬臂梁的弯矩图和剪力图。

解： 列出梁的剪力方程和弯矩方程如例 1 式（1）、式（2），由方程可知，剪力图由一段与 x 轴重合的直线和一段平行于 x 轴的直线组成。弯矩图由一段与 x 轴平行的直线和一段斜直线组成，两段直线在分段处 B 点连续。分别画出剪力图画弯矩图如图 TYBZ00609003-2 所示。

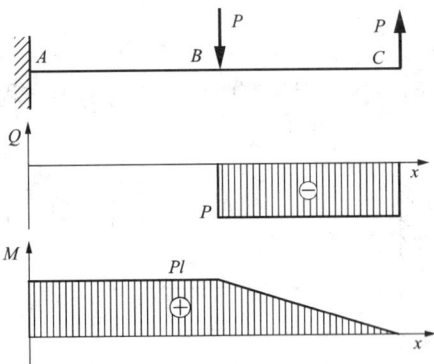

图 TYBZ00609003-2 集中力作用时的剪力图与弯矩图

例 3 简支梁，已知在 B 截面上作用一力偶矩，M_1=3kN·m，转向如图 TYBZ00609003-3（a）所示。试绘制梁的弯矩图和剪力图。

解： 求约束反力：由静力学平衡条件知，A、C 支座上的反力为一力偶，方向如图 TYBZ00609003-3（a）所示，大小为：

$$R_A = R_C = M/3 = 1\text{kN}$$

列出弯矩方程和剪力方程：根据受力情况可分为两段，AB 段（$0 \leqslant x \leqslant 2$）：

$$Q(x) = R_A = 1$$

$$M(x) = R_A x = x$$

在 BC 段（$2 < x \leqslant 3$）

$$Q(x) = R_A = 1$$

$$M(x) = R_A x - M_1 = x - 3$$

画图：由方程知，剪力在整个梁上为一常量 1，故可直接绘制剪力图，如图 TYBZ00609003-3（b）所示。

弯矩为两段直线，将坐标值代入弯矩方程计算：

当 $x=0$ 时，由 AB 段方程求得：$M_A=0$；

当 $x=2$ 时，由 AB 段方程求得：$M_{B1}=2$，由 BC 段方程得：$M_{B2}=2-3=-1$；

当 $x=3$ 时，由 BC 段方程求得：$M_C=3-3=0$。

依次相连以上四点，绘出弯矩图如图 TYBZ00609003-3（c）所示。

例 4　在图 TYBZ00609003-4（a）所示外伸梁中，已知均布载荷 $q=2\text{kN/m}$，外伸长度 $a=2\text{m}$，试绘制梁的剪力图和弯矩图。

图 TYBZ00609003-3　有力偶作用时的剪力图与弯矩图

（a）载荷—结构图；（b）剪力图；（c）弯矩图

解：1）求约束反力：由于梁的载荷和支座对称，故 B、C 两处约束反力相等，且

$$R_B=R_C=5qa/2=10\text{kN}$$

2）列出剪力方程和弯矩方程：根据梁受力情况，方程应为三段，即 AB 段、BC 段和 CD 段。在各段中的任一截面处将梁截开，取左侧部分为研究对象，受力如图 TYBZ00609003-4（d）、（e）和（f）所示。设截面到左端截面的距离为 x，求弯矩时作用于截取部分上的均布载荷可简化一个集中力 qx。

AB 段（$0 \leqslant x \leqslant 2$）：

$$Q_1=-2x$$

$$M_1=-qx\cdot\frac{x}{2}=-\frac{qx^2}{2}=-x^2$$

BC 段（$2 < x \leqslant 8$）：

$$Q_2=-qx+R_B=10-2x$$

$$M_2=R_B(x-a)-qx\cdot\frac{x}{2}=10(x-a)-\frac{qx^2}{2}=-x^2+10x-20$$

CD 段（$8 < x \leqslant 10$）：

$$Q_3=-qx+R_B+R_C=20-2x$$

$$M_3=R_B(x-a)-qx\cdot\frac{x}{2}+R_C(x-4a)=-x^2+20x-100=-(x-10)^2$$

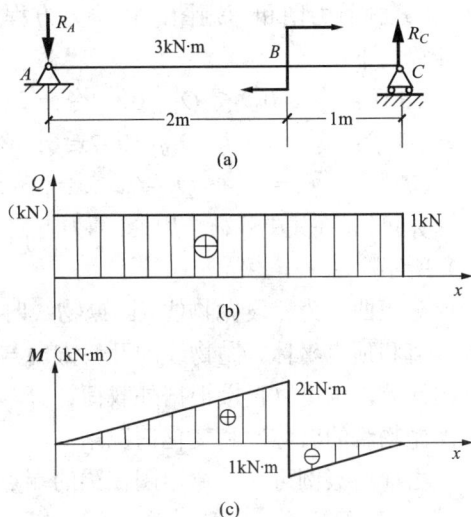

模块 3

TYBZ00609003

3）画剪力图和弯矩图：由剪力方程知，剪力图为三段直线，每段直线端点的值计算如下：

AB 段：令 $x=0$，得 $Q_{1A}=0$；　令 $x=2$，得 $Q_{1B}=-4$

BC 段：令 $x=2$，得 $Q_{2B}=10-2x=6$；令 $x=8$，得 $Q_{2C}=10-2x=-6$

CD 段：令 $x=8$，得 $Q_{3C}=20-2x=4$，令 $x=10$，得 $Q_{3D}=20-2x=0$

经计算可知，在集中载荷作用处，剪力方程不连续。绘出剪力图，如图 TYBZ00609003-4（c）所示。

弯矩曲线为三段抛物线。画抛物线时，需要确定抛物线的三个要素：开口方向、端点值和顶点坐标。抛物线的开口方向与均布载荷的方向相同；端点值可根据弯矩方程计算，也可以直接根据外载荷计算，根据连续性可减少计算量；抛物线的顶点可由抛物线的对称性和变化情况来定。

由前面数例可知，弯矩图在梁的端点处等于 0，分段处连续，所以：

$$令\ x=2，\quad 得\ M_B=-4$$
$$令\ x=8，\quad 得\ M_C=-4$$

由弯矩方程知，AB 段和 CD 段抛物线单向变化，极值点在左、右端点处；BC 段，因为 $M_B=M_C$，根据抛物线的对称性，知顶点在 BC 中间，所以：

$$令\ x=5，得\ M=5$$

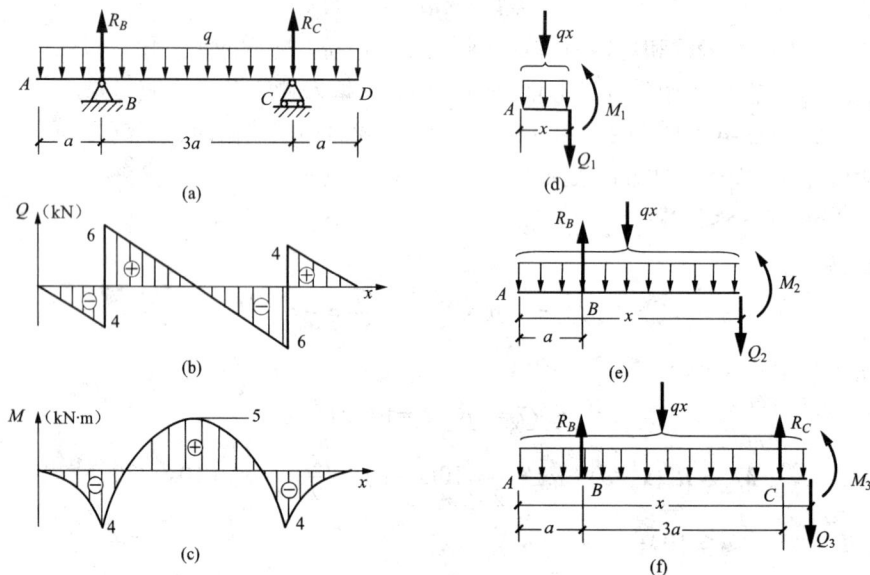

图 TYBZ00609003-4　均布载荷作用时的剪力图与弯矩图

（a）载荷—结构图；（b）剪力图；（c）弯矩图；（d）AB 段任意截面左侧部分的受力图；

（e）BC 段任意截面左侧部分的受力图；（f）CD 段任意截面左侧部分的受力图

最后绘出弯矩图如图 TYBZ00609003-4（e）所示。

对于均布载荷需要说明的是：不能先简化为一个集中力，然后再求各段的弯矩。

通过以上数例，可以发现剪力图和弯矩图和外载荷之间有如下对应规律：

1）曲线形状：

剪力图：受集中力作用的梁段为平行于 x 轴的直线，受均布载荷作用的梁段为斜直线。

弯矩图：只受力偶作用的梁段为平行于 x 轴的直线，受集中力作用的梁段为斜直线，受均布载荷作用的梁段为抛物线。

2）连续性：

剪力图：只在集中力处不连续，且差值等于外力的值。

弯矩图：只在集中力偶作用处不连续，且差值等于外力偶矩的值。

3）端点值：

剪力图：梁的端点处如没有集中力作用剪力为 0。

弯矩图：梁的端点处如不受集中力偶作用弯矩为 0。

根据如上规律，许多时候可由梁受得外载荷直接画出梁的剪力图和弯矩图。

【思考与练习】

1. 剪力图和弯矩图和外载荷之间有何关系？

2. 绘制图 TYBZ00609003-5 所示各梁的剪力图和弯矩图。

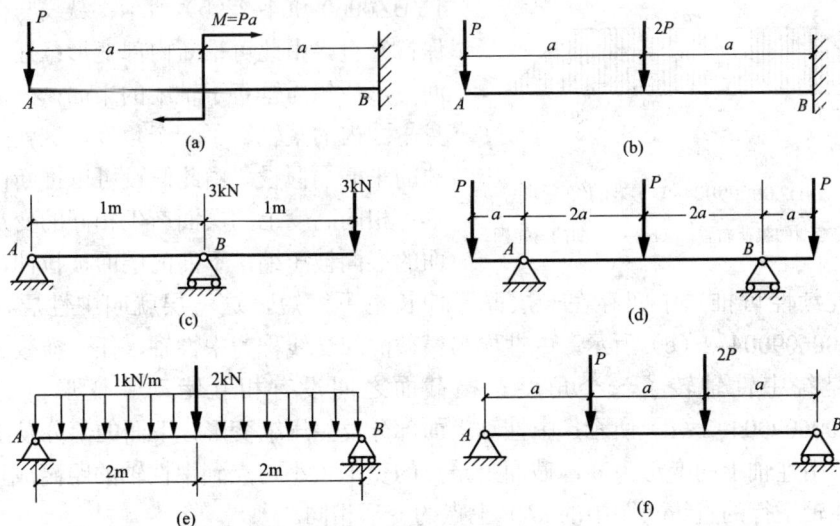

图 TYBZ00609003-5　习题 2 图

（a）有力偶作用的悬臂梁；（b）受集中力作用的悬臂梁；（c）受集中力作用的外伸梁；

（d）结构与载荷对称的外伸梁；（e）受均布载荷作用的简支梁；（f）受集中力作用的简支梁

模块 4　梁纯弯曲时的正应力（TYBZ00609004）

【模块描述】本模块介绍梁纯弯曲时横截面上的正应力。通过对纯弯变形时平截面假设的介绍和分析，熟悉弯曲时横截面上正应力的分布规律，了解惯性矩、抗弯截面模量概念，掌握横截面上最大正应力的计算公式。

【正文】

一般情况下，梁弯曲时横截面上的内力由两部分组成——剪力和弯矩。当某段梁横截面上的内力只有弯矩而没有剪力时，就称这段梁发生纯弯曲变形。如图 TYBZ00609004–1 所示简支梁的 BC 段即发生纯弯矩变形。为突出主要矛盾，化繁为简，通常只研究纯弯状态下梁的应力。

一、梁纯弯曲时横截面上应力的分布规律

取一矩形截面等直梁，支承与受力如图 TYBZ00609004–1（a）。变形前，在梁产生纯弯曲段的表面划出纵线和横线，如图 TYBZ00609004–2（a）的Ⅰ–Ⅰ、Ⅱ–Ⅱ以及 a–a、b–b。变形后观察到梁表面的纵线由直线变为曲线，上面的被压缩，下面的被拉伸；横向框线仍在同一平面内，只是绕自身平面内的某水平轴转了一个角度，如图 TYBZ00609004–2（b）所示；纵线与横线仍保持垂直。由此可推断内部变形：任一横截面变形后仍为垂直于轴线的平面，只是绕自身平面内的某轴转了一个角度。这就是纯弯曲的平截面假设。由此假设可以推断内部变形：相同高度上的层面产生相同的变形，上面的层面被压缩，下面的层面被拉伸，由变

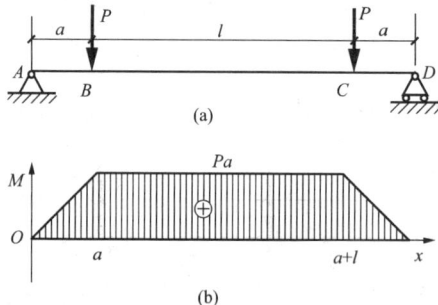

图 TYBZ00609004–1　梁的纯弯曲
（a）纯弯曲的载荷布置；（b）纯弯曲的弯矩图

形的连续性可推知中间存在一层既不伸长也不缩短，这一层就叫中性层，如图 TYBZ00609004–2（c）所示，中性层与横截面的交线称为中性轴，任一横截面变形时只是绕中性轴转了一个角度，横截面之间没有相互错动。变形情况如图 TYBZ00609004–2（d）所示：中性轴上面部分发生压缩变形，下面的部分发生拉伸变形，中性轴上的变形为零，截面上一点的变形大小与点到中性轴的距离成正比，与中性轴平行的直线（图中的 ab）上点的变形相同。

由虎克定律知，截面上只有正应力，没有剪应力；中性轴一侧为拉应力，另一侧为压应力，大小与点到中性轴的距离成正比（应力不超过弹性极限时）。中性轴上的点应力为零，上、下边缘处应力最大，与中性轴平行的直线上的点应力相同。

分布规律如图 TYBZ00609004-3 所示。

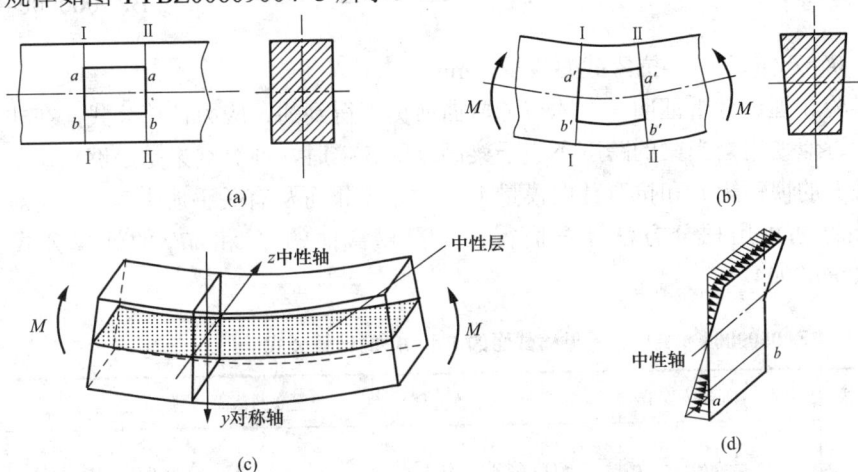

(a)　(b)

图 TYBZ00609004-2　纯弯时梁横截面上的变形

（a）变形前；（b）变形后；（c）中性层和中性轴；（d）横截面的变形规律

二、横截面上最大应力计算公式

根据理论推导，可以得出截面上任一点正应力的计算公式：

$$\sigma_y = \frac{My}{I_z} \qquad\qquad \text{（TYBZ00609004-1）}$$

式中　σ_y ——到中性轴距离为 y 的点的正应力，MPa；

$\qquad$ M ——截面上的弯矩，N·mm；

$\qquad$ I_z ——截面对中性轴的惯性矩，mm^4，其值可计算或查表得到；

$\qquad$ y ——点到中性轴的距离，mm，如图 TYBZ00609004-3 所示。

在弯曲强度计算中，只需知道梁的最大应力，对于中性轴为对称轴的截面，最大拉应力和最大压应力相等，且产生在梁的上、下边缘，令 $y=y_{max}$

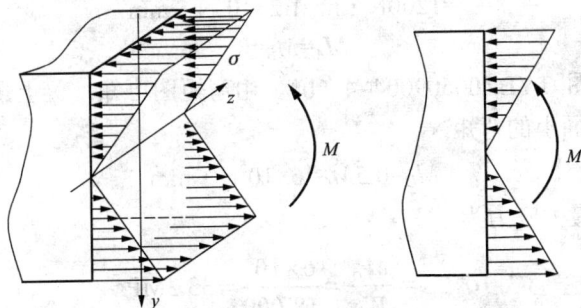

图 TYBZ00609004-3　梁的正应力分布规律

$$\sigma_{max} = \frac{M y_{max}}{I_z} = \frac{M}{W_z} \qquad （\text{TYBZ00609004-2}）$$

式中 $W_z = I_z / y_{max}$ ——抗弯截面模量，mm^3。

实验和理论分析证明，上述在纯弯曲前提下得到的正应力计算公式，在非纯弯曲仍可近似使用，当梁的跨度不小于梁高度的 5 倍时，计算结果是足够精确的。

截面的惯性矩 I_z 和抗弯截面模量 W_z，对于型钢可从有关手册中查得。而对于规则的横截面可用积分方法计算而得，常见横截面的 I_z 和 W_z 的计算公式见表 TYBZ00609004。

表 TYBZ00609004   见横截面的 I_z 和 W_z 的计算公式

截面形状	矩形截面,高 h,宽 b	实心圆截面,直径 D	空心圆截面,外径 D，内外径比值 α
I_z	$\frac{1}{12}bh^3$	$\pi D^4/64$ 或 $0.05D^4$	$\pi D^4 64(1-\alpha^4)$ 或 $0.05D^4(1-\alpha^4)$
W_z	$\frac{1}{6}bh^2$	$\pi D^3/32$ 或 $0.1D^3$	$\pi D^3/32(1-\alpha^4)$ 或 $0.1D^3(1-\alpha^3)$

例   如图 TYBZ00609004-4（a）所示矩形截面简支梁，已知 $P=600N$，$l=2m$，$b=30mm$，$h=60mm$，试计算图示 D 截面上的最大正应力及梁上的最大正应力。

解：求支座反力。根据平衡条件可得：

$$R_A = R_B = P/2 = 300N$$

求横截面的抗弯截面模量

$$W_z = \frac{bh^2}{6} = \frac{30 \times 60^2}{6} = 18\ 000 mm^3$$

梁只受集中载荷作用，弯矩图为两段直线。

$$M_C = R_A \times 2l$$
$$= 1200 N \cdot m = 1.2 \times 10^6 N \cdot mm$$
$$M_A = M_B = 0$$

画弯矩图如图 TYBZ00609004-4（b）。由弯矩图可知：梁上最大弯矩为 M_C。由此可算得 D 截面上的弯矩

$$M_D = 0.5 M_C = 6 \times 10^5 N \cdot mm$$

所以，D 截面上最大应力为

$$\sigma_{D max} = \frac{M_D}{W_z} = \frac{6 \times 10^5}{18\ 000} = 33.3 MPa$$

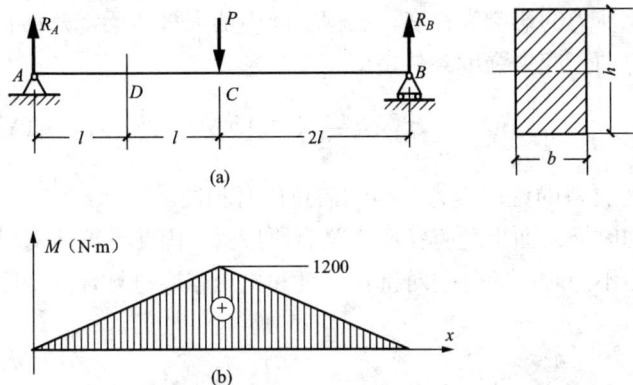

图 TYBZ00609004–4　最大应力计算

（a）载荷图；（b）弯矩图

整个梁上的最大应力为

$$\sigma_{\max} = \frac{M_{\max}}{W_z} = \frac{M_C}{W_z} = \frac{1.2 \times 10^6}{18\ 000} = 66.7\text{MPa}$$

【思考与练习】

1. 什么是纯弯曲？什么是中性层、中性轴？

2. 圆截面外伸梁的受力情况如图 TYBZ00609004–5 所示，截面直径 D=120mm，试计算 B、C 两截面上的最大应力，并绘制 B、C 两截面的正应力分布图。

3. 悬臂梁的受力情况及横截面尺寸如图 TYBZ00609004–6 所示，试求 m–m 截面上的最大应力及梁的最大拉应力，并指出梁上最大拉应力的位置。

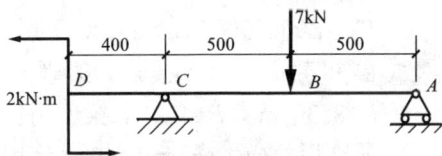

图 TYBZ00609004–5　习题 2 图

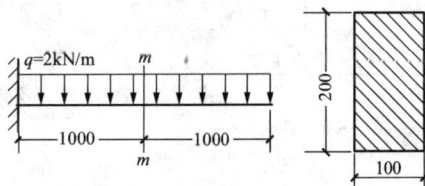

图 TYBZ00609004–6　习题 3 图

模块 5　梁弯曲时正应力的强度条件（TYBZ00609005）

【模块描述】本模块介绍纯弯曲时的强度条件及其应用。通过强度计算一般方法的应用与实例分析，掌握梁弯曲时的正应力强度条件以及三类强度问题的计算。

【正文】

一、弯曲时的强度条件

实践和理论分析证明，对跨度与截面高度之比大于 5 的脚细长梁而言，弯矩对

强度的影响要比剪力的影响大得多，工程实际中的大多数梁都是细长梁，因此梁的强度条件就是弯曲正应力强度条件，即

$$\sigma_{max} = \frac{M_{max}}{W_z} \leq [\sigma] \qquad （TYBZ00609005）$$

式中，$[\sigma]$ 为材料的许用应力，与轴向拉压时相同。

由于梁弯曲时横截面上既有拉应力又有压应力，因此当梁所用材料的许用拉应力和许用压应力不同时，应分别对抗拉强度和抗压强度进行计算，即上式须由下列两式代替。

$$\sigma_{l\,max} \leq [\sigma_l]$$

$$\sigma_{y\,max} \leq [\sigma_y]$$

式中，$\sigma_{l\,max}$ 为梁的最大工作拉应力，$[\sigma_l]$ 是梁所用材料的许用拉应力；$\sigma_{y\,max}$ 为梁的最大工作压应力，$[\sigma_y]$ 是梁所用材料的许用压应力。

根据弯曲强度条件，可解决梁的三类强度问题，即强度校核、确定截面尺寸和许用载荷等。

二、强度条件的应用

弯曲强度条件的应用与其他基本变形强度条件的应用相同，基本步骤如下：

（1）画弯矩图确定危险截面并及求出最大弯矩。

（2）把参量代入弯曲强度条件，针对具体问题进行计算。

（3）给出结论。

例 1 一等截面简支梁的受力情况及截面尺寸如图 TYBZ00609005–1（a）、（b）所示，已知截面对中性轴 z 的惯性矩 $I_z=8530\text{cm}^4$，$P=40\text{kN}$，梁所用材料的许用拉应力 $[\sigma_l] =40\text{MPa}$，许用压应力 $[\sigma_y]=80\text{MPa}$，试校核梁的强度。

解：（1）作弯矩图确定危险截面及 M_{max}。

由载荷及支承的对称性可知

$$R_A=R_B=20\text{kN}$$

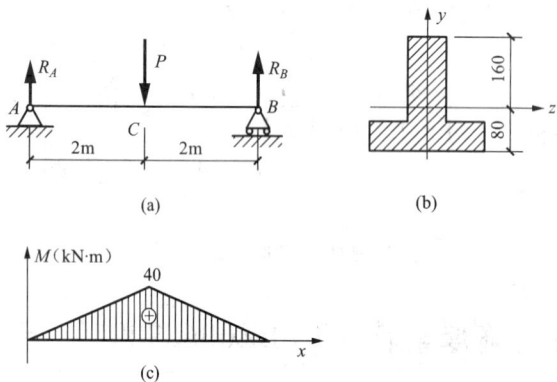

图 TYBZ00609005–1 校核强度

（a）载荷—结构图；（b）横截面形状；（c）弯矩图

弯矩图为两段直线，

$$M_C=2\times R_A=40\text{kN}\cdot\text{m}$$

$$M_A=M_B=0$$

画出弯矩图如图 TYBZ00609005-1（c）所示。由图知，梁的危险截面在 C 截面，且

$$M_{\text{max}}=M_C=40\text{kN}\cdot\text{m}$$

（2）计算工作应力校核强度。

由于该截面上的弯矩为正，所以在该截面的上边缘点达到最大压应力，在下边缘点达到最大拉应力，又因为截面关于中性轴不对称，所以截面上的最大工作拉应力和最大工作压应力不相等，应当分别计算并进行校核，即

$$\sigma_{l\text{max}} = \frac{M_{\text{max}}}{I_z} y_{1\text{max}} = \frac{M_C y_{1\text{max}}}{I_z}$$

$$= \frac{40\times10^6\times80}{8530\times10^4} = 37.5\text{MPa} \leqslant 40\text{MPa} = [\sigma_l]$$

$$\sigma_{y\text{max}} = \frac{M_{\text{max}}}{I_z} y_{2\text{max}} = \frac{M_C y_{2\text{max}}}{I_z}$$

$$= \frac{40\times10^6\times160}{8530\times10^4} = 75\text{MPa} \leqslant 80\text{MPa} = [\sigma_y]$$

（3）结论：该梁满足强度条件。

想一想，在本例中如果载荷不变，而把 T 形梁绕轴线转动 180°放置，梁还会满足强度条件吗？

例2　在图 TYBZ00609005-2（a）所示矩形截面外伸梁中，已知均布载荷 $q=2\text{kN/m}$，外伸长度 $a=1\text{m}$，梁的结构与横截面尺寸如图 TYBZ00609005-2（b）所示，若梁所用材料的许用应力$[\sigma]=100\text{MPa}$，试确定梁的高度 h。

解：1）作弯矩图确定 M_{max}：

由平衡条件及对称性可知，B、C 两处约束反力相等，且：

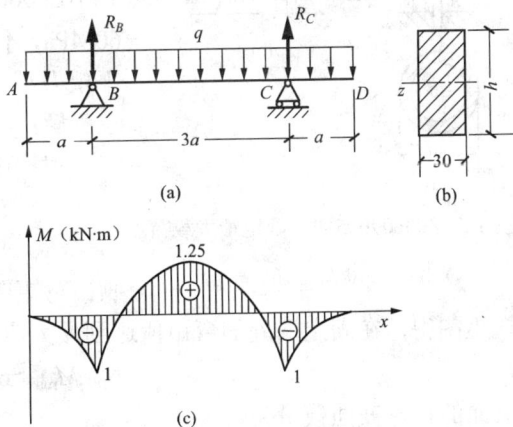

图 TYBZ00609005-2　确立截面尺寸

（a）载荷—结构图；（b）截面图；（c）弯矩图

$$R_B=R_C=5qa/2=5\text{kN}$$

根据梁的受力情况，可知弯矩图为三段抛物线。即 AB 段、BC 段和 CD 段，根据对称性可由 B 点及 BC 中点的弯矩值画出弯矩图。

$$M_B = -qa \cdot \frac{a}{2} = -\frac{qa^2}{2} = -1\text{kN} \cdot \text{m}$$

BC 中点的弯矩值：

$$M = R_B \frac{3a}{2} - \frac{5qa}{2} \cdot \frac{5a}{4}$$

$$= \frac{5 \times 3 \times 1}{2} - \frac{5 \times 2 \times 1 \times 5 \times 1}{2 \times 4} = 1.25\text{kN} \cdot \text{m}$$

由此作出弯矩图如图 TYBZ00609005-2（c）所示。由弯矩图知：

$$M_{max} = 1.25\text{kN} \cdot \text{m}$$

2）代入强度条件计算高度 h：

$$\sigma_{max} = \frac{1.25 \times 10^6}{\dfrac{30h^2}{6}} \leqslant 100$$

$$h \geqslant \sqrt{\frac{6 \times 1.25 \times 10^6}{30 \times 100}} = 50\text{mm}$$

3）结论：取梁的高度 h=50mm。

例 3 等截面电杆，受力及截面尺寸如图 TYBZ00609005-3（a）所示，材料的许用应力 $[\sigma]$=60MPa，不考虑电杆的自重，试确定其能承受的水平拉力。

解：1）作弯矩图确定 M_{max}

根据电杆的受力情况，弯曲图为一段直线。

$$M_A = 0$$
$$M_B = -6P$$

画出弯矩图如图 TYBZ00609005-3（c）所示。由弯矩图得，在固定端处的弯矩值达到最大值

$$M_{max} = 6P$$

截面的抗弯截面模量为

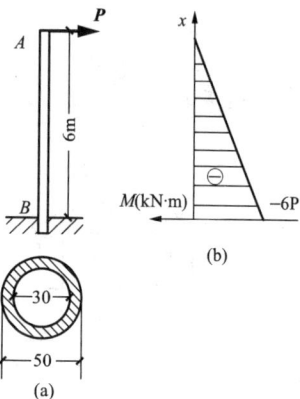

图 TYBZ00609005-3　确定最大载荷

（a）载荷—结构图；（b）弯矩图

$$W_z = \frac{\pi D^3}{32}\left(1 - \alpha^4\right)$$

$$= \frac{3.14 \times 50^3}{32}\left[1 - \left(\frac{30}{50}\right)^4\right] = 10\ 680\text{mm}^3$$

2）计算拉力 P

模块 5

TYBZ00609005

设 P 的单位为 N，把各量代入强度条件得：

$$\frac{6\times10^3\times P}{10\ 680}\leqslant60$$

解得：

$$P\leqslant\frac{60\times10\ 680}{6\times10^3}=106.8\text{N}$$

3）结论：电杆可以承受的最大水平拉力 P=106.8N。

【思考与练习】

1. 悬臂梁 AB 受力及长度如图 TYBZ00609005–4（a）所示，其中 P=10kN，梁横截面的形状及尺寸如图 TYBZ00609005–4（b）所示，截面对中性轴的惯性矩 I_z=1.02×10^{8}mm^4，材料的许用拉应力[σ_l] =40MPa，许用压应力[σ_y]=120MPa。试校核此梁的强度。

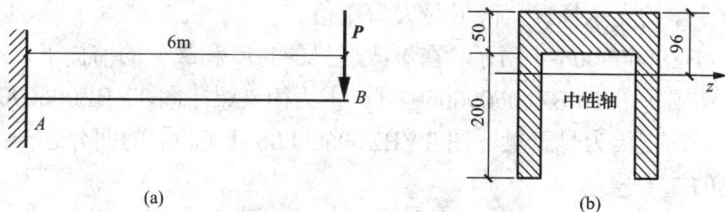

图 TYBZ00609005–4 习题 1 图

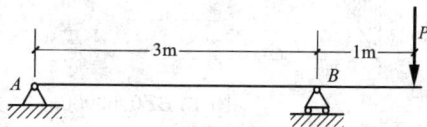

（a）载荷图；（b）横截面及中性轴

2. 支承及受力情况如图 TYBZ00609005–5 所示的简支梁用 20a 工字钢制成，设材料的许用应力[σ] =140MPa，试确定许可载荷（查表得 20a 工字钢的抗弯截面模量 W_z=237 000mm^3）。

3. 如图 TYBZ00609005–6 所示的外伸梁，已知 P=150kN，材料的许用应力[σ]=180MPa，若选用 h:b=2:1 的矩形截面，确定梁高 h。

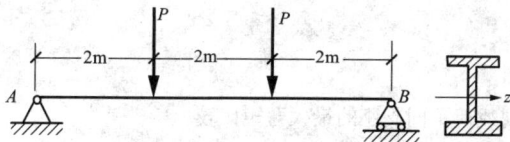

图 TYBZ00609005–5 习题 2 图　　　　图 TYBZ00609005–6 习题 3 图

模块 6　提高梁抗弯能力的措施（TYBZ00609006）

【模块描述】本模块介绍提高梁抗弯能力的措施。通过对弯曲变形强度条件相关元素对梁强度影响的分析，熟悉合理布置载荷与支座、合理选择截面形状、合理使用材料等提高梁抗弯能力的措施。

【正文】

提高梁的抗弯能力，是指在不增加使用材料的质和量的条件下，使梁具有尽可能大的承载能力。由梁弯曲正应力强度条件 $\sigma_{\max} = \dfrac{M_{\max}}{W_z} \leqslant [\sigma]$ 可知，在材料许用应力不变的情况下，提高梁的抗弯能力一是减小最大弯矩值 $M_{\max}$；二是提高梁的抗弯截面模量。

一、改善梁的受力情况，减小梁的最大弯矩值

对于材料和截面尺寸确定的梁，其可承受的最大弯矩是确定的，但这并不意味着其承受的外载荷也是确定的。也就是说，可以通过一些有效的措施，在不增加最大弯矩的情况下，增加梁的载荷。

（1）改变梁的支承情况，降低最大弯矩值。

如图 TYBZ00609006-1 所示，在不改变梁的长度和载荷的前提下，就最大弯矩值而言，外伸梁［图 TYBZ00609006-1（c）］为简支梁［图 TYBZ00609006-1（b）］的五分之一，简支梁为悬臂梁［图 TYBZ00609006-1（a）］的四分之一。而外伸梁只是悬臂梁的二十分之一。

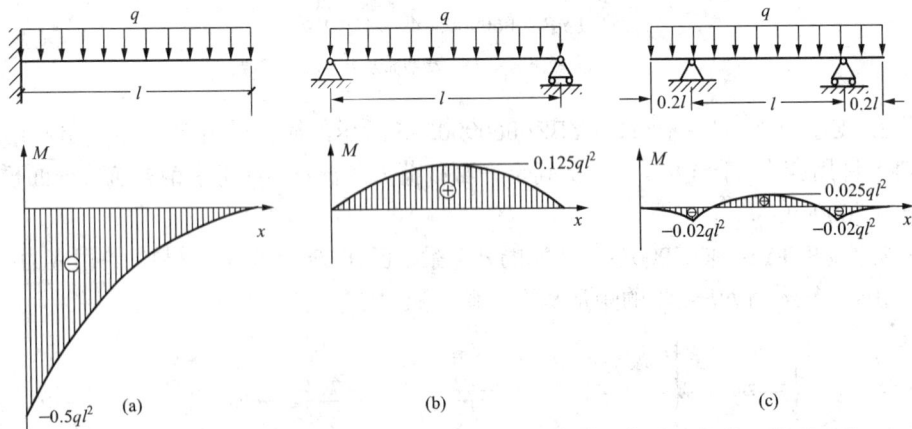

图 TYBZ00609006-1　相同载荷不同支座的最大弯矩比较

（a）悬臂梁；（b）简支梁；（c）外伸梁

因此，在条件允许的情况下，应尽量采用外伸梁和简支梁，避免使用悬臂梁。如在电杆横担上增加拉杆，就将横担由悬臂梁转换成了简支梁等。

（2）改变载荷的作用方式，降低梁的最大弯矩值。

在不改变载荷大小的前提下，分散作用时，对于同样的支承情况，最大弯矩值要小一些。图 TYBZ00609006-2（a）是一个集中力作用于梁的中点；图 TYBZ00609006-2（b）是把一个集中力分成两个相等的集中力并在梁上等距离分布，由二者的弯矩图可看出，后者的最大弯矩值减小到前者的三分之二；若代之以作用于全梁的均布载荷，见图 TYBZ00609006-2（c），最大弯矩值将减小到原来的一半。实际工程中，在主梁上增设副梁的做法就是为了重新分配载荷以减小主梁上的最大弯矩值。

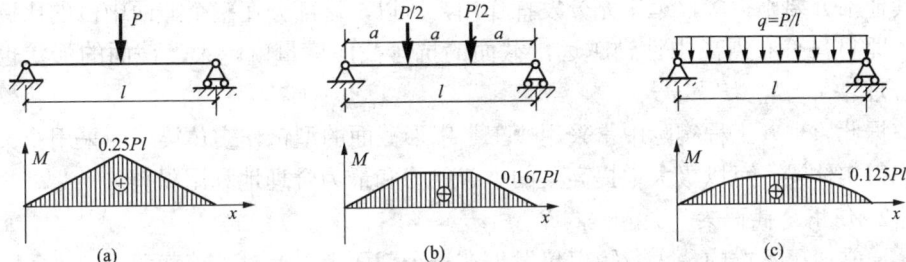

图 TYBZ00609006-2 不同作用方式载荷的最大弯矩比较

（a）一个力作用于梁中点；（b）两个力等距离分布；（c）均布载荷

二、合理布置材料增大抗弯截面模量

1. 采用合理的截面形状

图 TYBZ00609006-3 为四种不同的截面形状或摆放方式，设它们有相同的截面面积 A，可以分别计算出它们的抗弯截面模量。

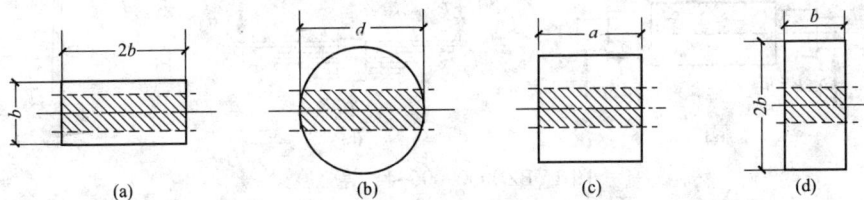

图 TYBZ00609006-3 梁的合理截面形状

（a）平放的矩形截面；（b）圆形截面；（c）正方形截面；（d）竖放的矩形截面

平放的矩形：

$$W_{z1} = \frac{2bb^2}{6} = \frac{\sqrt{2}}{12} A\sqrt{A} = 0.12 A\sqrt{A}$$

圆截面：

$$W_{z2} = \frac{\pi d^3}{32} = \frac{\sqrt{\pi}}{4\pi} A\sqrt{A} = 0.14 A\sqrt{A}$$

正方形：

$$W_{z3} = \frac{aa^2}{6} = \frac{1}{6} A\sqrt{A} = 0.17 A\sqrt{A}$$

竖放的矩形：
$$W_{z4} = \frac{b(2b)^2}{6} = \frac{\sqrt{2}}{6}A\sqrt{A} = 0.24A\sqrt{A}$$

结果说明，竖放矩形的抗弯截面模量最大，因此，竖放的矩形截面是四种情形中最合理的截面形状和摆放方式。这一结论也可以从梁弯曲时横截面上正应力分布规律得到直观的证实。由于横截面上一点的正应力与该点到中性轴的距离成正比，中性轴附近的材料（图 TYBZ00609006-3 所示各图的阴影部分）所承受的应力较其他部分要小得多，远未充分发挥作用，所以，该部分在整个截面中占的比例越小，即材料分布得离中性轴越远，截面的抗弯截面模量就越大，截面的形状也就越合理。

据此原理，工程实际中常采用"工"字形截面的型钢作实体梁。而采用桁架结构代替实体梁，可以极大地提高梁的承载能力和最为合理地利用材料。

2. 使用变截面梁

通常情况下梁的最大弯矩仅仅发生在一个截面上，这对于等截面梁来说，既浪费材料又增加结构的自重。如采用变截面梁，使梁承载时所有截面上的最大工作应力相等，这样的梁称为等强度梁。然而加工等强度梁要比普通梁工艺复杂，成本高，在实际工程中，常将梁做成近似于等强度的梁。图 TYBZ00609006-4（a）所示汽轮机的阶梯轴；图 TYBZ00609006-4（b）所示汽车的减震钢板组；图 TYBZ00609006-4（c）所示输电线路中常用的钢筋混凝土拔梢电杆等。

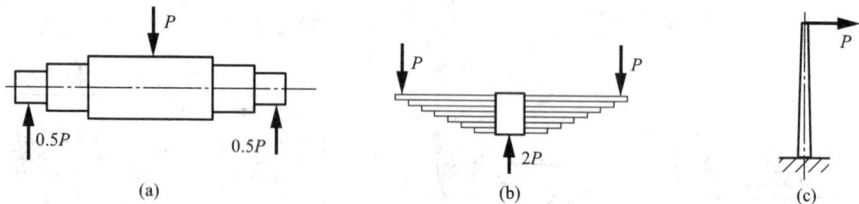

图 TYBZ00609006-4　等强度梁
（a）阶梯轴；（b）叠放的钢板；（c）拔梢电杆

【思考与练习】

1. 提高梁弯曲强度的措施有哪些？

2. 横截面分别为圆、正方形及高宽比等于 2 的长方形简支梁，中点受集中力作用，设它们的截面积相等，若要求它们的强度一样（产生相等的最大正应力），试比较它们所能承受载荷的大小。

3. 满足什么原理的截面形状是梁的合理截面？

模块 7　梁的弯曲变形及刚度校核（TYBZ00609007）

【**模块描述**】本模块介绍梁的弯曲变形及刚度的校核。通过对梁的变形分析及应用举例，熟悉转角、挠度的概念，了解梁的刚度条件及应用，掌握求梁变形的查表法和叠加法。

【**正文**】

发生弯曲变形的构件要安全正常地工作，除了满足强度条件外，有时还要求其具有足够的刚度，即要求梁在不破坏的同时也不发生过大的变形。

一、梁的变形——挠度和转角

梁发生平面弯曲变形时，其轴线由直线变成为纵向对称面内的一条曲线。如图 TYBZ00609007-1 所示，悬臂梁在外力 P 的作用下，轴线由 ACB 变成了曲线 AC_1B_1，这条曲线称为挠曲线。距 A 截面为 x 的截面形心 C 移到了 C_1 位置，产生的位移 y 称为 C 点的挠度。同时，该截面将绕中性轴转过一个角度 θ，θ 称为 C 点的转角。显然，挠度 y 和转角 θ 都随截面位置 x 的变化而变化，即

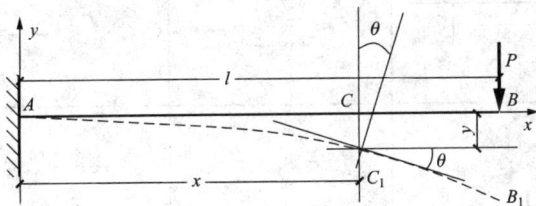

图 TYBZ00609007-1　梁的挠度和转角

$$y=y(x), \quad \theta=\theta(x)$$

其中 $y=y(x)$ 称为挠曲线方程。在小变形情况下，转角与挠度之间有下列关系：

$$\theta \approx \tan\theta = \frac{\Delta y}{\Delta x} = \frac{\mathrm{d}y}{\mathrm{d}x} = y'(x)$$

式中，转角 θ 的单位为弧度（rad），逆时针转动时为正，反之为负；挠度的单位为米（m），常用单位为毫米（mm），向上的位移为正，向下为负。挠度和转角是描述梁变形的基本参量。

二、梁变形计算的查表法和叠加法

求梁变形的基本方法是积分法，但其过程繁琐，数学知识要求高，在工程实际中为了简化计算过程、快速确定梁的变形，将梁在单一载荷作用下的变形，列于一个表 TYBZ00609007 中，需要时可在表中直接查得梁的挠度和转角，这就是确定梁变形的查表法。

表 TYBZ00609007　　　　　　单一载荷作用下梁的变形

序号	梁的形式及载荷情况简图	挠曲线方程	绝对值最大的挠度及其位置	绝对值最大及端截面的转角
1		$0 \leqslant x \leqslant a$ $y = \dfrac{Px^2}{6EI}(x-3a)$ $a \leqslant x \leqslant l$ $y = \dfrac{Pa^2}{6EI}(a-3x)$	$x=l$ $y_{max}=\dfrac{Pa^2}{6EI}(a-3l)$	$\theta_B=\dfrac{Pa^2}{2EI}$
2		$0 \leqslant x \leqslant a$ $y=-\dfrac{Mx^2}{2EI}$ $a \leqslant x \leqslant l$ $y=-\dfrac{Ma}{EI}\left(b+\dfrac{a}{2}\right)$	$x=l$ $y_{max}=\dfrac{Ma}{EI}\left(\dfrac{a}{2}-l\right)$	$\theta_B=-\dfrac{Ma}{EI}$
3		$y=-\dfrac{qx^2}{24EI}(x^2+6l^2-4lx)$	$x=l$ $y_{max}=-\dfrac{ql^4}{8EI}$	$\theta_B=-\dfrac{ql^3}{6EI}$
4		$0 \leqslant x \leqslant a$ $y=\dfrac{Pbx}{6lEI}(x^2+b^2-l^2)$ $a \leqslant x \leqslant l$ $y=\dfrac{Pb}{6lEI}[x^3-\dfrac{l}{b}(x-a)^3-(l^2-b^2)x]$	$a \geqslant b$ $x=\sqrt{\dfrac{l^2-b^2}{3}}$ $y_{max}=-\dfrac{Pb\sqrt{(l^2-b^2)^3}}{9\sqrt{3}lEI}$ $y_C=-\dfrac{Pa^2b^2}{3lEI}$ $y_{中点}=\dfrac{Pb(4b^2-3l^2)}{48EI}$	$\theta_A=-\dfrac{Pab(l+b)}{6lEI}$ $\theta_B=\dfrac{Pab(l+a)}{6lEI}$ $\theta_C=\dfrac{Pa}{3lEI}(3la$ $-2a^2-l^2)$
5		$0 \leqslant x \leqslant a$ $y=\dfrac{Mx}{6lEI}(l^2-3b^2-x^2)$ $a \leqslant x \leqslant l$ $y=\dfrac{M(l-x)}{6lEI}[l^2-3a^2-(l-x)^2]$	$a \geqslant b$ $x=\sqrt{\dfrac{l^2-3b^2}{3}}$ $y_{max}=\dfrac{M\sqrt{(l^2-3b^2)^3}}{9\sqrt{3}lEI}$	$\theta_A=\dfrac{M(l^2-3b^2)}{6lEI}$ $\theta_B=\dfrac{M(l^2-3a^2)}{6lEI}$ $\theta_C=\dfrac{M}{6lEI}(l^2$ $-3a^2-3b^2)$

续表

序号	梁的形式及载荷情况简图	挠曲线方程	绝对值最大的挠度及其位置	绝对值最大及端截面的转角
6		$y = -\dfrac{qx}{24EI}(x^3 + l^3 - 2lx^2)$	$x = \dfrac{l}{2}$, $y_{max} = -\dfrac{5ql^4}{384EI}$	$\theta_A = -\dfrac{ql^3}{24EI}$ $\theta_B = \dfrac{ql^3}{24EI}$
7		$0 \leqslant x \leqslant l$ $y = \dfrac{Mx}{6lEI}(l^2 - x^2)$ $l \leqslant x \leqslant l+a$ $y = \dfrac{M}{6EI}(4lx - 3x^2 - l^2)$	$x = \dfrac{l}{\sqrt{3}}$ $y_{max} = \dfrac{Ml^2}{9\sqrt{3}EI}$ $y_C = -\dfrac{Ma}{6EI}(2l + 3a)$	$\theta_A = \dfrac{Ml}{6EI}$ $\theta_B = -\dfrac{Ml}{3EI}$ $\theta_C = -\dfrac{M(3a+l)}{3EI}$
8		$0 \leqslant x \leqslant l$ $y = \dfrac{Pax}{6lEI}(l^2 - x^2)$ $l \leqslant x \leqslant l+a$ $y = \dfrac{P(l-x)}{6EI}[3ax - al - (x-l)^2]$	$x = \dfrac{l}{\sqrt{3}}$ $y_{max} = \dfrac{Pal^2}{9\sqrt{3}EI}$ $y_C = -\dfrac{Pa^2}{3EI}(l+a)$	$\theta_A = \dfrac{Pal}{6EI}$ $\theta_B = -\dfrac{Pal}{3EI}$ $\theta_C = -\dfrac{Pa(3a + 2l)}{6EI}$

当梁受到多个载荷作用时，由于挠度或者转角都是关于载荷的线性函数，满足叠加原理，在小变形前提下，力作用效果互不影响，所以多个载荷作用下的变形等于所有单一载荷单独作用下变形的代数和。计算时先分解载荷，查表计算单一载荷作用时的变形，然后求代数和，即可得到全部载荷作用下的变形。这就是计算梁变形的叠加法。如图 TYBZ00609007-2 所示，求图（a）所示梁的变形时，可把载荷分解为如图（b）、（c）两组，查表计算各单独载荷的变形，然后求代数和即得到图（a）载荷作用下的变形。

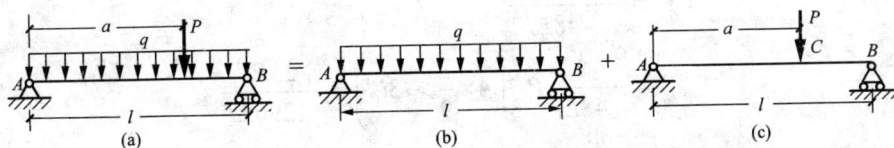

图 TYBZ00609007-2 载荷分解

（a）均布荷载和集中力共同作用；（b）均布载荷单独作用；（c）集中力单独作用

例 计算如图 TYBZ00609007-3 所示简支梁的最大挠度及 B 截面的转角，设 $P_1 = P_2 = P$，梁截面的惯性矩 I 及材料的弹性模量 E 均为常量。

模块 7 TYBZ00609007

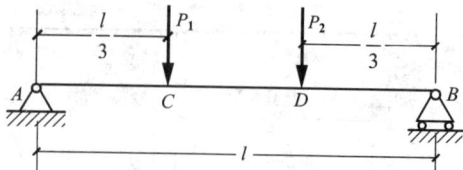

图 TYBZ00609007-3　挠度与转角计算

解：先计算最大挠度，由载荷及支承的对称性可知，梁的最大挠度在梁中点达到，查表 TYBZ00609007-1 可得梁中点挠度的计算公式，在 $P_2\left(a=\dfrac{2l}{3}>b=\dfrac{1}{3}\right)$ 的作用下，有

$$y_2 = \frac{P}{48EI}\left(l-\frac{2l}{3}\right)\left[4\left(l-\frac{2l}{3}\right)^2 - 3l^2\right] = -\frac{23Pl^3}{1296EI}$$

在 P_1 作用下，因 $a=\dfrac{l}{3}<b=\dfrac{2l}{3}$，不能直接使用表中给出的梁中点挠度计算公式，应将 $x=\dfrac{l}{2}$ 代入 $a\leqslant x\leqslant l$ 条件下的挠曲线方程，或从右往左，先转换成 $a=\dfrac{2l}{3}>b=\dfrac{l}{3}$ 的情况，再代入表中给出的梁中点挠度计算公式，也可以由对称性直接得到 P_1、P_2 作用下在中间产生的挠度相同，由挠度方程得：

$$y_1 = \frac{Pb}{6lEI}\left[x^3 - \frac{l}{b}(x-a)^3 - (l^2-b^2)x\right]$$

$$= \frac{P\frac{2l}{3}}{6lEI}\left\{\left(\frac{l}{2}\right)^3 - \frac{l}{\frac{2l}{3}}\left(\frac{l}{2}-\frac{l}{3}\right)^3 - \left[l^2-\left(\frac{2l}{3}\right)^2\right]\frac{l}{2}\right\}$$

$$= \frac{Pl^3}{9EI}\left(\frac{1}{8} - \frac{3}{2}\times\frac{1}{216} - \frac{5}{9}\times\frac{1}{2}\right)$$

$$= -\frac{23Pl^3}{1296}$$

查表令 $b=l/3$，得：

$$y_1 = \frac{Pb(4b^2-3l^2)}{48EI}$$

$$= -\frac{1}{48EI}P\frac{l}{3}\left(4\times\frac{l^2}{9} - 3l^2\right) = -\frac{23Pl^3}{1296EI}$$

所得结果是相同的，由此可知，表中给出的挠曲线方程对任意的 a 都成立，而"绝对值最大的挠度及其位置"栏指定点挠度计算公式是有使用条件的，这一点要特别注意。所以，梁的最大挠度为

模块 7

TYBZ00609007

$$y_{\max} = y_1 + y_2 = -\frac{23Pl^3}{12\,968EI} - \frac{23Pl^3}{1296EI} = -\frac{23Pl^3}{648EI}$$

计算 B 截面的转角。查表 TYBZ00609007-1 可得 B 截面转角的计算公式，在 P_1 的作用下，B 截面的转角为

$$\theta_1 = \frac{Pab(l+a)}{6lEI} = \frac{P\frac{l}{3} \times \frac{2l}{3}\left(l + \frac{l}{3}\right)}{6lEI} = \frac{4Pl^2}{81EI}$$

同理，在 P_2 的作用下，B 截面的转角为

$$\theta_2 = \frac{Pab(l+a)}{6lEI} = \frac{P\frac{2l}{3} \times \frac{l}{3}\left(l + \frac{2l}{3}\right)}{6lEI} = \frac{5Pl^2}{81EI}$$

所以 B 截面的转角为

$$\theta = \theta_1 + \theta_2 = \frac{4Pl^2}{81EI} + \frac{5Pl^2}{81EI} = \frac{Pl^2}{9EI}$$

三、刚度条件及应用

工程实际中梁的刚度条件是梁的最大挠度和最大转角不超过许可值，或者是某特定截面的挠度或转角不超过许可值，即

$$y \leq [y]$$
$$\theta \leq [\theta]$$

式中，y 为最大挠度或指定截面的挠度，$[y]$ 为许可挠度；θ 为最大转角或指定截面的转角，$[\theta]$ 为许可转角。不同的行业有不同的刚度要求，使用时查阅相关手册。

利用刚度条件也可以求解三类问题，即刚度校核、确定梁的尺寸和确定许可载荷。求解方法类似于强度计算，关键是要能熟练地运用查表法和叠加法求梁的挠度和转角。

【思考与练习】

1. 图 TYBZ00609007-4 中所示简支梁由 25a 工字钢制成，其截面对中性轴的惯性矩 I_z=5023.54cm^4，材料的弹性模量 E=200GPa，梁的跨度 l=8m，允许挠度 $[y]=l/500$，若均布载荷 q=3kN/m，试校核梁的刚度。

2. 图 TYBZ00609007-5 所示简支梁的截面为 $b \times h$=20mm×40mm 的矩形，材料的弹性模量 E=200GPa，设 M=5kN·m，P=10kN，试计算 A、B 两截面的转角以及梁中点 C 截面的挠度$\left(\text{提示}: I = \frac{1}{12}bh^3\right)$。

3. 图 TYBZ00609007-6 所示外伸梁的截面为矩形截面，宽为 b=20mm，高

h=40mm，材料的弹性模量 E=200GPa，设 M=5kN·m，作用于 AB 中间，试计算：
1）B 截面的转角；2）D 截面的挠度和转角。

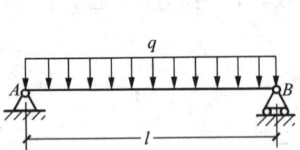

图 TYBZ00609007–4 习题 1 图   图 TYBZ00609007–5 习题 2 图   图 TYBZ00609007–6 习题 3 图

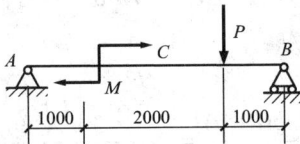

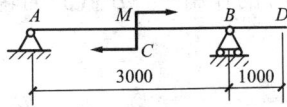

第十章 组合变形的强度计算

模块 1 组合变形的概念 (TYBZ00610001)

【模块描述】本模块介绍组合变形的概念。通过对工程构件的受力分析、力系的简化以及与基本变形的比较，了解组合变形的概念，熟悉研究组合变形强度问题的一般方法。

【正文】

一、组合变形概念

工程中的构件常常受到多种形式的外力作用，同时发生两种或两种以上的基本形式。如图 TYBZ00610001–1（a）所示的电杆，在一侧导线断线的情况下，将出现不对称载荷。图 TYBZ00610001–1（b）是简化后电杆的受力情况，在 P_1 为来自电线的重力，在其作用下，电杆发生轴向压缩变形；P_2 为断线后出现的水平拉力，在其作用下，电杆发生弯曲变形；M 为该水平拉力简化到杆轴线后所附加的力偶矩，在其作用下，电杆发生扭转变形。显然此时电杆会同时产生压缩、弯曲和扭转三种基本变形。

图 TYBZ00610001–2 是简易悬臂式起重装置的结构简图，梁 AB 在力 P 和两端约束反力的共同作用下，将同时发生轴向压缩和弯曲变形。又如水平放置的汽轮机主轴，在发生扭转变形的同时，因为重力的影响还将发生弯曲变形。

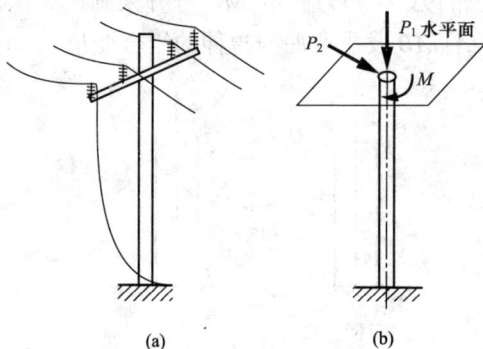

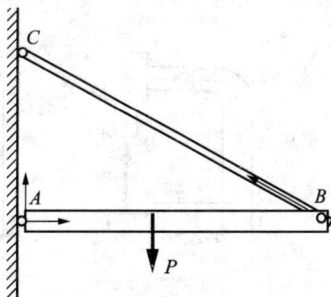

图 TYBZ00610001–1 断线事故的电杆受力 　图 TYBZ00610001–2 悬臂式起重机的悬臂受力

（a）断线示意图；（b）受力图

由两种或两种以上的基本变形组成的变形，称为组合变形，常见的有弯曲与拉伸（压缩）的组合变形和弯曲与扭转的组合变形。

二、研究组合变形的方法

构件产生组合变形时强度计算的方法是"先分后合"。"分"就是将作用在构件上的载荷按基本变形的受力特点进行简化，使简化后的载荷各自产生一种基本变形。简化后可分别进行基本变形的内力计算，然后综合考虑两个基本变形的内力变化情况，确定梁的危险截面。"合"就是进行应力合成，在危险截面上依据一定的理论把两个基本变形的应力合成为一个应力。给定材料的许用应力后，就可以进行构件的强度计算。

【思考与练习】

1. 什么是组合变形？
2. 解决组合变形强度问题的一般方法是什么？

模块 2　弯曲与拉伸（压缩）组合变形（TYBZ00610002）

【模块描述】本模块介绍弯曲与拉伸（压缩）组合变形。通过载荷分解、应力合成过程分析及应用举例，熟悉危险点的概念及确定方法，掌握弯曲与拉伸（压缩）组合变形时的载荷分解、应力合成以及强度条件与计算。

【正文】

一、变形分解

变形的分解就是外载荷的分解。产生弯曲与拉伸（或压缩）组合变形时杆的受力有两种情况。

（1）外力平行于轴线，但是不与轴线共线，如图 TYBZ00610002-1（a）所示，钻床立柱 *AB* 的受力。分解的方法，就是把外力 *P* 平行移动到轴线上，得到如图 TYBZ00610002-1（b）的受力状况：沿轴线的力 *P* 和力偶矩 *M*，分开来画，见图 TYBZ00610002-1（c）和（d），由此看出立柱 *AB* 发生弯曲与拉伸的组合变形。

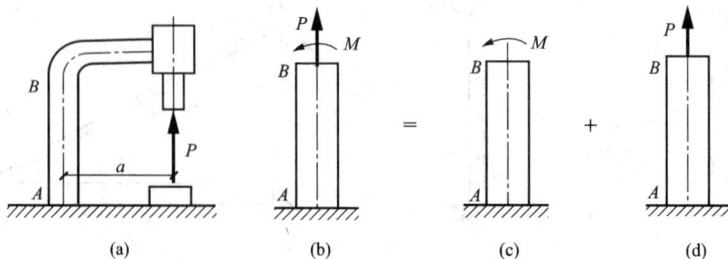

图 TYBZ00610002-1　外力与轴线平行的载荷分解

（a）结构与载荷；（b）简化后的载荷；（c）弯曲变形；（d）拉伸变形

模块 2

TYBZ00610002

（2）外力与轴线斜交，如图 TYBZ00610002–2 所示，梁 AB，A、B 两点的力与 AB 的轴线斜交，分解的办法是把载荷沿着杆轴线方向和垂直于杆轴线的方向分解（图中 A 点的反力已经沿此二方向作了假设），分解后的受力如图 TYBZ00610002–2（b）所示。由此可看出，AB 在 X_A 和 X_B 作用下产生压缩变形，在垂直于轴线的三个外力 Y_A、Y_B、P 作用下产生弯曲变形。

分解为基本变形后，可以分别作轴力图和弯矩图以确定危险截面。图 TYBZ00610002–1 中的立柱 AB，由图 TYBZ00610002–1（c）可知各截面的弯矩值相同，由图 TYBZ00610002–1（d）可知各截面上的轴向力相等，因 AB 段可看成是等截面杆，所以杆件任一截面上的内力都相等，应力情况也相同，因此可取 AB 段上任意一截面来计算。而对于图 TYBZ00610002–2 中所示的梁 AB，由图 TYBZ00610002–2（b）可看出，轴力不变，而弯矩在力 P 作用的截面处有最大弯矩，所以危险截面在力 P 作用的截面处。

二、应力合成

弯曲和拉压都在截面上产生正应力，所以合成应力为二者的代数和。根据截面上应力的分布规律，应力的合成见图 TYBZ00610002–3。

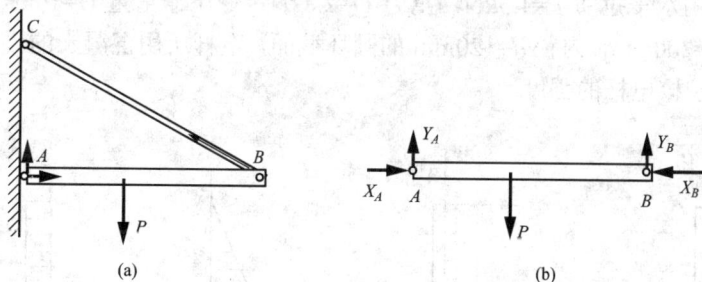

图 TYBZ00610002–2 外力与轴线斜交的载荷分解

（a）梁 AB 的支承与受力；（b）分解后的受力图

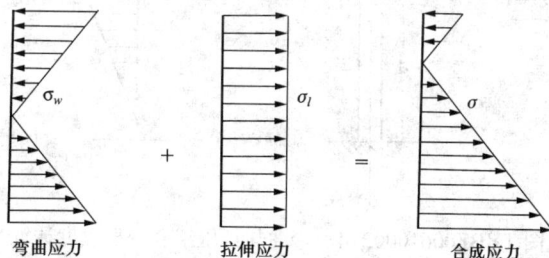

图 TYBZ00610002–3 弯曲与拉伸的应力合成

对于中性轴为对称轴截面的梁，由于弯曲变形截面上的应力总是一侧受拉一侧受压，且拉压应力绝对值相等，所以无论是与轴向的拉伸还是压缩合成，截面

模块 2

TYBZ00610002

上绝对值最大的应力都等于两个应力绝对值的和。所以可得危险截面上的最大应力

$$|\sigma_{max}| = \left|\frac{N_{max}}{A}\right| + \left|\frac{M_{max}}{W_z}\right|$$

式中，A 为横截面的面积；W_z 为横截面的抗弯截面模量。

弯曲应力与拉压应力同时达到最大值的截面称为梁的危险截面。

梁上产生最大应力的点称为危险点，需要知道危险点的具体位置时，要作出截面上的应力分布图，根据具体的拉压情况确定。

三、强度条件及应用

对于拉压性能相同的塑性材料，弯曲与拉压组合变形时的强度条件为：

$$\sigma_{max} = \left|\frac{N_{max}}{A}\right| + \left|\frac{M_{max}}{W_z}\right| \leqslant [\sigma]$$

据此可求解弯曲与拉压组合变形时的三类强度问题。

例　图 TYBZ00610002-4（a）所示是某装有变压器的耐张电杆受力简图。导线作用于电杆的水平拉力 $P=1.5\text{kN}$，重力 $Q=2.8\text{kN}$，变压器重量 $G=10\text{kN}$，电杆横截面为外径 $D=200\text{mm}$，内径 $d=120\text{mm}$ 的圆环截面，电杆所用混凝土的许用应力$[\sigma] = 15\text{MPa}$，试校核电杆的强度。

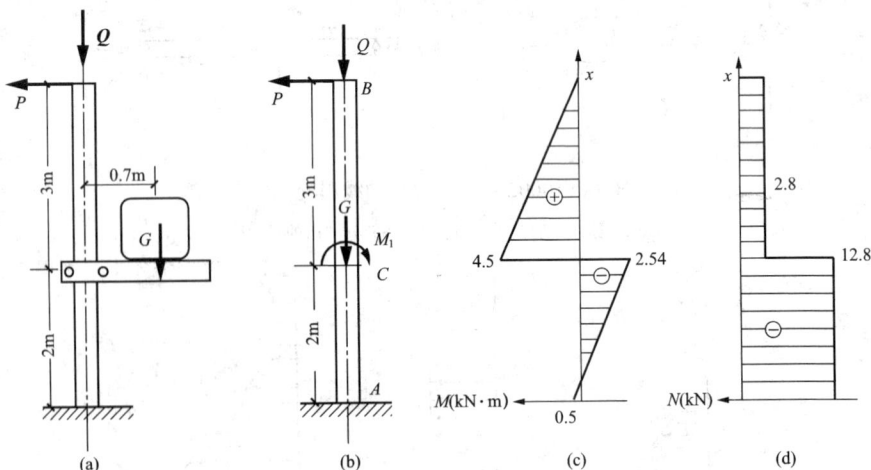

图 TYBZ00610002-4　弯曲与拉压组合变形强度计算

（a）结构与载荷；（b）简化后的载荷；（c）弯矩图；（d）轴力图

解：1）分解变形并确定危险截面

将变压器重力 G 的作用线平移到电杆轴线位置，附加力偶矩。

$$M_1 = 0.7G = 0.7 \times 2.8 = 1.96 \text{ (kN·m)}$$

电杆受力如图 TYBZ00610002–4（b）所示，在 P 及 M_l 的作用下，发生弯曲变形，弯矩图如图 TYBZ00610002–4（c）所示，最大弯矩在 C 截面上侧，最大弯矩为

$$M_{max} = P \times 3 = 1.5 \times 3 = 4.5 \text{(kN·m)}$$

在 Q 和 G 的作用下，电杆产生轴向压缩变形，轴力图如图 TYBZ00610002–4（d）所示。

由弯矩图和轴力图可见，C 截面为危险截面，但轴力和弯矩不同时达到最大值；C 截面上侧弯矩最大，但轴力不是最大；C 截面下侧轴力最大，而弯矩不是最大，所以危险截面应该分两种情况考虑。

C 截面下侧：

$$M_{C^-} = 4.5 - 1.96 = 2.54 \text{ （kN·m）}$$

$$N_{C^-} = |N_{max}| = |N_{AC}| = 2.8 + 10 = 12.8 \text{ （kN）}$$

C 截面上侧：

$$M_{C^+} = M_{max} = P \times 3 = 1.5 \times 3 = 4.5 \text{ （kN·m）}$$

$$N_{C^+} = |N_{AC}| = 2.8 \text{ （kN）}$$

2）合成应力并校核强度

C 截面的面积和抗弯截面模量分别为：

$$A = \pi (D^2 - d^2)/4 = 3.14 \times (200^2 - 120^2)/4 = 20\,096 \text{ mm}^2$$

$$W_z = 0.1 D^3 (1 - \alpha^4) = 0.1 \times 200^3 [1 - (120/200)^4] = 6.96 \times 10^5 \text{mm}^3$$

校核 C 截面下侧：

$$\sigma_{max} = \left| \frac{N_{C^-}}{A} \right| + \left| \frac{M_{C^-}}{W_z} \right|$$

$$= \frac{12.8 \times 10^3}{20\,096} + \frac{2.54 \times 10^6}{6.96 \times 10^5} = 4.286 \text{MPa}$$

校核 C 截面上侧：

$$\sigma_{max} = \left| \frac{N_{C^+}}{A} \right| + \left| \frac{M_{C^+}}{W_z} \right|$$

$$= \frac{2.8 \times 10^3}{20\,096} + \frac{4.5 \times 10^6}{6.96 \times 10^5} = 6.605 \text{MPa}$$

所以电杆的强度足够。

【思考与练习】

1. 如图 TYBZ00610002-5 所示，输电线路中的结构，试分析各构件所发生的变形形式。

2. 如图 TYBZ00610002-6（a）所示，简易悬臂式起重装置中，重物可随行车在梁 AB 上移动，行车及重物的总重量为 Q，梁 AB 截面尺寸见图 TYBZ00610002-6（b），许用应力[σ]=160MPa。已知重物在梁的中部时，梁内产生的弯矩最大，试据此确定梁 AB 可承受的最大载荷 Q。

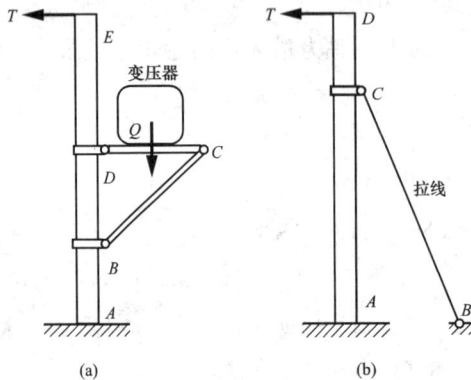

图 TYBZ00610002-5 习题 1 图

（a）装有变压器的电杆；（b）有拉线的电杆

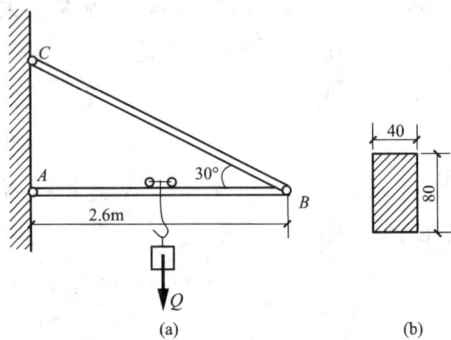

图 TYBZ00610002-6 习题 2 图

（a）结构与载荷；（b）横截面形状

模块 3 弯曲与扭转组合变形（TYBZ00610003）

【模块描述】本模块介绍弯曲与扭转组合变形。通过载荷分解举例、应力合成的强度理论简介及计算举例，熟悉危险点的确定方法、相当应力的概念及计算公式，掌握弯曲与扭转组合变形时的载荷分解、应力合成以及强度条件与计算。

【正文】

一、变形分解

产生弯曲与扭转组合变形时，杆件常见的受力特点是：外力垂直于轴线但与轴线不相交。如图 TYBZ00610003-1（a）、（b）中的 AB 杆。分解的方法是将外力平移到杆件的轴线上。在图 TYBZ00610003-1（a）中，把力 P 移到轴线上的 C 点，得到如图（c）、（e）两组载荷，不难看出其发生扭转与弯曲组合变形。在图 TYBZ00610003-1（b）中，把力 P 移到 AB 轴线上的 B 点，得到分图（d）、（f）中两组载荷，显然，AB 杆同样产生弯曲与扭转组合变形。

分别作它们的扭矩图和弯矩图不难确定杆的危险截面及其上的最大内力值。研究弯曲与扭转组合变形时，仅限于圆截面杆。

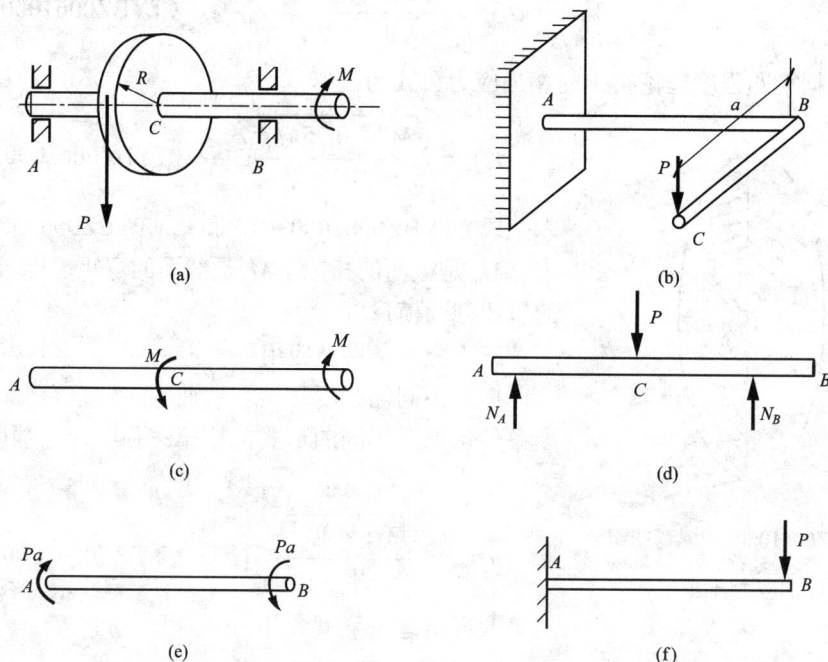

图 TYBZ00610003-1 弯扭组合的载荷分解

(a) 转轴的载荷；(b) 水平直角曲杆的载荷；(c) 扭转变形；

(d) 扭转变形；(e)、(f) 弯曲变形

二、应力合成

扭转与弯曲组合变形截面上的应力，一为剪应力，另一为正应力，两个应力互相垂直，合成方法较复杂，需要根据一定的强度理论来进行。

所谓强度理论就是关于材料破坏原因的假说。对于塑性材料，常用的强度理论有最大剪应力理论（第三强度理论）和最大形状改变比能理论（第四强度理论），它们与实验结果都比较接近。所有强度理论都试图将复杂应力状态下构件横截面上同时产生的几个应力对于构件作用的最大效果用一个应力来表示，称为"相当应力"，常用符号 σ_{xd} 表示。

由截面上应力的分布规律可知，扭转时剪应力在圆周边缘上达到最大值，弯曲时正应力在上、下边缘达到最大值，不难看出，弯曲与扭转组合变形时，在圆截面的上、下两点扭转的剪应力与弯曲的正应力同时达到最大值，所以危险点在圆截面的上下两点，如图 TYBZ00610003-2 中的 A、B 点。相当应力就是 A、B 两个危险点上应力的合成。

根据第三强度理论得出的相当应力公式为：

$$\sigma_{xd3} = \frac{\sqrt{M^2 + M_n^2}}{W_z} \qquad \text{(TYBZ00610003-1)}$$

根据第四强度理论得出的相当应力公式为：

$$\sigma_{xd4} = \frac{\sqrt{M^2 + 0.75M_n^2}}{W_z} \qquad \text{(TYBZ00610003-2)}$$

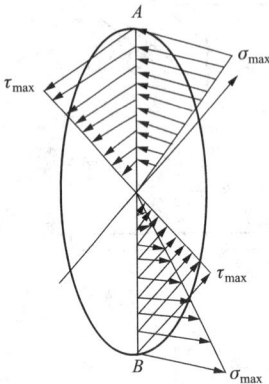

图 TYBZ00610003-2 弯扭组合
的应力合成

式（TYBZ00610003-1）和式（TYBZ00610003-2）中，M_n 是截面的扭矩，M 是截面的弯矩，W_z 是截面的抗弯截面模量。

三、强度条件及应用

根据不同的强度理论，弯曲和扭转组合变形的强度条件可以有不同的形式，按第三强度理论强度条件为：

$$\sigma_{xd3} = \frac{\sqrt{M^2 + M_n^2}}{W_z} \leqslant [\sigma] \qquad \text{(TYBZ00610003-3)}$$

按第四强度理论强度条件为：

$$\sigma_{xd4} = \frac{\sqrt{M^2 + 0.75M_n^2}}{W_z} \leqslant [\sigma] \qquad \text{(TYBZ00610003-4)}$$

两个强度条件都适用于塑性材料的强度计算。比较两种理论，不难看出，用第三强度理论计算的结果偏于安全，通常情况下，弯曲和扭转组合变形时强度计算是按第三强度理论进行的。

例 1 图 TYBZ00610003-3（a）为卷扬机结构示意图，轴承 A、B 的间距为 300mm，鼓轮位于 AB 中部，半径 R=50mm，轴传递的力矩 M=200N·m，设绳索的作用力为 P，轴材料的许用应力[σ]=50MPa，试确定轴的直径。

解：分解变形：由轴的转动平衡条件得：

$$PR = M$$

由此计算出：

$$P = M/R = 200\text{N·m}/50\text{mm} = 4\text{kN}$$

把 P 简化到轴线上，附加的力偶矩大小就等于 M，得到两组载荷如图 TYBZ00610003-3（b）所示，由平衡条件及对称性可得：

$$N_A = N_B = P/2 = 2\text{kN}$$

分别作扭矩图、弯矩图如图 TYBZ00610003-3（c）、（d）所示。由图知，危险截面

在 C 截面处，且

$$M_{n\max}=200\text{N}\cdot\text{m}$$
$$M_{\max}=M_C=2\text{kN}\times150\text{mm}=300\text{N}\cdot\text{m}$$

设轴的直径为 d，代入强度条件得：

$$\frac{\sqrt{200^2+300^2}\times10^3}{0.1d^3}\leqslant50$$

$$d\geqslant\sqrt[3]{\frac{\sqrt{200^2+300^2}\times10^3}{0.1\times50}}$$

$$=\sqrt[3]{\frac{3.6\times10^5}{0.1\times50}}=41.6\text{mm}$$

所以，取轴的直径 $d=42\text{mm}$。

例 2　直角曲杆 ABC 在水平面内，C 端作用一竖直方向的载荷，尺寸及受力情况如图 TYBZ00610003-4（a）所示，已知杆直径 50mm，材料的 $[\sigma]=60\text{MPa}$，试确定该曲杆能承受的最大载荷。

解：曲杆 ABC 的 BC 段产生弯曲变形，AB 段产生弯曲与扭转组合变形，由各段尺寸和受力知，AB 段为危险段。

分解变形：把力 P 平移到 AB 轴线上，使 AB 杆产生弯曲变形；附加的力偶，作用面垂直于 AB 轴线，力偶矩大小等于 $300P$，使 AB 杆产生扭转变形，如图 TYBZ00610003-4（b）所示。分别作扭矩图和弯矩图如图 TYBZ00610003-4（c）和（d），由图可看出危险截面在固定端 A 处，且

$$M_{n\max}=300P$$
$$M_{\max}=400P$$

代入强度条件得：

$$\frac{\sqrt{(300P)^2+(400P)^2}}{0.1\times50^3}\leqslant60$$

$$P\leqslant\frac{60\times0.1\times50^3}{\sqrt{300^2+400^2}}$$

$$=\frac{6\times125\times10^3}{500}$$

$$=1500\text{N}$$

所以，此曲杆能承受的最大载荷 $P=1500\text{N}$。

模块 3

TYBZ00610003

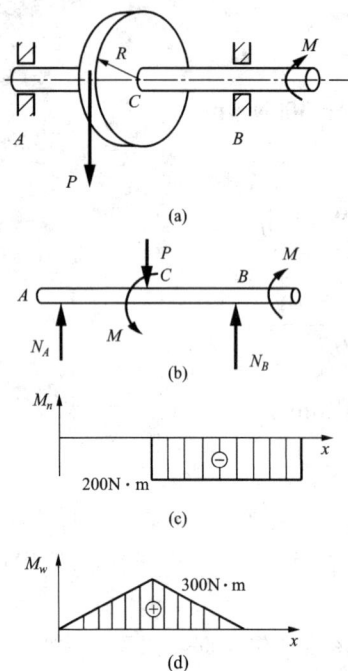

图 TYBZ00610003-3　确定轴的直径
（a）载荷—结构图；（b）简化后的受力图；
（c）扭矩图；（d）弯矩图

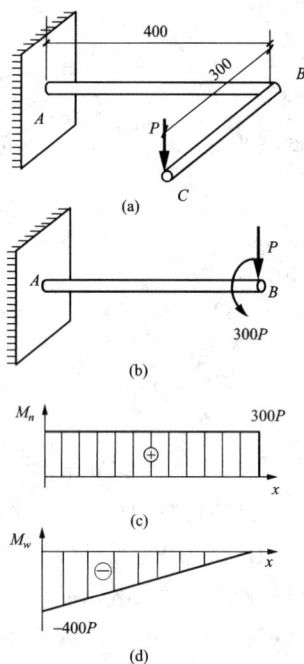

图 TYBZ00610003-4　确定最大载荷
（a）载荷—结构图；（b）简化后载荷；
（c）扭矩图；（d）弯矩图

【思考与练习】

1. 发生弯曲与扭转组合变形的受力特点是什么？

2. 某圆截面曲杆 ABC，A 端固定，C 端承受与 BC 杆垂直的水平面载荷 P，$P=10$kN，如图 TYBZ00610003-5 所示。设曲杆的截面直径 $D=200$mm，材料的许用应力$[\sigma]=80$MPa，试校核该曲杆的强度。

3. 某卷扬机结构如图 TYBZ00610003-6 所示，已知鼓轮直径 $D=400$mm，轴承到鼓轮的距离 $l=200$mm，绕过鼓轮的钢丝绳拉力 $P=5$kN，轴材料的许用应力$[\sigma]=160$MPa。试确定轴的最小直径 d。

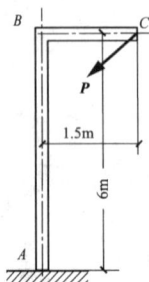

图 TYBZ00610003-5　习题 2 图

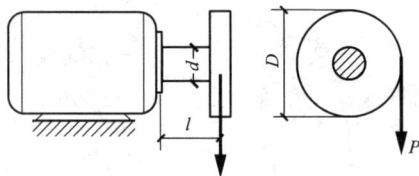

图 TYBZ00610003-6　习题 3 图

第十一章　压　杆　稳　定

模块 1　压杆稳定的概念（TYBZ00611001）

【模块描述】本模块介绍压杆稳定的概念，通过工程案例列举及演示实验，了解细长压杆的失稳现象及压杆稳定的概念。

【正文】

对于细长的受压杆件，在满足轴向压缩强度条件的情况下，还可能发生另外一类形式的破坏。比如一根长 300mm，横截面积为 $10mm^2$ 的钢锯条，屈服极限取 240MPa，其发生压缩强度破坏前，可以承受的载荷为 2.4kN，实际上两端只要施以不到 10N 的压力，锯条就会由弯曲而发生破坏。显然锯条的破坏不是由于压缩强度不够，而是不能保持其原有的直线平衡状态。工程实际中把细长压杆由于不能保持原有的直线平衡状态而导致的破坏现象，称为失去稳定性，简称失稳。细长压杆的失稳破坏是一种非常危险的破坏形式，因为破坏时很难发现前兆，破坏时又往往会影响到较大的结构。电力设备中就有很多较细长的受压杆件，输电铁塔的立柱，如图 TYBZ00611001（a）所示，分图（b）所示三角架的支承斜杆等。这类较细长的压杆一旦发生失稳破坏，将会带来灾难性的后果，因此对于细长压杆不但要考虑强度问题，还应考虑其稳定性。

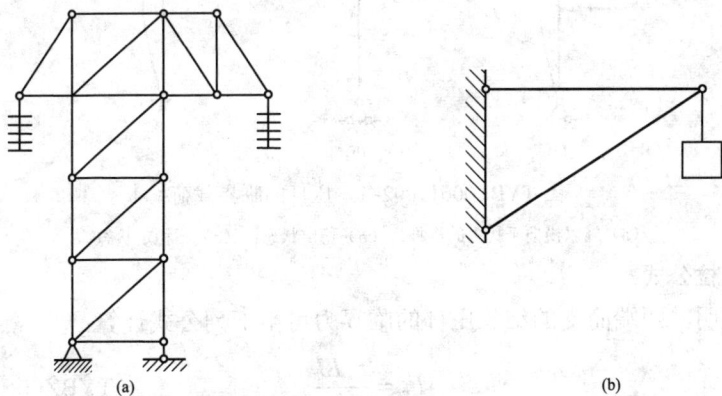

图 TYBZ00611001　压杆实例

（a）铁塔；（b）三角架

【思考与练习】

1. 什么是压杆的失稳破坏？

2. 什么样的杆件会发生失稳破坏？

3. 取一细长杆，两端施以轴向压力观察其破坏情况。

模块 2 细长压杆的临界载荷（TYBZ00611002）

【模块描述】本模块介绍细长压杆的临界载荷。通过对失稳现象的理论分析，熟悉临界载荷的概念，掌握计算细长压杆临界力的欧拉公式，了解计算长度、长度系数的概念。

【正文】

一、临界载荷

如图 TYBZ00611002–1 所示，两端简支的杆件在轴向载荷 F 的作用下，处于直线平衡状态。如果在杆中间施加较小的横向干扰力 P，压杆将发生相应的弯曲变形。去掉力 P，观察杆的变形情况会发现，当 F 小于某一载荷 F_{lj} 时，压杆将恢复到原来的直线位置，见分图（b），说明这时压杆的直线平衡状态是稳定的。当 F 达到 F_{lj} 时，压杆不能恢复到原有的直线平衡状态，见分图（c），说明这时压杆的直线平衡状态是不稳定的。如果 $F > F_{lj}$，杆件将发生破坏，说明 F_{lj} 是压杆保持稳定时所能承受的最大压力，称为临界载荷或临界力。

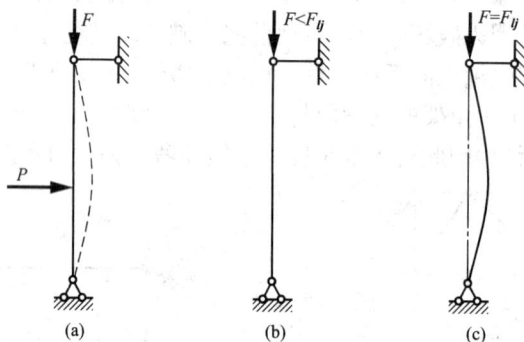

图 TYBZ00611002–1 压杆的临界载荷

（a）施以横向干扰力的压杆；（b）稳定状态；（c）不稳定状态

二、欧拉公式

理论证明，两端简支的细长压杆的临界力可由下列公式计算：

$$F_{lj} = \frac{\pi^2 EI}{l^2} \qquad \text{（TYBZ00611002–1）}$$

式中 E ——材料的弹性模量，MPa；

I——压杆横截面的最小惯性矩，mm^4；

l——压杆长度，mm；

F_{lj}——临界力，N。

式（TYBZ00611002–1）称为欧拉公式。

实验证明，临界力还与杆两端的支承情况有关，大体来说，杆端点的固定程度越高，杆的临界力越大。为着方便计算，工程实际中将支承情况对临界力的影响折合到杆长之中考虑，把式（YBZ00611002–1）统一写成：

$$F_{lj} = \frac{\pi^2 EI}{(\mu l)^2} \qquad (\text{TYBZ00611002–2})$$

式中　μ——长度系数，由压杆两端的支撑情况决定；

μl——计算长度，是折合了支承情况的"杆长"。

式（TYBZ00611002–2）称为欧拉公式的一般形式。

由式（TYBZ00611002–2）不难发现：细长压杆临界力的大小与杆的刚度 EI（决定于杆的材料和截面大小及形状）成正比，与杆的长度的平方 l^2 成反比，并与两端的支承情况有关。

不同支承情况下细长压杆的长度系数 μ 见图（TYBZ00611002–2）。

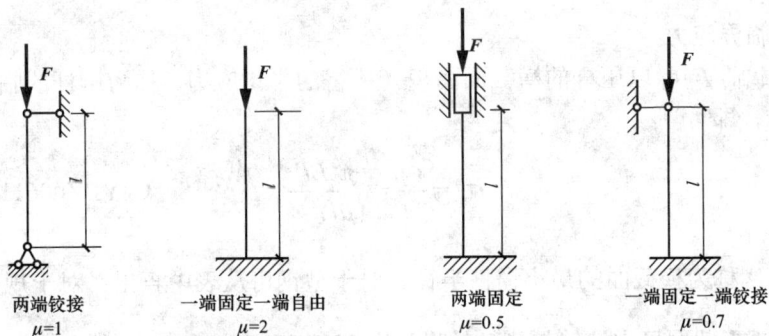

图 TYBZ00611002–2　不同支承的长度系数

例　一端固定，另一端自由的细长压杆，如图 TYBZ00611002–3 所示，杆材料的弹性模量 E=200GPa，杆长 a=1m，杆的横截面为矩形，h=40mm，b=20mm。试求该压杆的临界力。

解：杆截面的最小惯性矩。

$$I = \frac{1}{12}hb^3 = \frac{1}{12} \times 40 \times 20^3 = 2.7 \times 10^4 \, mm^4$$

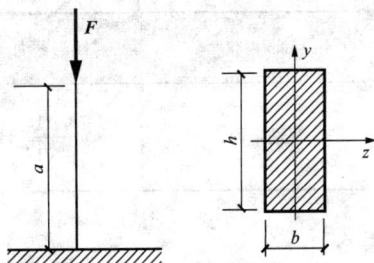

图 TYBZ00611002–3　临界力计算

长度系数 $\mu=2$。

$$F_{lj}=\frac{\pi^2 EI}{(\mu l)^2}=\frac{3.14^2\times 200\times 10^3\times 2.7\times 10^4}{(2\times 1000)^2}=26.6\,\text{kN}$$

【思考与练习】

1. 什么是压杆的临界力？它与哪些因素有关？

2. 若其他条件不变，细长压杆的长度增加一倍时临界力如何变化？

3. 求杆长为 1m，直径 20mm，材料的弹性模量 E=200GPa，一端固定，另一端自由的细长圆截面压杆的临界力。

模块 3 欧拉公式的适用范围及经验公式
（TYBZ00611003）

【模块描述】本模块介绍欧拉公式的适用范围与经验公式。通过失稳破坏分析及与塑性材料轴向压缩性能的比较，了解柔度的概念、确定临界应力的经验公式，熟悉三种柔度状态下压杆承载能力的确定方法，掌握欧拉公式的适用范围。

【正文】

一、临界应力

临界载荷 F_{lj} 除以压杆的横截面面积 A 所得的平均应力，称为压杆的临界应力，用 σ_{lj} 表示，即

$$\sigma_{lj}=\frac{F_{lj}}{A}=\frac{\pi^2 EI}{(\mu l)^2 A} \qquad （\text{TYBZ00611003–1}）$$

令 $\sqrt{\dfrac{I}{A}}=i$，称为横截面的最小惯性半径。对于型钢可从表中查出；对于规则截面，如圆形与矩形截面可由计算得到，结果见表 TYBZ00611003–1。

表 TYBZ00611003–1　　　　　截 面 的 惯 性 半 径

截面形状	矩形截面,高 h	实心圆截面,直径 D	空心圆截面,外径 D, 内外 d
惯性半径 i	$\dfrac{1}{\sqrt{12}}h$	$\dfrac{D}{4}$	$\dfrac{\sqrt{D^2+d^2}}{4}$

并令

$$\lambda = \frac{\mu l}{i} \qquad \text{(TYBZ00611003-2)}$$

称为压杆的柔度，为无量纲量，是杆件纵向与横向特征尺寸的比值，故又称长细比，其大小反映了杆件的细长程度，λ 值愈大，杆件愈细长。

把式（TYBZ00611003-2）代入式（TYBZ00611003-1）得：

$$\sigma_{lj} = \frac{\pi^2 E}{\lambda^2} \qquad \text{(TYBZ00611003-3)}$$

式（TYBZ00611003-3）是欧拉公式的另一种表达形式。由式可以看出，在材料一定的情况下，临界应力的大小与杆件柔度的平方成反比，柔度越大的杆件，可承受的临界应力越小。

二、欧拉公式的适用范围

欧拉公式是在压杆的应力不超过比例极限的情况下推导得出的，所以只有当 $\sigma_{lj} \leqslant \sigma_p$ 时，欧拉公式才适用。即

$$\sigma_{lj} = \frac{\pi^2 E}{\lambda^2} \leqslant \sigma_p$$

变换上式得

$$\lambda^2 \geqslant \frac{\pi^2 E}{\sigma_p}$$

令：

$$\lambda_p = \sqrt{\frac{\pi^2 E}{\sigma_p}}$$

则得

$$\lambda \geqslant \lambda_p \qquad \text{(TYBZ00611003-4)}$$

式（TYBZ00611003-4）即为欧拉公式的适用范围。λ_p 是能够使用欧拉公式时压杆的最小柔度值，又叫极限柔度，只与杆的材料有关，不同的材料具有不同最小柔度值，使用时可以查阅有关工程手册。

$\lambda \geqslant \lambda_p$ 的压杆成为大柔度杆或细长杆。

三、经验公式

当压杆的柔度 $\lambda < \lambda_p$ 时，这时欧拉公式已不再适用。但是，由材料的力学性能可知，塑性材料产生强度破坏的危险应力是屈服极限，也就是说，在 $\sigma_p \leqslant \sigma \leqslant \sigma_s$ 的情况下，压杆仍然会产生失稳破坏。把对应于临界应力达到 σ_s 的杆件的柔度记为 λ_s，并把柔度介于 $\lambda_s < \lambda < \lambda_p$ 的杆件称为中柔度杆或中长杆。对于中柔度杆，工程实际中

模块 3

TYBZ00611003

常采用建立在实验基础上的经验公式来确定临界应力。经验公式有直线型和抛物线型两种形式，对于合金钢、铝合金、铸铁、木材等材料，一般用直线型经验公式，其表达式为：

$$\sigma_{lj} = a - b\lambda \qquad \text{（TYBZ00611003-5）}$$

上式表明，压杆的临界应力与其柔度成线性关系。式中，a、b 为与材料性质有关的常数。使用时可查阅工程手册。常见材料的参考值参见表 TYBZ00611003-2。

表 **TYBZ00611003-2**　　　　　　几种常用材料的 a、b 和 λ_p、λ_s 值

材　　　料	a(MPa)	b(MPa)	λ_p	λ_s
Q235	304	1.12	104	61
优质钢	460	2.57	100	60
硬铝	372	2.14	50	0
松木	39.30	0.199	59	0

应用式（TYBZ00611003-5）时，临界应力不能超过屈服极限（塑性材料）即

$$\sigma_{lj} = a - b\lambda \leqslant \sigma_s$$

或

$$\lambda \geqslant \frac{a - \sigma_s}{b}$$

令：

$$\lambda_s = \frac{a - \sigma_s}{b}$$

λ_s 为经验公式适用的最小柔度值。公式（TYBZ00611003-5）的适用范围是：

$$\lambda_s \leqslant \lambda < \lambda_p$$

对于结构钢等材料，一般用抛物线经验公式，其表达式为

$$\sigma_{lj} = \sigma_s - a_1\lambda^2 \qquad \text{（TYBZ00611003-6）}$$

式中，σ_s 为材料的屈服极限，a_1 为与材料有关的常数，可从相关手册中查得。例如 Q235 钢，σ_s=235MPa，a_1=0.006 68，所以经验公式为：$\sigma_{lj} = 235 - 0.006\ 68\lambda^2$。

$\lambda < \lambda_s$ 的压杆称为小柔度杆或短粗杆，短粗杆不会产生失稳破坏。

综上所述，可将各类柔度压杆的临界应力的计算公式归纳如下：

1）对于细长杆（$\lambda \geqslant \lambda_p$），用欧拉公式，得：

$$\sigma_{lj} = \frac{\pi^2 E}{\lambda^2}$$

2）对于中长杆（$\lambda_s \leqslant \lambda < \lambda_p$），用直线经验公式，得：

$$\sigma_{lj} = a - b\lambda$$

或抛物线经验公式

$$\sigma_{lj} = \sigma_s - a_1\lambda^2$$

3）对于粗短杆（$\lambda < \lambda_s$），为轴向压缩的屈服极限。

$$\sigma_{lj} = \sigma_s$$

例 有一钢管，长 2.5m，外径为 90mm，壁厚为 5mm。管的一端固定在混凝土基础上，而另一端为自由端。材料为 Q235 钢，弹性模量 E=202GPa，λ_p=100，试求钢管承受轴向压力时的临界载荷。

解：1）计算钢管的柔度

$$i = \sqrt{\frac{I}{A}} = \sqrt{\frac{\frac{\pi(D^4 - d^4)}{64}}{\frac{\pi(D^2 - d^2)}{4}}} = \frac{\sqrt{D^2 + d^2}}{4} = \frac{\sqrt{90^2 + (90 - 2\times5)^2}}{4} = 40\text{mm}$$

$$\lambda = \frac{\mu l}{i} = \frac{2\times2500}{40} = 125 > \lambda_p = 100$$

由此知钢管为大柔度杆，应按欧拉公式计算临界载荷。

2）确定钢管的临界载荷。

先计算截面的惯性矩

$$I = \frac{\pi}{64}(D^4 - d^4) = \frac{\pi}{64}(90^4 - 80^4) = 1.21\times10^6\text{mm}^4$$

由欧拉公式得

$$F_{lj} = \frac{\pi^2 EI}{(\mu l)^2} = \frac{\pi^2 \times 202 \times 1.21\times10^6}{(2\times2.5\times10^3)^2} = 96.4\text{kN}$$

【思考与练习】

1. 什么是压杆的柔度？如何区别细长杆、中长杆及短粗杆？

2. 一铸铁压杆，直径 d=50mm，杆长 L=1m，一端固定，一端自由，E=120GPa 试求压杆的临界力和临界应力。

3. 压杆结构与受力如图 TYBZ00611003（a）所示，横截面面积为 1024mm^2，杆材料的弹性模量 E=200GPa，σ_s=225MPa，λ_p=100，λ_s=60。试在横截面形状如图 TYBZ00611003（b）所示的四种情况下计算杆的柔度和临界应力。

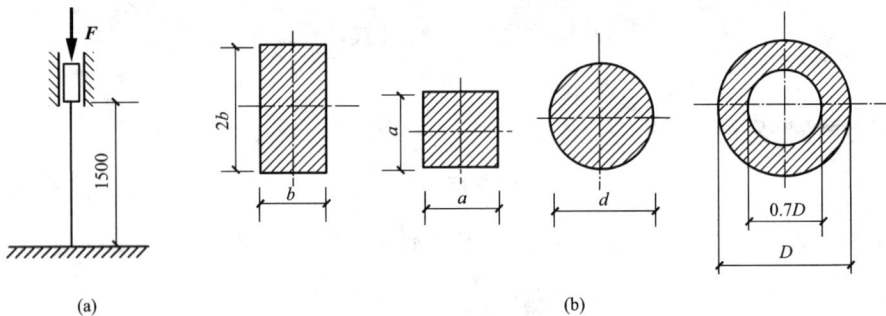

(a)　　　　　　　　　　　　　　　　　　(b)

图 TYBZ00611003　习题 3 图

(a) 两端固定的压杆；(b) 面积相同不同横截面

模块 4　压杆的稳定性校核（TYBZ00611004）

【模块描述】 本模块介绍压杆稳定的校核。通过与强度条件的比较讲解及实例分析，了解工作安全系数、稳定安全系数的概念，掌握压杆稳定校核的安全系数法。

【正文】

一、压杆稳定性校核的安全系数法

压杆稳定性校核有两种方法：安全系数法和折减系数法。本模块只介绍常用的安全系数法。

安全系数法与强度校核的原理基本一样。压杆稳定的危险应力是临界应力，考虑一定的安全储备，即除以大于 1 的系数 n_w，可以得到压杆安全工作时许用应力

$$\frac{\sigma_{lj}}{n_w} = [\sigma_w] \qquad \text{（TYBZ00611004–1）}$$

式中，n_w 称为稳定安全系数，n_w 的大小是根据安全工作和节省材料两方面的要求给出的，需要时可从有关工程设计手册中查得；$[\sigma_w]$ 为稳定许用应力。与强度条件类似，压杆安全工作的稳定性条件应为：工作应力 σ 小于等于许用应力，即

$$\sigma \leqslant [\sigma_w] \qquad \text{（TYBZ00611004–2）}$$

在工程设计中，一般采用安全系数的形式，即令：

$$n = \frac{\sigma_{lj}}{\sigma} \qquad \text{或} \qquad n = \frac{F_{lj}}{F} \qquad \text{（TYBZ00611004–3）}$$

式中，σ 为压杆的工作应力；F 为工作载荷。n 称为压杆的实际工作安全系数，是临界应力相对于工作应力的倍数，n 越大表示压杆的实际工作状态越安全。把（TYBZ00611004–1）和式（TYBZ00611004–3）代入式（TYBZ00611004–2）得：

$$n \geqslant n_w \qquad \text{（TYBZ00611004–4）}$$

即压杆稳定的条件是工作安全系数不小于规定的安全系数。式（TYBZ00611004–4）为安全系数法表示的压杆稳定性条件。

压杆稳定性校核，是针对杆件的宏观（包括支承）情况进行的，所以不必考虑压杆的局部削弱，对横截面有削弱的局部应进行强度校核。

二、压杆稳定性校核

使用安全系数法校核压杆稳定性，一般应按如下步骤进行：

（1）据公式 $\lambda = \dfrac{\mu l}{i}$ 计算压杆的柔度，并与 λ_s、λ_p 比较。

（2）根据 λ 的范围，计算杆的临界应力。

（3）计算工作应力及工作安全系数，与规定稳定安全系数比较以校核稳定性。

例 螺旋杆为下端固定，上端自由的压杆（长度系数 $\mu = 2$）。其长度 $l = 380\text{mm}$，直径 $d = 40\text{mm}$，材料为 Q235 钢（$\lambda_s = 61$，$\lambda_p = 104$，$a = 304\text{MPa}$，$b = 1.12\ \text{MPa}$），最大起重量 $F = 80\text{kN}$，稳定安全系数 $n_w = 3$，试校核螺杆的稳定性。

解：1）求柔度：

$$i = \sqrt{\frac{I}{A}} = \sqrt{\frac{\frac{\pi}{64}d^4}{\frac{\pi}{4}d^2}} = \frac{d}{4} = \frac{40}{4} = 10\text{mm}$$

$$\lambda = \frac{\mu l}{i} = \frac{2 \times 380}{10} = 76$$

2）计算临界应力：

由于 $\lambda_s \leqslant \lambda < \lambda_p$，所以此杆属于中长杆。用直线型经验公式计算临界应力

$$\sigma_{lj} = a - b\lambda = 304 - 1.12 \times 76 = 219\text{MPa}$$

3）校核稳定性：

螺杆的工作应力为：

$$\sigma = \frac{F}{A} = \frac{80 \times 10^3}{\frac{\pi \times 40^2}{4}} = 63.7\text{MPa}$$

螺杆的实际工作安全系数为：

$$n = \frac{\sigma_{lj}}{\sigma} = \frac{223}{63.7} = 3.5 > 3 = n_w$$

所以螺杆稳定。

【思考与练习】

1. 安全系数法表示的压杆的稳定条件是什么？与强度条件有何异同？

2. 压杆稳定校核时对有局部削弱的横截面应如何处理？

3. 有一矩形截面连杆，两端铰接，杆长 $l=1m$，截面尺寸 $h=60mm$，$b=24mm$，材料为 Q235 钢（$\lambda_s=61$，$\lambda_p=104$，$E=210GPa$），连杆承受轴向压力 $F=120kN$，$n_w=3$，试校核该连杆的稳定性。

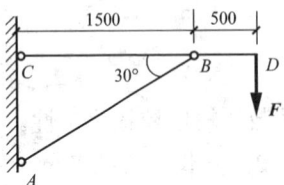

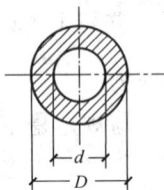

4. 如图 TYBZ00611004 所示，斜杆 AB 用圆钢管制成，其外径 $D=80mm$，内径 $d=60mm$，材料为 Q235 钢（$\lambda_p=104$，$\lambda_s=61$，$a=304MPa$，$b=1.12MPa$），两端为铰接，工作载荷 $F=20kN$，规定的稳定安全系数 $n_w=2$。试校核斜杆的稳定性。

图 TYBZ00611004　习题 4 图

模块 5　提高压杆稳定性的措施（TYBZ00611005）

【模块描述】本模块介绍提高压杆稳定性的措施。通过对欧拉公式相关元素对临界力的影响分析，熟悉合理选择材料、采用合理截面形状、减小压杆长度等提高压杆稳定性的措施。

【正文】

提高压杆的稳定性，在于提高压杆的临界应力或临界力。通过分析一般形式的欧拉公式和经验公式可以知道，提高压杆的稳定性需要从杆的长度、支承情况、横截面的形状和材料的性能方面来考虑。

一、减少压杆长度和改善支承情况

据欧拉公式，临界力与杆长的平方成反比，所以减小杆长可以极大地提高压杆的稳定性。如工作条件不允许减小压杆的长度时，可以采用增加中间支撑的办法，如图 TYBZ00611005-1 所示。例如，电力铁塔中较长的杆件，采用中间相互连接或增加支承杆，以减小长度。另外改善支承情况可以减小杆的计算长度 μl。压杆两端固定程度越高，长度系数 μ 值越小。故采用 μ 值小的支座形式，也可以提高压杆的稳定性。

图 TYBZ00611005-1　增加支座提高稳定性

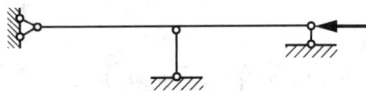

二、采用合理的截面形状

压杆的临界力与杆杆截面的最小惯性矩成正比。根据惯性矩的计算方法可知，在截面面积一定的条件下使截面材料分布的离中心轴越远，截面的惯性矩越大，如变实心截面为空心截面，对于槽钢、角钢等型钢应两杆联合使用，把截面拼为口字形等以增大惯性矩。

另外，失稳破坏实际上是由于杆件的弯曲导致的破坏，所以当压杆两端的约束条件沿各个方向都相同时，失稳总是发生在抗弯刚度最小的方向上，如矩形截面压杆会绕着长轴弯曲、失稳。因此应采用各个方向惯性矩相同的截面。工程实际中的各种支柱，大多为圆形或正方形，道理即在于此。图 TYBZ00611005-2 所示的截面面积相同的各组图中，分图（b）的截面形状优于图（a），图（c）的截面形状又优于图（b）。另外，对于截面惯性矩各个方向不同的压杆在抗弯能力薄弱的方向上应加强两端的支承。

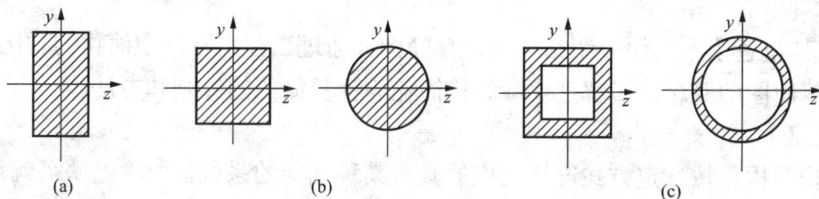

图 TYBZ00611005-2　压杆的合理截面形状
（a）矩形截面；（b）正方形与圆形截面；（c）空心正方形与圆形截面

三、合理选择材料

对于大柔度压杆，临界应力与弹性模量 E 成正比，但各种材料的 E 值相差不大，例如，合金钢与普通碳钢的 E 都在 200MPa 左右。所以选用优质钢材，并不能提高稳定性，只会造成浪费。

对于中柔度压杆，由抛物线经验公式可知，临界应力与屈服极限有直接关系，优质钢的屈服极限比一般碳钢要高。所以，采用高强度钢可以提高压杆的稳定性。

【思考与练习】

1. 压杆的稳定性与哪些因素有关？
2. 提高压杆稳定性的措施有哪些？
3. 在截面面积相同的条件下，怎样降低压杆柔度？
4. 为什么柱子要做成圆形或正方形截面？

国家电网公司
STATE GRID
国家电网公司
生产技能人员职业能力培训通用教材

第十二章 结构力学基础知识

模块 1 结构的计算简图 （TYBZ00612001）

【模块描述】 本模块介绍结构的计算简图。通过工程实际问题简化的举例分析，熟悉计算简图的概念，了解把实际结构简化为计算简图的原则和方法。

【正文】

结构是构件按一定方式连接而成的具有某种功能的系统，如输电铁塔就是较为典型的结构。结构力学以结构为研究对象。研究其构造规则和其中构件的受力情况。结构力学与静力学、材料力学有着密切的关系。

实际结构的构造、连接、支承及载荷等往往较复杂，完全按照结构的实际情况进行力学分析是相当困难的，甚至是不可能的。所以在对实际结构进行力学计算前，必须对其加以简化。简化就是要忽略一些次要的影响因素，抓住影响结构的主要因素，并且用一个理想的简化图形来代替真实的结构，这种简化图形称为结构的计算简图，或称为力学模型。

计算简图一要能反映实际结构的主要性能和特征，二要略去细节，突出主要矛盾以求简化，同时还需偏于安全考虑。计算简图的确定需要丰富的实践经验和专业知识，重要结构还需要通过模型实验测定。一般地，由实际结构到计算简图，需作四个方面的简化处理：

（1）杆件及连接方式的简化，杆件用轴线来代替，连接方式许多时候可以简化为铰链连接。

（2）载荷的简化，载荷一般要简化为集中力，并作用于结点。

（3）支座的简化，支座要简化为理想约束。

（4）把空间问题化为平面问题。

某桥梁结构如图 TYBZ00612001（a）所示，梁上受均布载荷，各钢质杆通过焊接连接，整个结构平放于水平桥墩之上。其计算见图 TYBZ00612001（b）。各杆用轴线来代替，结点简化为铰链；载荷简化到结点上；一端支座简化为固定铰链，另一端简化为活动铰链。由对称性，空间结构简化为平面结构。

模块 1 TYBZ00612001

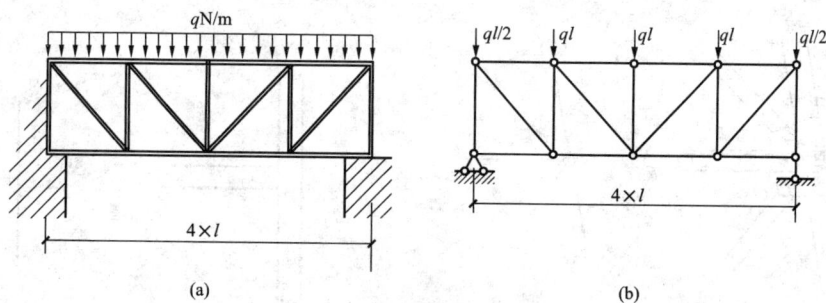

图 TYBZ00612001　　结构的简化

（a）梁的实际载荷—结构示意图；　（b）梁的计算简图

【思考与练习】

1. 什么是结构的计算简图？

2. 结构简化的原则是什么？

3. 由实际结构到计算简图需要做哪些方面的处理？

模块 2　结点、结构、支座及载荷（TYBZ00612002）

【模块描述】本模块介绍结点、结构、支座及载荷。通过对工程实例的列举、分类，熟悉结点、结构、支座、载荷的概念及类型。

【正文】

一、结点及分类

结构中两个或两个以上的杆件共同连接处称为结点。结点分为铰结点和刚结点两类。

1. 铰结点

铰结点的特点是各杆可绕结点中心自由转动。这是一种理想化的连接，在现实中很少见。但一般木结构、钢木结构、铆接、螺栓连接及短焊缝的焊接均可视为铰结点。由此导致的计算误差一般是允许的。铰结点在计算简图中以小圆圈表示。图 TYBZ00612002-1（a）为电力铁塔上用螺栓连接的结点，可以简化为图 TYBZ00612002-1（b）中的铰结点。

2. 刚结点

刚结点的特点是在结点处各杆之间的夹角保持不变。或者说，当结构在载荷作用下产生变形时，汇交于同一点的各杆端的夹角保持不变。刚结点多用于钢筋混凝土结构、铸件及强固的焊接件等结构中。图 TYBZ00612002-2（a）为用钢筋混凝土浇筑在一起的立柱和横梁，立柱和横梁的连接点就为刚结点，简图见图 TYBZ00612002-2（b）。

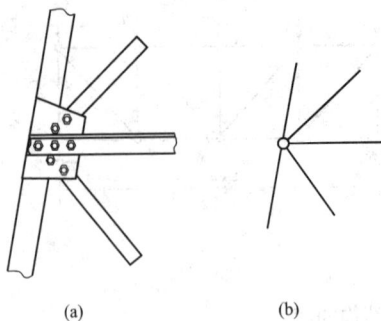

图 TYBZ00612002–1　铰结点

（a）实际结点；（b）简化结点

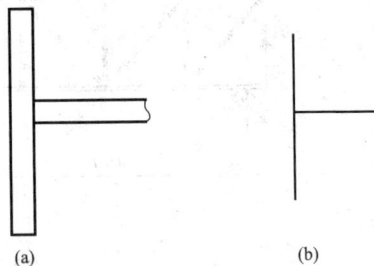

图 TYBZ00612002–2　刚结点

（a）结构示意图；（b）简图

二、支座及分类

结构与基础相连接的装置称为支座（静力学中称为约束）。平面结构的支座一般可以简化为三种类型：活动铰支座、固定铰支座和固定支座（固定端约束）。

三、杆件结构及分类

杆件：某一方向的尺寸远大于另两个方向尺寸的构件称为杆件。

杆件结构：由若干杆件按一定方式组成的结构称为杆件结构。用不同的分类方法，杆件结构可分为不同的类型：

1. 按杆件的连接特点分类

（1）桁架：两端由铰链连接的杆件结构称为桁架，见图 TYBZ00612002–3（a）。

（2）刚架：主要以刚结点联结成的杆件结构称为刚架，见图 TYBZ00612002–3（b）。

（3）混合结构：由刚性结构和链杆结构组成的结构成为混合结构，见图 TYBZ00612002–3（c）。

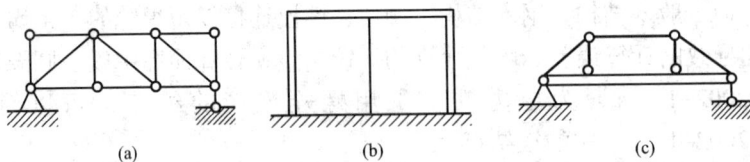

图 TYBZ00612002–3　杆件结构分类

（a）桁架；（b）刚架；（c）混合结构

2. 按支座反力的作用特点分类

（1）梁式结构：当结构水平放置时，在竖向载荷作用下只产生竖向支座反力的杆件结构为梁式结构，见图 TYBZ00612002–4（a）。

（2）拱式结构：当结构水平放置时，在竖向载荷作用下除产生竖向支座反力外，还会产生向内作用的水平反力的杆件结构为拱式结构，见图 TYBZ00612002-4（b）。

（3）索式结构：当结构水平放置时，在竖向载荷作用下除产生竖向支座反力外，还会产生向外作用的水平反力的杆件结构为索式结构，见图 TYBZ00612002-4（c）。

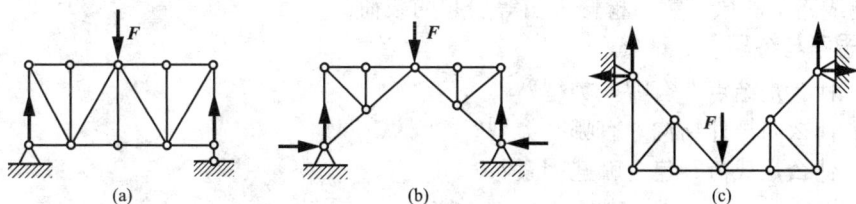

图 TYBZ00612002-4　梁、拱、索式结构
（a）梁式结构；（b）拱式结构；（c）索式结构

3. 按计算特点分类

（1）静定结构：用静力平衡方程可计算出所有反力和内力的结构称为静定结构。

（2）超静定结构：不能由静力平衡方程计算出所有反力和内力的结构称为超静定结构。

四、载荷及分类

载荷通常是指作用在结构上的外力，是结构产生内力和变形的主要原因。除外力之外，由温度变化引起的构件胀缩、地基沉降、制造误差等也可以使结构产生内力和变形，所以广义地说，这些因素也是载荷。确定载荷是结构计算的前提，将载荷估计得过高或过低，或不经济，或不安全。具体计算时，需要查阅国家或行业的相关设计规范，也需要进行现场调研，比如输电铁塔的风载或雨雪天气带来的载荷等就需要当地多年的统计资料。从不同的分类视角，载荷可分为如下一些类型。

1. 按加载方式分类

（1）静载荷：以缓慢无冲击的方式所施加的载荷称为静载荷。静载荷的大小就是物体的重量。

（2）动载荷：以有冲击力的方式施加的载荷称为动载荷。动载荷除了物体本身的重量外，还要附加由于加速度产生的惯性力。

2. 按作用范围大小分类

（1）分布载荷：连续地分布于一定体积、面积或长度上的载荷称为分布载荷。实际载荷都是分布载荷，例如物体的自重等。

（2）集中载荷：集中作用于某一点的载荷称为集中载荷。集中载荷是由分布载荷简化而来的，施力面积（体积、长度）可以忽略不计或不起主要作用的分布载荷可以简化为集中载荷。如把物体的重力画在重心上等。

3. 按作用的时长分类

（1）永久载荷：大小、方向、作用点都不变的载荷。例如输电线路中构件的自重、导线的拉力等。

（2）临时载荷：作用时间较短、大小、方向、作用点都可能随时间变化的载荷。如输电线路上的风、雪、检修人员等引起的载荷。

【思考与练习】

1. 什么是结点？有哪些类型？

2. 什么叫杆件结构？有哪些类型？

3. 什么是载荷？包含哪些因素？

模块3 平面结构几何组成的分析 （TYBZ00612003）

【模块描述】本模块介绍平面结构几何组成的分析。通过对三角形稳定原理的应用以及几何不变体系判断举例，熟悉几何不变体系、静定体系的概念，掌握构成或判断几何不变体系的三体三铰法。

【正文】

平面结构几何组成的分析就是考察平面杆件结构的几何稳定性，即结构是否能保持自身的几何形状和相对于支座的既定位置。除了运动机构以外，稳定是结构的必要条件，也是施工安全的基本保证。稳定且没有多余约束的结构，才可以用静力学平衡方程求出杆件的内力。

1. 几何不变体系

若杆件结构的几何形状或相对于支座的既定位置能保持不变，就称为几何不变体系。反之，称为几何可变体系。当体系为几何不变、且无多余约束时，称为静定体系。所谓静定体系就是可以由静力学平衡方程求出全部约束反力和内力的体系。由经验知，图 TYBZ00612003-1（a）为稳定结构即几何不变体系，且可由平衡方程求出全部反力和内力，所以图（a）为几何不变且静定体系；分图（b）为四连杆机构，是几何可变体系；分图（c）为几何不变体系，但有多余约束，不是静定体系。

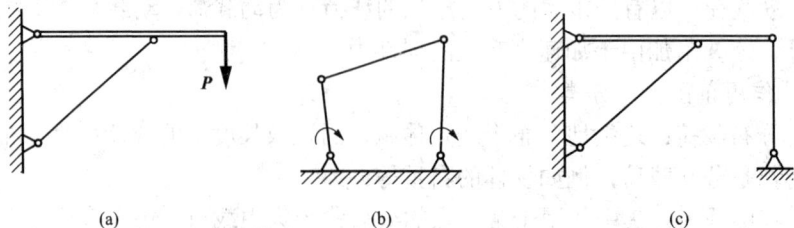

图 TYBZ00612003-1　几何不变、几何可变以及静定体系

（a）几何不变且静定体系；（b）几何可变体系；（c）超静定体系

2. 组成几何不变体系的基本法则

组成几何不变体系的基本法则是三体三铰法：用不共线的三铰依次把三个刚体（杆件）连接成一个封闭结构，可组成几何不变且无多余约束的体系。图TYBZ00612003-2（a）中不共线的三铰 A、B、C 把杆件 1、2、3 依次连接成一个封闭三角形，三角形结构是一种最简单、且没有多余约束的几何不变体系。满足三体三铰法则的几何不变三角形通常称为基本三角形。

推论：从基本三角形出发，每次以不共线的两链杆组成一个新结点，所得的体系依然为几何不变体系。因为只需将已知的几何不变三角形看作一个刚体，其构成方法满足三体三铰法。由此可进一步推知：在一个已知的几何不变体系上，每次以不共线的两链杆组成一个新结点，所得的体系仍为几何不变体系。图TYBZ00612003-2（b）中把图中阴影部分的几何不变三角形看作一个刚体，并由此出发，添加杆 1、杆 2 构成新结点 A，符合三体三铰法则，所得结构为几何不变体系；同理，依次添加杆 3、4、5、6、7、8、9、10、11、12、13、14 构成结点 B、C、D、E、F、G，所得结构为几何不变体系。

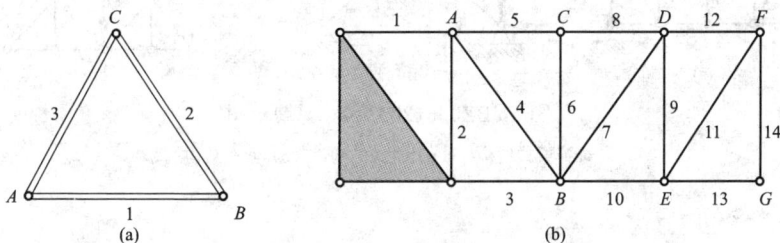

图 TYBZ00612003-2　组成几何不变体系的三体三铰法

（a）基本三角形；（b）三体三铰法几何不变体系

三体三铰法及其推论是判断结构稳定性的基本方法，具体分析时，一般需要先找出基本三角形或已知的几何不变体系，然后由此出发判断结构的组成是否满足三体三铰法则。

例　试分析图 TYBZ00612003-3（a）所示结构的几何组成。

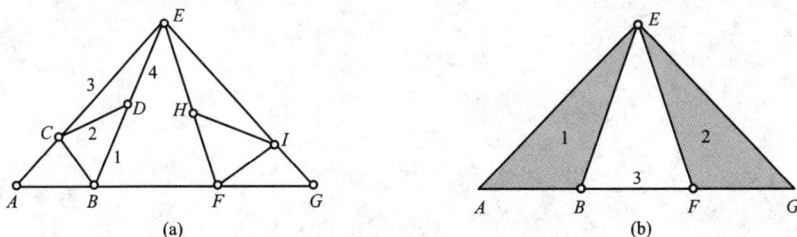

图 TYBZ00612003-3　几何组成分析

（a）杆件结构图；（b）将几何不变体系看作一个物体

　　解： 先考察 *ABE* 体系。从几何不变的三角形 *ABC* 开始，以链杆 1、2 组成新结点 *D*，在此基础上再以杆 3、4 组成新结点 *E*。根据三体三铰法及其推论可知体系 *ABDCA* 是静定的，即图 TYBZ00612003-3（b）所示阴影三角形 *ABE* 部分为静定体系。同理，阴影三角形 *FGE* 部分也为静定体系。然后把两个阴影部分及链杆 *BF* 分别看作刚体 1、2、3，它们由不共线的三铰 *B*、*F*、*E* 连接而成图 TYBZ00612003-3（b）所示的三角形 *BFE*，符合三体三铰法且没有多余杆件，故原结构为几何不变且静定体系。

【思考与练习】

1. 什么是几何不变体系？什么是静定体系？

2. 什么是三体三铰法？

3. 试分析图 TYBZ00612003-4 所示各图结构的几何组成。

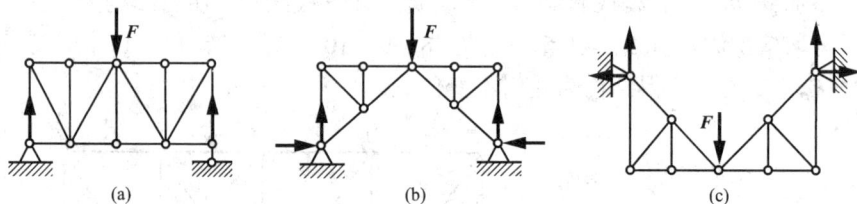

图 TYBZ00612003-4　习题 3 图

（a）梁式结构；（b）拱式结构；（c）索式结构

第十三章 静定平面桁架

模块 1 桁架的一般概念 (TYBZ00613001)

【模块描述】本模块介绍桁架的一般概念。通过实例列举，熟悉理想桁架、简单桁架、联合桁架、复杂桁架及静定桁架的概念，了解静定桁架的判断方法。

【正文】

一、桁架和理想桁架

桁架是端部相互连接的杆件结构。在屋架、桥梁、塔架、起重装置，特别是输配电线路工程中的铁塔、横担、施工工具抱杆、变电工程中的构架等均广泛采用桁架结构。实际桁架杆件的连接有焊接、铆接、螺栓连接等方式，进行精确的力学分析是困难的，所以要用理想桁架的计算简图来代替真实桁架。满足下列三个假设的桁架称为理想桁架：

（1）各结点都是光滑铰接点。

（2）各杆轴线均为直线，并都通过铰的中心。

（3）载荷全部作用在结点上。

由以上假定可知，理想桁架中的杆件皆为二力杆，所以，无论桁架受载如何，各构件只承受轴向的拉力或压力，非常利于合理的强度配置。

下面提到的桁架都是指理想桁架。

二、平面桁架及构成类型

杆件的轴线及载荷均在同一平面内的桁架，称为平面桁架。根据构成情况，平面桁架可分为三种类型。

（1）简单桁架，由基础或某基本铰接三角形开始，每次用不共线的两个杆件连成一个新结点，按此规律组成的桁架称为简单桁架，如图 TYBZ00613001（a）所示。

（2）联合桁架，若干简单桁架按一定的规则连成的静定桁架，称为联合桁架，如图 TYBZ00612003（b）所示。

（3）复杂桁架，凡不属于以上两种类型的桁架都称为复杂桁架，见图

TYBZ00613001–1（c）。

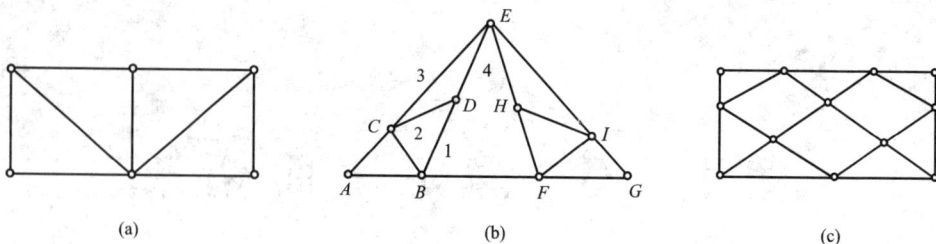

图 TYBZ00613001　简单桁架联合桁架和复杂桁架

（a）简单桁架；（b）联合桁架；（c）复杂桁架

三、桁架的静定性

几何不变且无多余杆件的理想桁架称为静定桁架。简单桁架和联合桁架可以方便地用三体三铰法来判断其静定性，满足三体三铰法且无多余杆件的桁架即为静定桁架。对于复杂桁架一般不能用三体三铰法，此时可用计算的方法来辅助判断。设桁架的杆件数为 m，结点数为 n，由简单桁架的构成规则可推知：$m=2n-3$。这个关系适用于所有静定桁架。所以平面桁架为静定桁架的必要条件是 $m=2n-3$。如果 $m<2n-3$，说明桁架不稳定；如果 $m>2n-3$，说明桁架是超静定的。注意，$m=2n-3$ 是静定的必要条件而非充分条件。

【思考与练习】

1. 什么是桁架？什么是理想桁架？

2. 什么是简单桁架？什么是静定桁架？

模块 2　结点法计算桁架的内力（TYBZ00613002）

【模块描述】本模块介绍计算桁架内力的结点法。通过一般原理的讲解及应用举例，掌握结点法的一般原理、要求、应用技巧以及求杆件内力的观察法。

【正文】

一、结点法的原理

结点法就是取桁架的每个结点为研究对象，列平衡方程计算杆件内力的方法。如图 TYBZ00613002–1，图（b）即为图（a）所示桁架各结点的受力图。各结点上受到的力为平面汇交力系，可列出两个平衡方程，解两个未知量。对于有 n 个结点的桁架，需要取 $n-1$ 个结点。列出全部平衡方程，即可求得全部未知量。

为避免解联立方程，先从不超过两个未知内力的结点开始，然后再转向另一结点进行计算。求出支座反力后，应先从两杆结点 A（或 B）开始，然后按 C、D、E、B 的顺序依次选取结点（最后一个结点不需要取），如图 TYBZ00613002–1（a）所示。

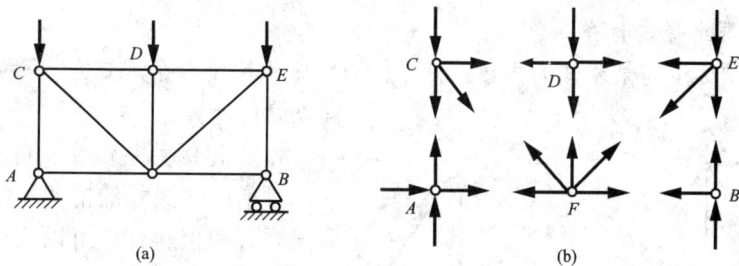

图 TYBZ00613002–1 结点法
（a）载荷—结构图；（b）结点的受力图

二、结点法的应用技巧

1. 特殊杆件内力的判断

内力等于零的杆称为零力杆。由平衡条件可观察确定下列特殊杆件的内力：

（1）不共线的两杆所组成的结点，如无外力作用，此两杆为零力杆，见图 TYBZ00613002–2（a），考察结点 E，可得 DE 杆和 CE 都为零力杆，即 $F_{DE} = F_{CE} = 0$。

（2）在无外力作用的三杆结点中有两杆共线，则第三杆为零力杆，共线两杆内力相等。图 TYBZ00613002–2（b）中考察结点 D，CD 为零力杆，BD 杆和 DE 杆内力相等，即 $F_{CD} = 0$，$F_{DE} = F_{BD}$。

（3）在不共线的两杆结点上若作用着与某杆共线的外力，则此杆的内力与外力相等，另一杆为零力杆。图 TYBZ00613002–2（c）中考察结点 E，杆 DE 内力等于 P，CE 为零力杆，即 $F_{CE} = 0$，$F_{DE} = P$。

（4）有两杆共线的三杆结点上，如外力与第三杆共线，则此杆内力与外力相等，共线的两杆内力相等。图 TYBZ00613002–2（d）中考察结点 D，得到 $F_{BD} = F_{DE}$，$F_{CD} = P$。

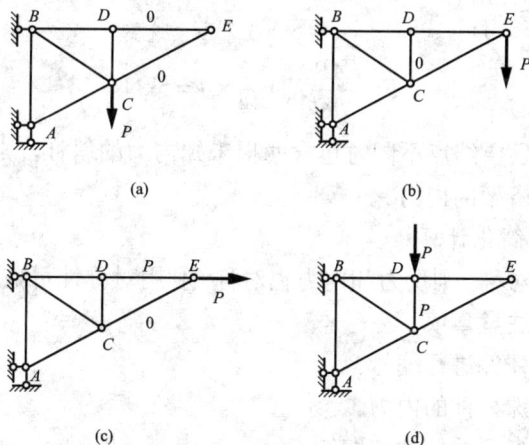

（a）

（b）

（c）

（d）

图 TYBZ00613002–2 特殊杆件的内力
（a）无外力作用的两杆结点；（b）两杆共线且无外力作用的三杆结点；
（c）外力与一杆共线的两杆结点；（d）两杆共线、另一杆与外力共线的三杆结点

模块 2

TYBZ00613002

2. 合理选择坐标系

坐标轴尽量与某未知力垂直，使平衡方程中仅出现一个未知力，避免解联立方程以简化计算。

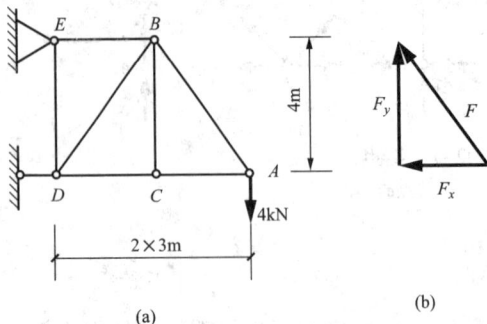

图 TYBZ00613002-3　比例关系代替三角函数

(a) 几何三角形；(b) 力三角形

3. 以比例关系代替三角函数

对于已知尺寸的桁架，如果结点上不同时有两根斜杆，可以用杆件几何尺寸的比例关系代替三角函数来方便地计算或观察斜杆的内力。如在计算图 TYBZ00613002-3（a）中的斜杆 AB 的内力时，取结点 A 为研究对象，斜杆 AB 内力的正向指向左上方，把杆件的内力 F 分解为水平方向的分量 F_x 和竖直方向的分量 F_y，F 与它的两个分量组成的直角三角形，见图 TYBZ00613002-3（b），与组成结点的杆件组成的直角三角形 ABC 相似，有下列比例关系：

$$\frac{F}{AB} = \frac{F_x}{AC} = \frac{F_y}{BC}$$

计算 F 时，不直接计算 F，而是先计算或观它的某个分量 F_x 或 F_y，然后根据比例关系计算 F。在图 TYBZ00613002-3 中，由结点 A 竖直方向的平衡条件可观察得到：

$$F_y = 4\text{kN}$$

由三角形的比例关系得：

$$F = \frac{AB}{BC}F_y = \frac{5}{4} \times 4 = 5\text{kN}$$

依次取各个结点，只要结点不同时包含两根未知内力的斜杆，则可用此法通过观察方便地计算出整个桁架的内力。

4. 利用对称性简化计算

若结构和载荷对称，则反力和内力也对称。利用对称性可减少近一半的计算量。

三、结点法的注意事项

（1）对桁架的杆件进行编号。

（2）先判断特殊杆件的内力。

（3）从两杆结点开始依次选取结点。

（4）假设所有杆件的内力都为拉力，即沿着杆件的轴线而离开结点。

桁架杆件的内力是一代数量，规定受拉为正，受压为负。假设正向后，不仅使计算结果的符号与规定符号一致，而且可有效避免引用过程中出现错误。

（5）最后需作出桁架的载荷–内力图。

例1 试求图 TYBZ00613002–4（a）所示桁架各杆的内力。

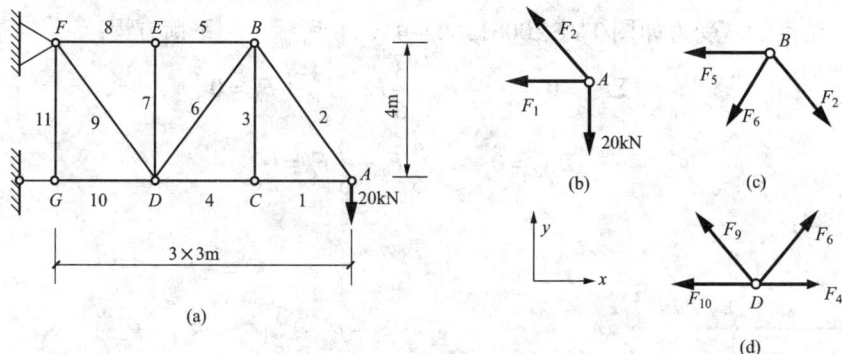

图 TYBZ00613002–4　结点法求内力

（a）载荷—结构图；（b）结点 A 受力图；（c）结点 B 受力图；（d）结点 D 受力图

解： 由于桁架一端自由，所以不需要求支座反力。由特殊杆件判断法可知：

$$F_3 = F_7 = F_{11} = 0, \qquad F_1 = F_4, \qquad F_5 = F_8$$

取结点 A，受力如图 TYBZ00613002–4（b），列平衡方程：

$$\Sigma F_x = 0 \qquad -F_1 - \frac{3}{5}F_2 = 0$$

$$\Sigma F_y = 0 \qquad \frac{4}{5}F_2 - 20 = 0$$

解方程得：

$$F_1 = -15\text{kN}$$

$$F_2 = 25\text{kN}$$

取结点 C 或由特殊杆件的关系得：

$$F_4 = F_1 = -15\text{kN}$$

取结点 B，受力如图 TYBZ00613002–4（c），列平衡方程：

$$\Sigma F_x = 0 \qquad \frac{3}{5}F_2 - \frac{3}{5}F_6 - F_5 = 0$$

$$\Sigma F_y = 0 \qquad -\frac{4}{5}F_2 - \frac{4}{5}F_6 = 0$$

解方程得：

$$F_6 = -F_2 = -25\text{kN}$$

$$F_5 = \frac{3}{5}(F_2 - F_6) = \frac{3}{5}(25 + 25) = 30\text{kN}$$

取结点 E 或由特殊杆件的关系得：

$$F_8 = F_5 = 30\text{kN}$$

取结点 D，受力如图 TYBZ00613002-4（d）所示，列平衡方程：

$$\Sigma F_x = 0 \qquad \frac{3}{5}F_6 - \frac{3}{5}F_9 - F_{10} + F_4 = 0$$

$$\Sigma F_y = 0 \qquad \frac{4}{5}F_9 + \frac{4}{5}F_6 = 0$$

解方程得：

$$F_9 = -F_6 = 25\text{kN}$$

$$F_{10} = \frac{3}{5}(F_6 - F_9) + F_4$$

$$= \frac{3}{5}(-25 - 25) - 15 = -45\text{kN}$$

最后画出桁架的载荷－内力图，如图 TYBZ00613002-5 所示。

例 2 试求图 TYBZ00613002-6（a）所示桁架各杆的内力（单位：kN）。

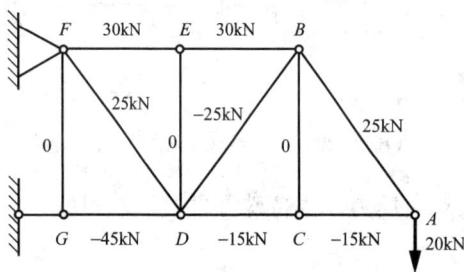

图 TYBZ00613002-5 载荷—内力图

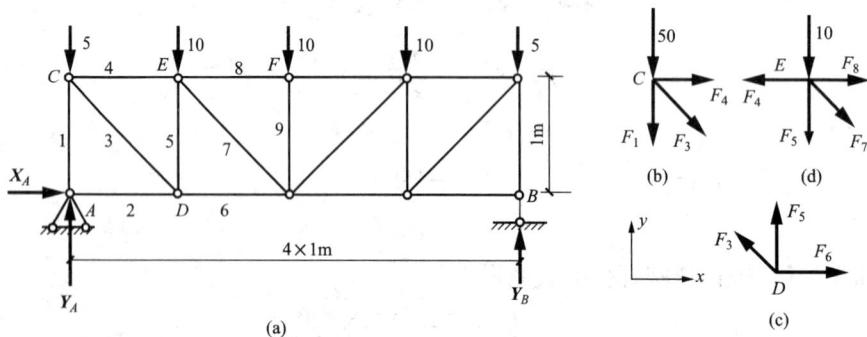

(a)

图 TYBZ00613002-6 结点法求内力

（a）载荷—结构图；（b）结点 C 受力图；（c）结点 D 受力图；（d）结点 E 受力图

解：求支座反力，由平衡方程及对称性得：

$$X_A = 0$$

$$Y_A = Y_B = \frac{5 + 10 + 10 + 10 + 5}{2} = 20\text{kN}$$

模块 2

TYBZ00613002

取结点 A：根据特殊杆件内力的判断方法知：

$$F_1 = -20\text{kN}$$

$$F_2 = 0$$

取结点 C：受力如图 TYBZ00613002–6（b）所示，列平衡方程：

$$\Sigma F_x = 0 \qquad F_4 + F_3 \cos 45° = 0$$

$$\Sigma F_y = 0 \qquad -F_3 \cos 45° - 5 - F_1 = 0$$

解方程得：

$$F_3 = 21\text{kN}$$

$$F_4 = -15\text{kN}$$

取结点 D：受力如图 TYBZ00613002–6（c）所示，列平衡方程：

$$\Sigma F_x = 0 \qquad F_6 - F_3 \cos 45° = 0$$

$$\Sigma F_y = 0 \qquad F_3 \sin 45° + F_5 = 0$$

解方程得：

$$F_6 = 15\text{kN}$$

$$F_5 = -15\text{kN}$$

取结点 E：受力如图 TYBZ00613002–6（d）所示，列平衡方程：

$$\Sigma F_x = 0 \qquad F_8 + F_7 \cos 45° - F_4 = 0$$

$$\Sigma F_y = 0 \qquad -F_7 \sin 45° - F_5 - 20 = 0$$

解方程得：

$$F_7 = 7\text{kN}$$

$$F_8 = -20\text{kN}$$

取结点 F：由特殊杆件内力的判断方法知

$$F_9 = -10\text{kN}$$

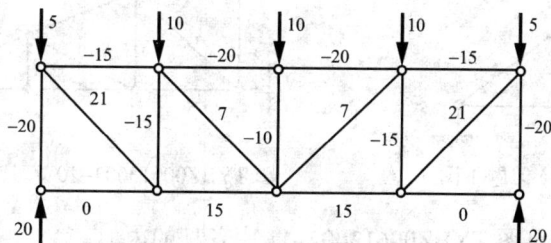

图 TYBZ00613002–7 载荷—内力图

模块 2

TYBZ00613002

其余杆件可由对称性得到。作出桁架的载荷-内力图如图 TYBZ00613002-7。

四、观察法

观察法就是根据结点法的基本原理通过观察计算杆件内力的方法。适用条件是每个结点至多只会出现一根斜杆。注意事项如下：

（1）先从两杆结点开始。

（2）对于有斜杆的结点，先计算斜杆与另一未知量垂直的分量。再根据比例关系，由此分量计算另一分量和内力，进而计算另一水平或竖直杆件的内力。

（3）将计算结果标注到杆上，以便于继续观察。标注时要用一三角形，同时标出杆件的内力及水平与竖直分量，并在三角形内部标出内力的正负。观察计算的同时作出桁架的载荷-内力图。

图 TYBZ00613002-8 是用观察法求解图 TYBZ00613002-6 所示桁架内力时所得到的载荷-内力图。

观察法不仅简单、快捷，而且更直观、可靠。如果遇到桁架中有少数结点上有两根斜杆不便观察时，可与列方程计算的方法结合使用。

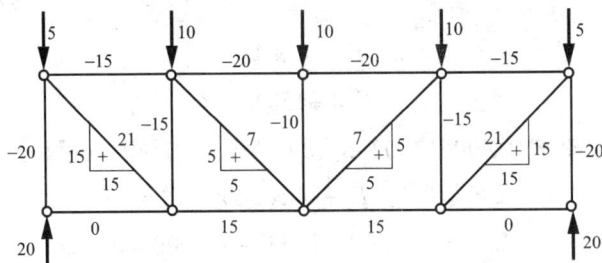

图 TYBZ00613002-8　求内力的观察法

【思考与练习】

1. 找出图 TYBZ00613002-9 和图 TYBZ00613002-10 桁架中的零力杆。

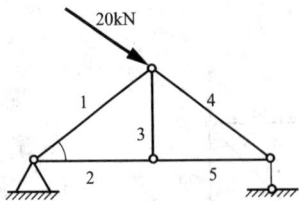

图 TYBZ00613002-9　习题 1 图（一）

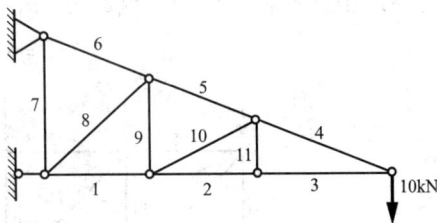

图 TYBZ00613002-10　习题 1 图（二）

2. 用结点法计算图 TYBZ00613002-11 中各杆的内力。

3. 用观察法求图 TYBZ00613002-12 中各杆的内力。

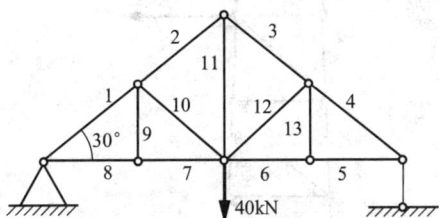

图 TYBZ00613002-11　习题 2 图

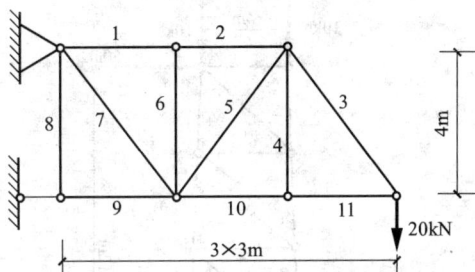

图 TYBZ00613002-12　习题 3 图

模块 3　截面法计算桁架的内力（TYBZ00613003）

【模块描述】 本模块介绍计算桁架内力的截面法。通过一般原理的讲解及应用举例，掌握截面法计算桁架部分杆件内力的一般方法，熟悉选择截面、选择平衡方程的应用技巧。

【正文】

用结点法计算复杂桁架的内力时，不能像简单桁架一样依次逐一求解，而需要多个方程联立方可求解，虽然在理论上可行，但是实际计算时是非常困难的。另外当只需求桁架内部分杆件的内力时，用结点法需要从端部做起，增加额外的工作量，这时可用截面法或辅之以截面法。

截面法就是选择一适当的截面将待求内力的杆件截开，把桁架分割成两部分，取其中一部分为研究对象的方法。画出受力图后得到一平面任意力系，可列出 3 个平衡方程，求解 3 个未知量，所以取截面时，未知量的个数尽量不要超过 3 个，否则不能求解或不能全部求解。

例　某输电铁塔简化为平面桁架后结构与受力如图 TYBZ00613003-1（a）所示，试求 1、2、3 杆的内力。

解：从 m-m 截面将桁架截开，取上半部分为研究对象，受力情况如图 TYBZ00613003-1（b）所示。列平衡方程：

$$\sum M_A(F) = 0 \qquad -F_3 \times 8\cos 10° - 50 \times 16 - 10 \times 6 - 10 \times 2 = 0$$

$$\sum M_B(F) = 0$$

$$F_1(8 - 8\tan 10°) \times \cos 10° - 50 \times 14 + 10 \times (8 - 8\tan 10° - 4) \times \frac{1}{2} \times (1+4) = 0$$

$$\sum F_y = 0 \qquad -(F_1 + F_3)\cos 10° - F_2 \sin \alpha = 0$$

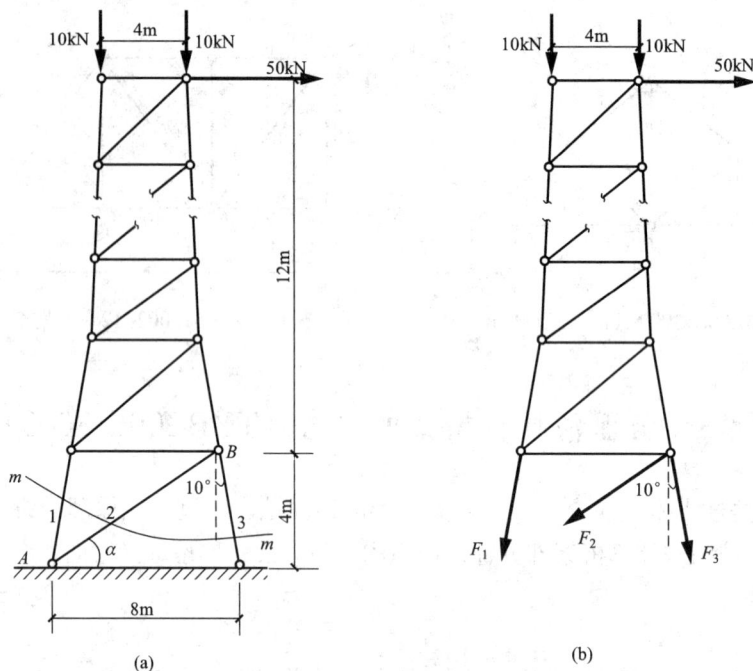

图 TYBZ00613003-1　载面法求内力

（a）载荷—结构图；（b）m—m 截面以上部分受力图

由几何关系知：

$$\sin\alpha = \frac{4}{\sqrt{4^2 + (8 - 4\tan 10°)^2}} = 0.48$$

解之得：

$$F_1 = 97.9\text{kN}$$

$$F_2 = 28.3\text{kN}$$

$$F_3 = -111.7\text{kN}$$

【思考与练习】

1. 什么是截面法？

2. 截面法与结点法有何区别？

3. 用截面法求图 TYBZ00613003-2 中指定杆件的内力。

4. 某铁塔简化为平面桁架后，结构与载荷如图 TYBZ00613003-3 所示，求铁塔底部杆 1、2、3 的内力。

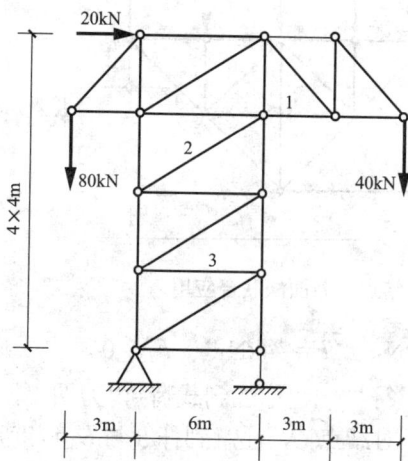

图 TYBZ00613003-2　习题 3 图　　　图 TYBZ00613003-3　习题 4 图

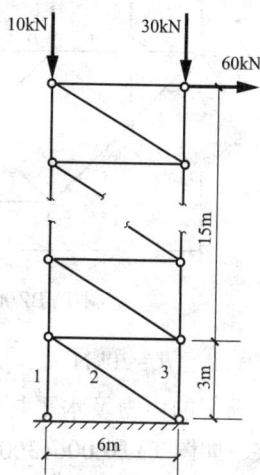

模块 4　结点法和截面法的联合应用（TYBZ00613004）

【模块描述】本模块介绍结点法与截面法求桁架内力的联合应用。通过充分举例，掌握两种方法联合应用求桁架部分或全部杆件内力的方法及应用技巧。

【正文】

结点法和截面法是求桁架内力的基本方法，对于静定桁架，用任意一种方法都可以求得杆件的全部内力，但有时单独应用任意一种方法都不方便，需要两种方法联合使用。如求解图 TYBZ00613004-1（a）所示联合桁架各杆的内力，若用结点法，在计算到结点 D 或 E 时，就会遇到三个未知内力，再单独用结点法继续求解将需解多个联立方程。此时可取截面 m-m，求出杆 7、8、9 的内力后，再依次取结点 H、I、D 就可顺利求出全部内力。

另外，有时只需要计算桁架内部部分指定杆件的内力，这时可联合应用结点法和截面法，以避免引入不需求解的未知量。

例 1　求图 TYBZ00613004-1（a）所示桁架各杆的内力（力的单位：kN）。

解：先求支座反力，由平衡方程及对称性知：

$$F_A = F_K = 14\text{kN}$$

根据几何尺寸知，各斜杆的倾斜角皆为 45°。下面先用观察法计算 A、B、G、C 结点处杆件的内力。对结点 A、B、G 用观察法很容易求得杆 1、2、3、4 及 15 的内力：

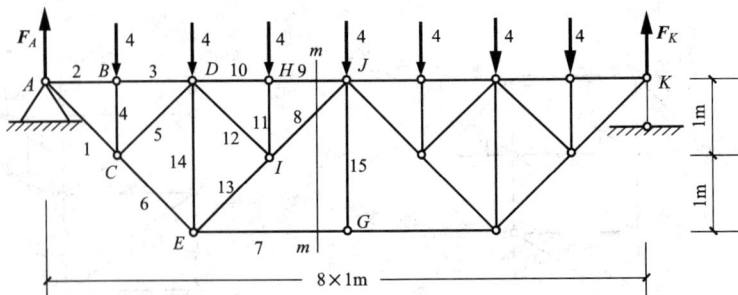

图 TYBZ00613004-1　结点法截面法联合应用

$$F_1=20\text{kN}, \qquad F_2=F_3-14\text{kN}, \qquad F_4=-4\text{kN}, \qquad F_{15}= 0$$

将已求得的内力及水平与竖直分量、符号一起标注到载荷-内力图上，以便于继续观察。如图 TYBZ00613004–2 所示。对结点 C，注意到杆 5 与 6 互相垂直，考虑结点 C 沿杆 5 方向的平衡，计算出杆 5 的内力：$F_5 = 4\cos45° = 2\sqrt{2} \approx 2.8\text{kN}$，进一步得到水平与竖直分量为 2。对于杆 6，考虑结点 C 水平方向的平衡，计算出水平方向的分量=14−2=12，进而由比例关系得到竖直分量 12 和杆的内力：$F_6 = 12\sqrt{2} \approx 17.2\text{kN}$，同样标注到载荷-内力图上。

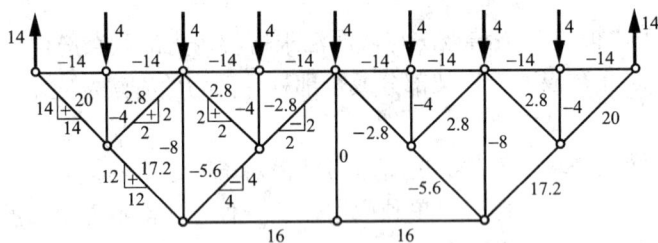

图 TYBZ00613004-2　载荷—内力图

用截面 m–m 将桁架截开，取右侧部分为研究对象，受力如图 TYBZ00613004-3，列平衡方程：

$$\sum M_J(F) = 0 \qquad -F_7 \times 2 - 4 \times (1+2+3) + F_K \times 4 = 0 \qquad (1)$$

$$\sum M_E(F) = 0 \qquad F_9 \times 2 - 4 \times (2+3+4+5) + F_K \times 6 = 0 \qquad (2)$$

$$\sum F_y = 0 \qquad -F_8 \times \cos45° - 4 \times 4 + F_K = 0 \qquad (3)$$

由方程（1）解得：　　　　F_7=16kN

由方程（2）解得：　　　　F_9=−14kN

由方程（3）解得：　　　　$F_8 = -2\sqrt{2} \approx -2.8\text{kN}$

把上述结果标注到载荷–内力图上，继续用结点法通过观察求其余杆的内力。对于结点 H 得：

$$F_{11}=-4\text{kN},\quad F_{10}=F_9=-14\text{kN}$$

结点 I 与结点 C 类似，先由杆 12 方向的平衡条件计算得到杆 12 的内力 $F_{12}=2\sqrt{2}\approx2.8\text{kN}$，得到水平与竖直分量为 2。对杆 13，考虑水平方向的平衡，计算出杆 13 的水平分量为 -4，所以 $F_{13}=-4\sqrt{2}\approx-5.6\text{kN}$。最后考虑结点 E 竖直方向的平衡得 $F_{14}=-8\text{kN}$。

图 TYBZ00613004-3　m-m 截面右侧部分桁架的受力图

由对称性可得桁架右边杆件的内力，作出载荷–内力图见图 TYBZ00613004-2。

例 2　试计算图 TYBZ00613004-4（a）所示桁架杆 1、2 的内力。

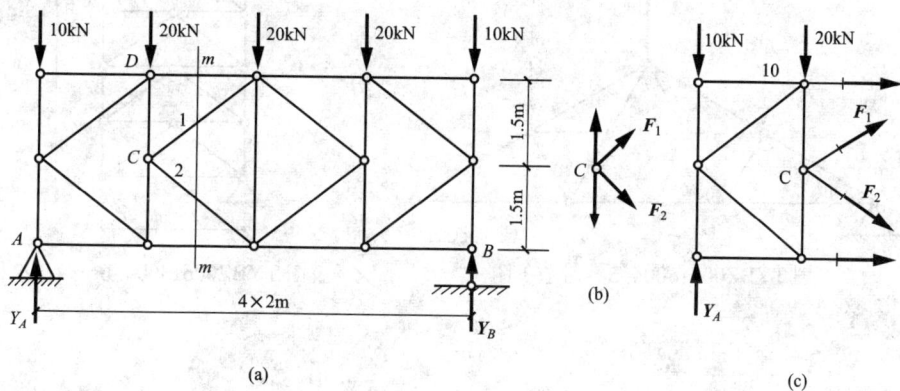

图 TYBZ00613004-4　结点法截面法联合应用

（a）载荷—内力图；（b）结点 C 受力图；（c）m-m 截面左侧部分桁架的受力图

解：先求支座反力。取整体为研究对象，由平衡方程及对称性得：

$$Y_A=Y_B=40\text{k}$$

取结点 C 为研究对象，受力如图 TYBZ00613004-4（b）所示，列平衡方程：

$$\sum F_x=0\qquad F_1\frac{2}{\sqrt{2^2+1.5^2}}+F_2\frac{2}{\sqrt{2^2+1.5^2}}=0\qquad（1）$$

再从截面 m-m 将桁架截开，取左边部分为研究对象，受力情况见图 TYBZ00613004-4（c），列平衡方程：

$$\sum F_y=0\qquad F_1\frac{1.5}{\sqrt{2^2+1.5^2}}-F_2\frac{1.5}{\sqrt{2^2+1.5^2}}-30+40=0\qquad（2）$$

（1）、（2）式联立求解得：

模块 4

TYBZ00613004

$$F_1 = -8.3\text{kN}, \quad F_2 = 8.3\text{kN}$$

【思考与练习】

1. 图 TYBZ00613004-5 为某建筑顶部结构简化为平面桁架后的示意图，求各杆件的内力。

2. 某铁塔简化为平面桁架后为 K 式腹杆桁架，结构尺寸和载荷如图 TYBZ00613004-6 所示，试求铁塔底部指定杆 1、2、3、4 的内力。

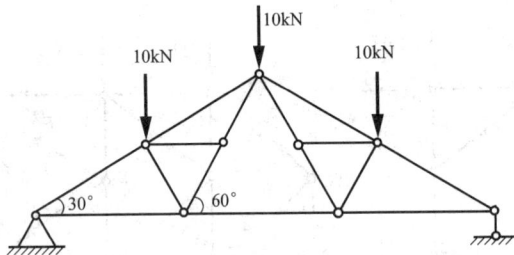

图 TYBZ00613004-5 习题 1 图

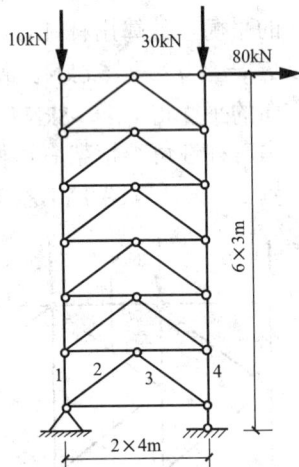

图 TYBZ00613004-6 习题 2 图

第十四章 静定空间桁架

模块 1 简单空间桁架的组成规则（TYBZ00614001）

【模块描述】本模块介绍静定空间桁架的组成规则。通过对空间稳定结构形成的分析，熟悉组成简单空间桁架的三杆一铰规则。

【正文】

平面桁架只能承受其自身平面内的载荷，但实际结构需要承不同方向的载荷，所以工程实际中的桁架大多为空间体系。平面桁架是由空间桁架简化而来的。

在平面上，从稳定结构开始，每增加一个结点需要增加两根不共线的杆来构成静定体系，这是因为在平面上一个点有两个自由度。而在空间一个点有三个自由度，固定一个点需要三根不面的杆，所以杆构成静定体系的简单法则是由基础或平面基本三角形开始，每次用三根不共面的杆形成一个新结点。如图 TYBZ00614001-1 所示。分图（a）是由基本三角形 *ABC* 开始，用 3 根杆形成结点 *D*；分图（b）是直接由基础 *A*、*B*、*C* 开始用 3 根杆形成结点 *D*；分图（c）是由基础开始，用不共面的三杆连依次连接而成结点 *A*、*B*，然后在此基础上依次形成结点 *C*、*D*、*E*、*F*、*G*、*H*。按这样的方法组成的空间静定桁架称为简单空间桁架。

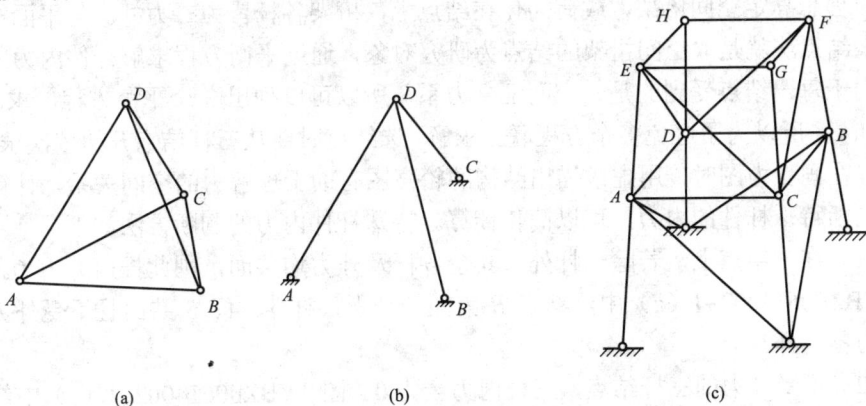

图 TYBZ00614001-1　简单静定空间桁架的构成

（a）由基本三角形开始三杆固定一结点；（b）由基础开始三杆固定一结点；（c）由基础开始依次用三杆固定一结点

【思考与练习】

1. 构成简单空间不变体系的基本方法是什么？

2. 判断图 TYBZ00614001-2 中空间桁架的组成（是否为几何不变体系或有无多余杆）。

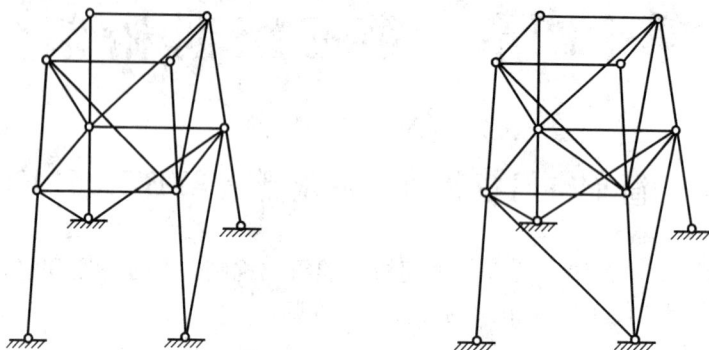

图 TYBZ00614001-2　习题 2 图

模块 2　结点法计算静定空间桁架的内力（TYBZ00614002）

【模块描述】 本模块介绍计算静定空间桁架内力的结点法，通过一般原理的讲解及计算举例，熟悉结点法计算静定空间桁架杆件内力的一般方法及特殊杆件内力的判断方法。

【正文】

对理想静定空间桁架，载荷简化在结点上，桁架各杆皆为二力杆。与平面桁架一样，结点法就是取空间桁架的结点为研究对象，通过平衡方程求解杆件内力的方法。由于每一结点受到的是一空间汇交力系，所以可以列出 3 个平衡方程，求解 3 个未知量。所以为了避免多个方程联立求解，选结点时要从三杆结点开始依次求解。另外，在画受力图时，用虚线描出结构的轮廓图有助于理解力的空间关系，计算之前先判断特殊杆件的内力，可以简化计算。特殊杆件内力的判断方法如下：

（1）在一结点上，若除一杆外，其余各杆及外力均共面，则此杆内力为 0。如图 TYBZ00614002-1（a）中，结点 B 为四杆结点，杆 1、4、5 共面且不受外力，杆 6 为零力杆。

（2）不受外力的三杆结点，三杆内力全为 0。图 TYBZ00614002-1（a）中结点 A 为三杆结点且不受外力，则杆 1、2、3 皆为零力杆。

（3）若一结点上除一杆与外力共线外，其余各杆共面，则此杆的内力与外力相等。图 TYBZ00614002-1（a）中，对于结点 C，杆 9 与外力共线，杆 3、7、8 共面，如果杆 4 为零力杆，杆 9 的内力便等于 10kN。

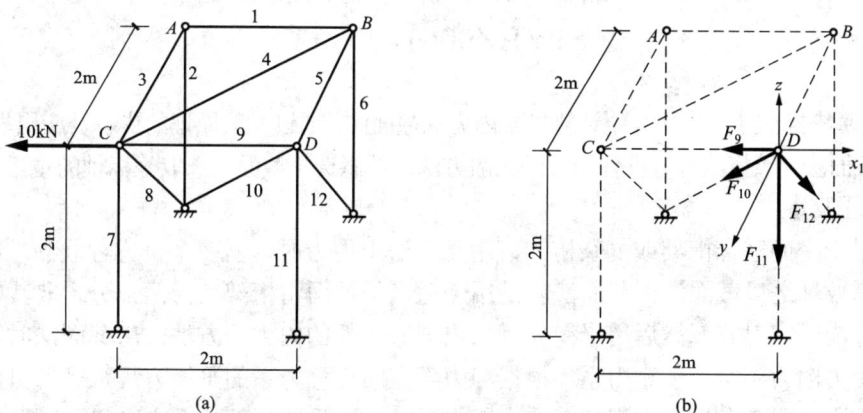

图 TYBZ00614002-1 结点法求桁架内力

（a）载荷—结构图；（b）结点 D 受力图

例 试求图 TYBZ00614002-1（a）所示桁架各杆的内力。

解：先从 3 杆结点 A 开始：由于结点 A 不受外力，所以杆 1、2、3 皆为零力杆；再取结点 B，不考虑零力杆 1，结点 B 不受外力，所以杆 4、5、6 也为零力杆。取结点 C：已知杆 4 为零力杆，所以 $F_9=10$kN。在 AC 边所在的左侧竖直平面上，由于杆 3 为零力杆，在此平面内不受外力，所以杆 7、8 也为零力杆。最后取结点 D 为研究对象，受力情况如图 TYBZ00614002-1（b）所示，取直角坐标系 $Dxyz$，列平衡方程：

$$\sum F_z=0 \qquad -F_9-F_{10}\frac{2\sqrt{2}}{2\sqrt{3}}\times\frac{\sqrt{2}}{2}=0$$

$$\sum F_y=0 \qquad -F_{10}\frac{2\sqrt{2}}{2\sqrt{3}}\times\frac{\sqrt{2}}{2}-F_{12}\times\frac{\sqrt{2}}{2}=0$$

$$\sum F_x=0 \qquad -F_{11}-F_{10}\frac{2}{3\sqrt{2}}-F_{12}\frac{\sqrt{2}}{2}=0$$

解方程得：$F_{10}=-17.3$kN，$F_{11}=-1.8$kN，$F_{12}=14.1$kN

【思考与练习】

1. 如何判断空间桁架中的零力杆？

2. 求图 TYBZ00614002-2 桁架 1、3 杆的内力。

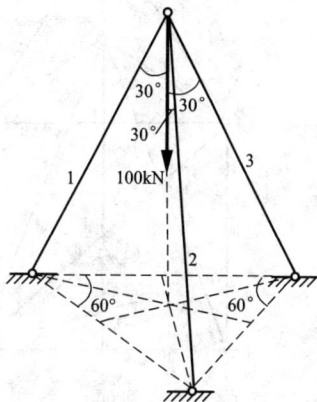

图 TYBZ00614002-2 习题 2 图

模块
3

TYBZ00614003

模块 3　截面法计算静定空间桁架的内力
（TYBZ00614003）

【模块描述】本模块介绍计算桁架内力的截面法。通过一般原理的讲解及应用举例，掌握截面法计算桁架部分杆件内力的一般方法，熟悉选择截面、选取坐标轴的技巧。

【正文】

对于空间联合桁架或复杂桁架，用结点法求内力时，需要多个方程联立求解，此时需要辅之以截面法。截面法就是用一适当的截面将桁架截为两部分，取其中的一部分为研究对象，然后用平衡方程求出被截杆件的内力的方法。用截面法时，画出的受力图为一空间任意力系，根据静力学空间任意力系的平衡方程，可列出 6 个独立方程，即 3 个投影方程和 3 个力矩方程，一次只能求解 6 个未知量。所以选取截面时，截面上未知内力的杆件数不应超过 6。另外，为使问题得以简化，列平衡方程时，需要恰当地选取坐标轴。

例　某空间桁架如图 TYBZ00614003-1（a）所示，支座 A、B、C 在水平面内，且位于一边长为 4m 的等边三角形上的顶点上。竖直杆 1、2、3 的长皆为 3m。结点 D 由三根等长杆固定，且承受竖直向下的载荷 P，求 1～6 杆的内力。

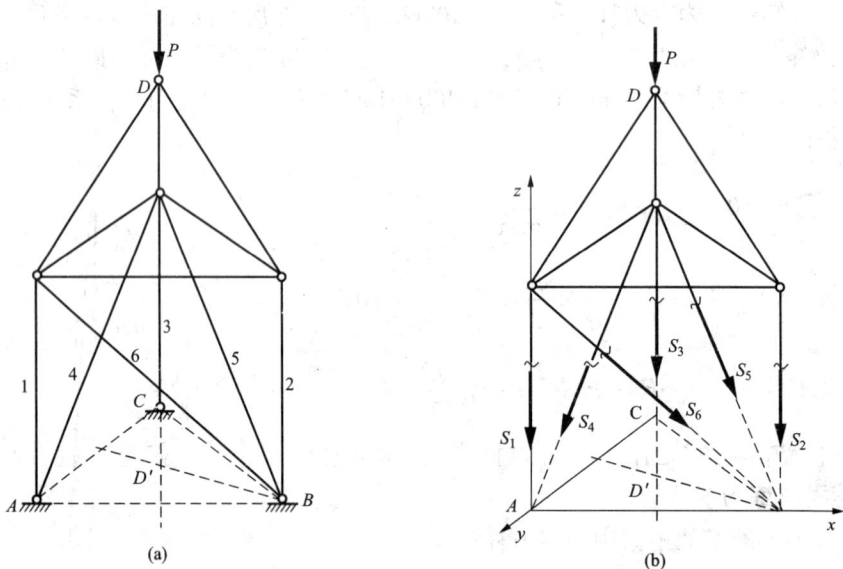

图 TYBZ00614003-1　截面法求桁架内力
（a）载荷—结构图；（b）水平截面以上部分桁架的受力图

解：用一水平截面将杆件截开，取上半部分为研究对象，受力如图 TYBZ00614003-1（b）所示，取坐标系 $Axyz$，列平衡方程：

$$\Sigma F_x = 0 \qquad S_6 \times \frac{4}{5} - S_4 \times \frac{4}{5} \times \cos 60° + S_5 \times \frac{4}{5} \times \cos 60° = 0 \qquad (1)$$

$$\Sigma F_y = 0 \qquad S_4 \times \frac{4}{5} - S_6 \times \frac{4}{5} \times \cos 60° + S_5 \times \frac{4}{5} \times \cos 60° = 0 \qquad (2)$$

$$\Sigma F_z = 0 \qquad -S_1 - S_2 - S_3 - S_4 \times \frac{3}{5} - S_5 \times \frac{3}{5} - S_6 \times \frac{3}{5} - P = 0 \qquad (3)$$

$$\Sigma M_x(F) = 0 \qquad -S_3 \times 2\sqrt{3} - P \times \frac{2}{3}\sqrt{3} = 0 \qquad (4)$$

$$\Sigma M_y(F) = 0 \qquad -S_2 \times 2\sqrt{3} - S_5 \times \frac{4}{5} \times \sin 60° \times 3 - S_6 \times \frac{4}{5} \times \sin 60° \times 3 - P \times \frac{2}{3}\sqrt{3} = 0 \qquad (5)$$

$$\Sigma M_z(F) = 0 \qquad -S_5 \times \frac{4}{5} \times 2\sqrt{3} = 0 \qquad (6)$$

解方程：由方程（6）得：$S_5 = 0$，代入方程（1）、（2），解得：

$$S_4 = 0, \qquad S_6 = 0$$

由方程（4）、（5）分别解得：$S_3 = -\frac{1}{3}P$，$S_2 = -\frac{1}{3}P$，代入方程（3）解得：$S_1 = -\frac{1}{3}P$

【思考与练习】

1. 用截面法计算静定空间桁架的内力时应如何选取研究对象？

2. 三角形截面桁架的三个支座 A、B、C 位于竖直平面内，且构成等腰直角三角形，如图 TYBZ00614003-2 所示。BC 边位于竖直方向，结点 D 位于桁架后侧的竖直平面内，并承受竖直载荷 P，桁架的尺寸如图示，求 1~6 杆的内力。

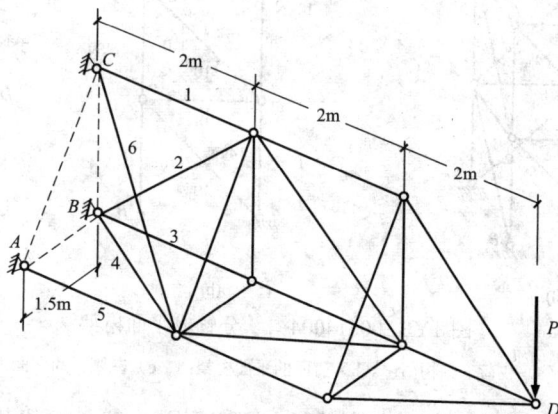

图 TYBZ00614003-2 习题 2 图

模块4　分解成平面桁架法计算静定空间桁架的内力
（TYBZ00614004）

【模块描述】本模块介绍分解成平面桁架法计算静定空间桁架的内力。通过叠加原理的讲解及应用举例，熟悉用分解成平面桁架法计算矩形平截面空间桁架杆件内力的方法。

【正文】

空间桁架的计算通常是通过化简成平面桁架问题而进行的。工程实际中的许多空间桁架可视为若干平面桁架的组合，如桥梁、建筑结构以及输电线路中的铁塔、横担等。由于桁架变形很小，以及内力与外载荷之间的线性关系，所以满足叠加原理。即把空间桁架视为若干平面桁架组合的同时，把外载荷也等效地分解到这些平面桁架内，之后，就得到若干独立的平面问题，可以根据平面桁架求内力的方法计算出杆件的内力。最后根据叠加原理，把重复出现在不同平面桁架内的杆件的内力叠加起来，就得到原载荷作用于空间桁架时的内力，这就是把静定空间桁架分解成平面桁架计算内力的方法。

注意，分解到不同平面内的载荷，只影响本平面内杆件的内力，而不影响其他平面桁架。

例　某空间桁架结构如图 TYBZ00614004–1（a）所示。在结点 H 作用着沿桁架各个侧面的力如图示，桁架横竖杆为等长杆，求各杆的内力。

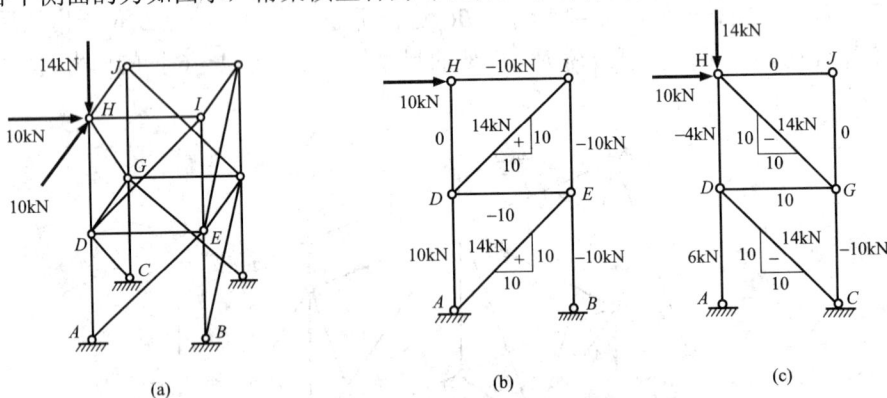

图 TYBZ00614004–1　分解成平面桁架法

（a）载荷—结构图；　（b）前面的平面桁架；　（c）左侧面的平面桁架

解：此空间桁架可以分解成前后左右四个平面桁架，但载荷只作用于前面和左侧面的平面桁架内，所以只需要在此二平面桁架内计算。分解后，前面的平面桁架结构与受力如图 TYBZ00614004-1（b）所示、左侧面的平面桁架结构与受力如图 TYBZ00614004-1（c）所示。沿竖直方向的力认为作用于前面的桁架平面内。由观察法可得到各平面桁架内杆的内力见分图 TYBZ00614004-1（b）和（c）所示。

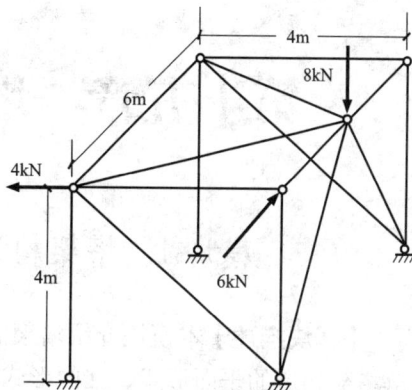

杆 AD，DH 同时出现在两个平面桁架内，内力需要叠加，结果如下：

杆 AD 的内力 F_{AD}=10+6=16kN；杆 DH 的内力 F_{DH}=-4kN。

图 TYBZ00614004-1（b）、（c）中没有标注的杆件内力皆为零。

【思考与练习】

1. 如何把空间桁架问题化简成平面桁架问题来计算？

2. 求图 TYBZ00614004-2 所示桁架各杆的内力。

图 TYBZ00614004-2 习题 2 图

模块 4

TYBZ00614004

第十五章　塔架的实用近似计算

模块 1　塔架构造简介（TYBZ00615001）

【模块描述】本模块介绍塔架的构造。通过对工程实际中各种塔架的列举，了解塔架构造的平面形式、立面形式、横隔形式。

【正文】

输电线路上支承导线、避雷线及其附件的大型钢质空间结构称为塔架。目前塔架已广泛应用于输电线路工程中。

一、塔架的立面形式

塔架的立面形式是指竖立着的塔身立柱所形成的外部轮廓形式及其内部的腹杆体系。塔架的立柱是贯穿于塔身全长的纵向杆件，也称为主材。腹材是连接主材的杆件。

根据塔架的外部轮廓形状，塔架的立面形式可分为等坡度和变坡度两类，见图 TYBZ00615001-1。图（a）、（b）为等坡度塔架，也称为直线型塔架，其中图（a）为无坡度（等截面）塔架。图（c）为变坡度塔架。

钢结构塔架常用的腹杆体系有单斜杆、双斜杆和 K 形腹杆体系，见图 TYBZ00615001-2。其中图（a）为单斜杆腹杆体系；图（b）为双斜杆腹杆体系；图（c）为 K 形腹杆体系。目前输电线路塔架设计中常用的腹杆形式为双斜杆腹杆体系。腹杆体系也与塔架的承载性能、经济性以及造型有关。

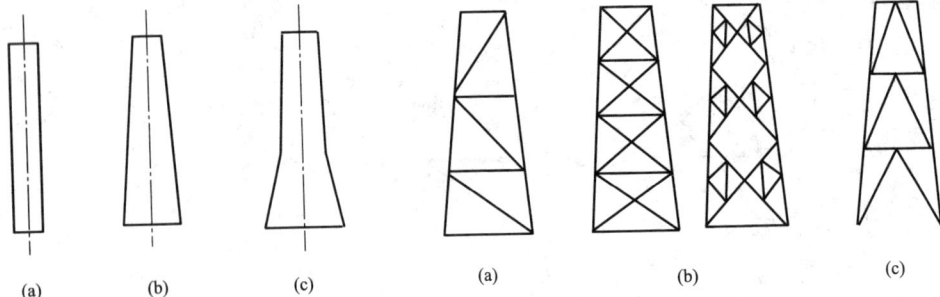

图 TYBZ00615001-1　塔架的外部轮廓

（a）等截面塔架；（b）等坡度塔架；（c）变坡度塔架

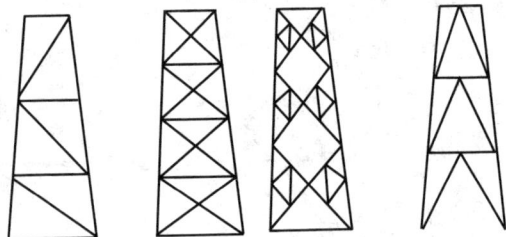

图 TYBZ00615001-2　塔架的腹杆体系

（a）单斜杆腹杆；（b）双斜杆腹杆；（c）K 形腹杆

二、塔架的平截面形式

塔架的平截面形式是用一横向截面切割塔架时，依次连接塔架的立柱截面所形成的形状。平截面形式有正三角形、矩形、正方形、正六边形等，如图TYBZ00615001-3 所示。输电线路中塔架常见的截面形式为矩形和正方形。

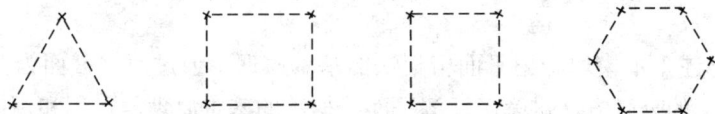

图 TYBZ00615001-3　塔架的平截面形式

三、塔架的横隔形式

塔架的横隔是对于平截面形式非三角形的塔架在塔架的某些横向截面上添加的杆件结构，目的是保证塔架立柱相对位置不变及整个塔架的稳定。在直线型塔架和折线型塔架的直线形部分，每隔三个节间一般需设置一层横隔；在折线型塔架坡度变化处、直接受到扭转力矩作用的断面处、塔底、塔顶断面处，都应设置横隔。

输电线路中塔架常见的横隔形式有如图 TYBZ00615001-4 所示的一些类型。从结构稳定的角度看，以分图（b）、（c）的交叉形式较为合理。但如果内部需留较大的空间，比如塔身内部需起吊设备和构件，则需布置成如图 TYBZ00615001-4（e）、（f）、（g）、（h）的空心形式。

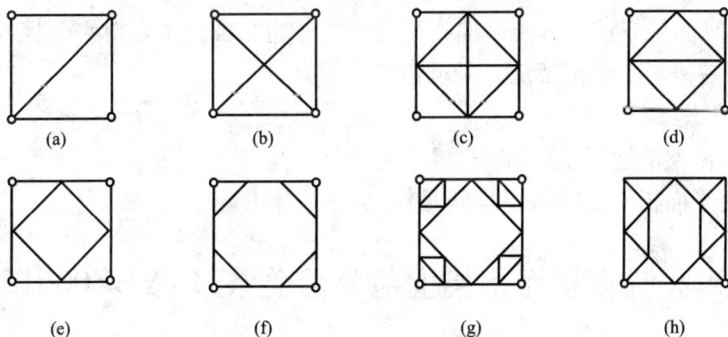

图 TYBZ00615001-4　塔架的横隔形式

（a）单杆式；（b）、（c）交叉式；（d）三角式；（e）、（f）、（g）空心式；（h）空心式

另外，塔架中的的各类杆件如果较长时，中间要相互联结或增加辅材，以增加稳定性。

【思考与练习】

1. 塔架的立面形式指什么？
2. 输电线路中塔架常见的平截面形式是哪几种？

模块 1　TYBZ00615001

3. 输电线路中塔架常用的腹杆体系有哪几种？较长的腹杆为什么要增加辅材？

4. 塔架设置横隔的目的是什么？通常如何设置横膈？

模块 2 平面桁架法的基本原理 （TYBZ00615002）

【模块描述】本模块介绍平面桁架法的基本原理。通过对平截面为四边形的塔架结构、载荷的分解方法讲解，了解平面桁架法的基本原理、过程和适用范围。

【正文】

塔架可以简化为一个空间桁架，空间桁架通常是用分解成平面桁架的方法来计算杆件内力的。输电线路中常用的塔架为矩形或正方形平截面形式，每一侧面均为平面桁架，所以可以用平面桁架法来计算内力。

分解时，需要略去横膈的作用，把塔架看作为由四个外侧立面组成的平面桁架的组合。在每一平面桁架中还需要进一步略去为着结构稳定而设置的辅助杆件，把各个结点简化为铰结点，以得到静定的平面桁架。然后把全部各类载荷分解或简化到各个平面桁架内的结点上。平面桁架只能承受自身平面内的载荷，与平面桁架垂直的外载荷不影响该桁架杆件的内力，所以各个平面桁架是相对独立的，可独立计算各杆件的内力。最后，由于塔架的立柱在两个相邻平面桁架中共有，所以其内力需要通过对两个平面桁架中分别求出的内力进行叠加。

另外，平面桁架法把各个平面桁架看作为竖直平面，所以对于有坡度及变坡度立面形式的塔架，平面桁架法只是近似的计算。

【思考与练习】

1. 平面桁架法适用于何种塔架？

2. 应用平面桁架法的必要步骤是什么？

模块 3 载荷在平面桁架上的分配关系 （TYBZ00615003）

【模块描述】本模块介绍载荷在平面桁架上的分配关系。通过空间力的分解和力的平移定理的具体应用，了解水平集中载荷、空间集中载荷、竖向偏心载荷、水平偏心载荷的分配以及风载荷的计算与分配方法。

【正文】

用平面桁架法计算塔架时，除了需把塔架按桁架的立面分解成若干平面桁架外，还须将载荷按一定的关系分配到这些平面桁架内。分配载荷时，不同的载荷需要不同的方法，但是基本原则是相同的：1）载荷的简化必须等效；2）全部载荷须分配于各平面桁架内；3）载荷要作用在结点上。

一、作用于塔架中间水平载荷的分配

某平截面为矩形的塔架，在塔架的竖直对称平面内承受水平载荷，如图 TYBZ00615003–1（a）所示。塔架可以分解成前后左右四个平面桁架，载荷与前后平面桁架平行，但不在平面桁架内。由于平面桁架不能承受与之垂直的载荷，所以载荷 P 需要分配于前后两个平面桁架内，如图 TYBZ00615003–1（b）所示。根据结构和载荷的对称性，P 平均分配在前后两个平面桁架内，即

$$P_1 = P_2 = \frac{P}{2}$$

分配到平面桁架后，需进一步把载荷分配于结点。分解的方法要根据结构与载荷作用的实际情况而定。

二、作用于结点上任意方向载荷的分配

设有一任意方向的集中载荷 P，作用于矩形平截面塔架立柱结点 A 处，如图 TYBZ00615003–2（a）所示。由于塔架可分解成四个平面桁架，但载荷并不在哪一个平面桁架内，此时需要做的只是按照空间力的分解方法，把力沿三个互相垂直的方向分解到前、左两个平面桁架中，见图 TYBZ00615003–2（b）。这里的竖直分力 P_z 可以认为在前面的平面桁架内，也可认为在左边的平面桁架内，或两个平面桁架平均承担，最后结果是一样的。如果不考虑平面桁架的坡度，竖直方向的载荷 P_z 不影响腹杆，完全被立柱承受。

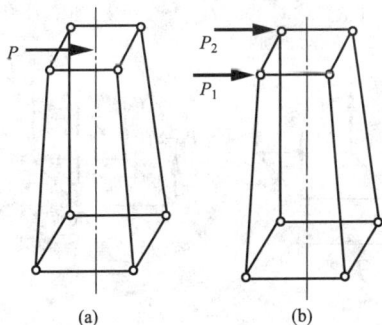

图 TYBZ00615003–1　水平载荷的分配
（a）作用于塔架中间的水平载荷；（b）分配后的载荷

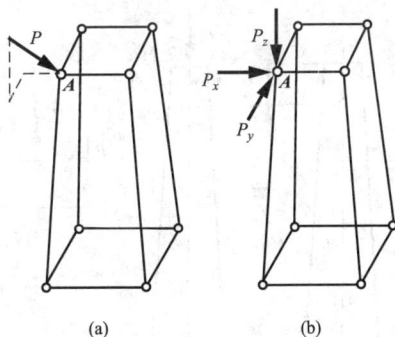

图 TYBZ00615003–2　任意方向载荷的分配
（a）作用于结点上任意方向的载荷；（b）分配后的载荷

三、竖向偏心载荷的分配

图 TYBZ00615003–3（a）为矩形平截面塔架承受竖向偏心载荷 P 作用的示意图，设偏心距亦即载荷的作用线到矩形平截面形心的距离为 e。此时可先将载荷向平截面形心简化，根据力的平移定理，得到作用于塔架平截面形心，大小、方向与 P 相同的集中载荷 P_z，和附加的作用面位于塔架前后对称平面内的力偶，其力偶矩：

模块 3

TYBZ00615003

$$M = Pe$$

如图 TYBZ00615003-3（b）所示。

然后再把它们分配到塔架的立面上。根据对称性载荷 P_z 平均分配到四个平面桁架内，且作用于四个立柱的结点上，如图 TYBZ00615003-3（c）所示。不计立面的坡度，这些竖直方向的载荷 P_z 不影响腹杆，所以力 P_z 最后被四根立柱平均承受，每根立柱承受的载荷 P_1 为：

$$P_1 = \frac{1}{4} P_z = \frac{1}{4} P$$

力偶矩 M 则先平均分配于与力偶的作用面平行的前后平面桁架内，每一平面桁架承受的力偶矩为 $M/2$，然后再把力偶矩变换成作用于立柱的力。力偶是一对等值反向不共线的力，所以设载荷作用处塔架平截面的宽为 a，力偶作用于立柱的力为 P_M，不计立面的坡度，无论何种腹杆体系，平面桁架内的力偶矩简化为作用于左右结点的力后，方向都将沿竖直方向，见图 TYBZ00615003-3（d）。由变换时力偶矩相等，得到力的大小：

$$P_M = \frac{M}{2a} = \frac{Pe}{2a}$$

最后求出每一结点上共线二力的合力，得到载荷的分配情况见图 TYBZ00615003-3（e）。

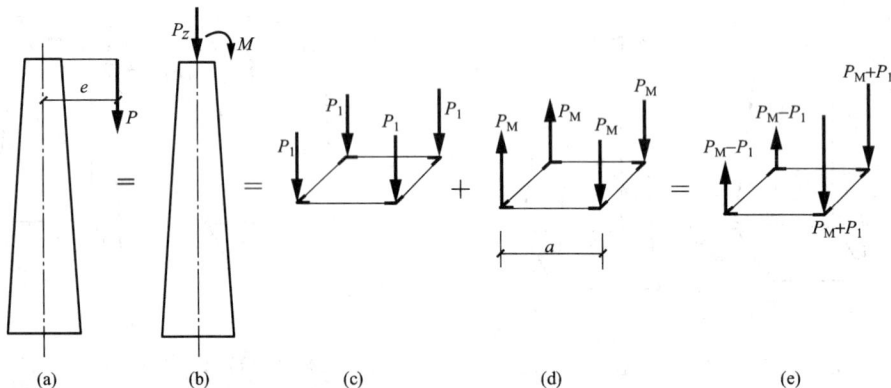

图 TYBZ00615003-3　竖向偏心载荷的分配

（a）竖向偏心载荷；（b）简化到平截面形心的载荷；（c）集中力的分配；（d）力偶的分配；（e）叠加结果

四、水平偏心载荷的分配

如图 TYBZ00615003-4（a）所示，一平截面为矩形的塔架，承受水平偏心载荷 P 的作用，其偏心距为 e，平截面尺寸为 $a×b$。

先将载荷 P 向平截面形心 O 简化，根据力的平移定理，得到与 P 大小方向相同的水

平集中力 P_y，以及水平面内的力偶，且力偶的矩 $M=Pe$，如图 TYBZ00615003–4（b）所示。

然后再往平面桁架上分配，根据对称性，P_y 分配到与之平行的左右两个平面桁架上，且各等于 $P/2$，而扭转力矩 M 则需要分配到前后左右四个平面桁架上，即前后、左右平面桁架受的力各组成一个力偶，如图 TYBZ00615003–4（c）所示，并且认为两对力偶的矩相等，各等于 $M/2$，设前后面上受的力为 T_a，左右面上受的力为 T_b，则

$$T_a = \frac{M}{2b} = \frac{Pe}{2b}, \qquad T_b = \frac{M}{2a} = \frac{Pe}{2a}$$

当平截面为 $a×a$ 的正方形时，则

$$T_a = T_b = \frac{Pe}{2a}$$

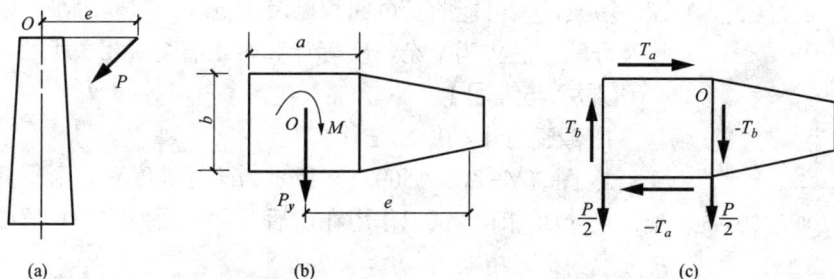

图 TYBZ00615003–4　水平偏心载荷的分配

（a）水平偏心载荷；（b）简化到平截面形心的载荷；（c）分配到四个面上的载荷

T_a、T_b 还要进一步分配于结点。

如果塔架坡度有变化，则扭矩传至不同坡度部分时应根据所在部分的平截面大小重新计算载荷。平截面增大时，载荷将变小。例如，当平截面变为 $a_i×b_i$ 时，立面上的载荷分别变为：

$$T_{ai} = \frac{M}{2b_i} = \frac{Pe}{2b_i}, \qquad T_{bi} = \frac{M}{2a_i} = \frac{Pe}{2a_i}$$

五、风载荷的分配

1. 风载荷的计算

风载荷是水平分布载荷，根据动力学相关定理可以推导出如下关系：

$$q = \rho v^2$$

式中　q ——单位面积上所受的风压，Pa（N/m²）；

　　　ρ ——空气密度，kg/m³；

　　　v ——空气流动的速度，m/s。

风载荷方向与风向相同。在同一构件上风载认为是均匀分布的，所以某构件上

受到的风载，可以简化为作用于该构件受风面形心处的集中力。所谓受风面就是构件在与风向垂直方向上的投影面。设某构件的受风面积为 A，单位面积上所受的风压为 q，则该构件受到的风力大小为：

$$F = qA$$

式中　F——构件上所受的风载荷，N；

　　　A——构件的受风面积，m^2。

2. 风载荷的分配

风载荷为水平载荷，往平面桁架上分配时，可参照前面关于水平载荷的分配方法，不再赘述。

风载荷是变载荷，计算风载荷时，应按当地最大可能的风速、塔架最大可能的受风面积以及最危险的风向等来考虑。计算及分配方法较为复杂，实际计算时还需查阅相关手册。

【思考与练习】

1. 载荷分配的原则是什么？

2. 图 TYBZ00615003–5 所示为一等坡度正方形平截面塔架，尺寸如图示。试把作用在前后对称平面内的竖直偏心载荷 P 分配到平面桁架内。

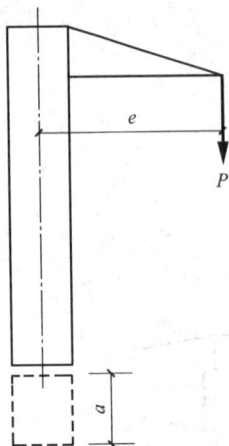

图 TYBZ00615003–5
习题 2 图

模块 4　塔架各杆内力的计算（TYBZ00615004）

【模块描述】本模块介绍塔架杆件内力的计算。通过实例分析，了解用平面桁架法计算塔架杆件内力的一般方法。

【正文】

塔架各杆内力的计算，常用分解成平面桁架的方法。如对于常见的矩形平截面塔架，首先把塔架分解为由四个立面组成的平面桁架，然后把载荷分配于这些平面桁架内，如果桁架是静定的，即可用结点法、截面法等来计算杆件的内力。但是实际中的大型塔架多为变坡度的，而且有横隔杆件及冗余腹杆，或增加载荷分配的计算难度，或不能简单简化为静定平面桁架。所以对实际塔架计算时，往往需要采取实用近似的计算方法，即在偏于安全的原则下，去掉冗余杆件以得到静定体系、忽略横隔杆甚至不起主要作用的腹杆、不计塔架的坡度等以简化计算。

例　某等坡度立面、正方形平截面塔架结构尺寸与受载，如图 TYBZ00615004–1 （a）、（b）所示，其中图（b）为左侧面视图。底部斜杆与水平方向的夹角为 45°。设三根导线的拉力大小相等，即：$P=20kN$，导线与水平方向的夹角皆为 20°，不计塔架的坡度，求塔架底部杆件的内力。

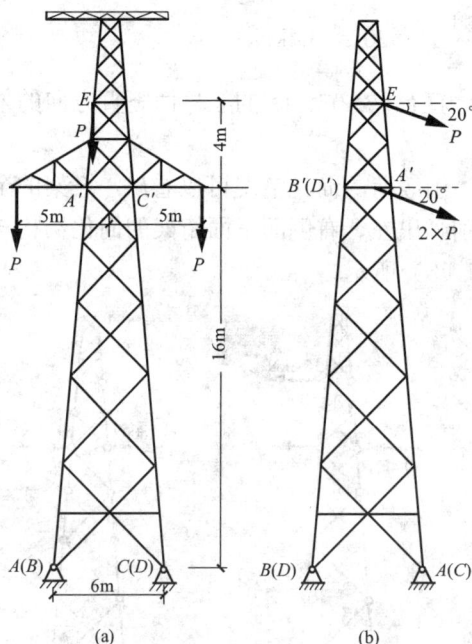

图 TYBZ00615004-1　塔架计算实例

（a）载荷—结构正面视图；（b）载荷—结构左侧面视图

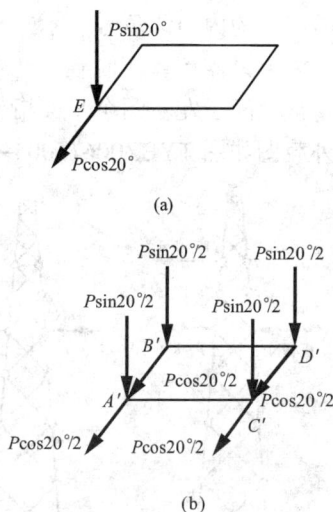

图 TYBZ00615004-2　载荷分配图

（a）E 点载荷的分配；（b）横担上载荷的分配

解： 正方形平截面塔架能分解成前、后、左、右四个平面桁架。作用于 E 点的载荷，分解为水平与竖直两个分量，竖直载荷作用于左前方的立柱，水平载荷作用于左侧面平面桁架的结点 E，如图 TYBZ00615004-2（a）所示。作用在横担上的载荷，先简化到与横担在同一水平面内的塔架平截面的形心，由于对称，简化后附加的力偶矩大小相等、转向相反，相互抵消，剩下一合力大小为 $2P$，再把这个力沿水平和竖直方向分解，水平方向的力大小等于 $2P\cos20°$，分别作用于左右两个平面桁架内，且平均分配到前后两个结点 （A'、B'、C'、D'） 上，每一结点承受的水平力为 $\frac{1}{2}P\cos20°$；竖直方向的力大小等于 $2P\sin20°$，平均分配于四个立柱上，每一立柱承受的力为 $\frac{1}{2}P\sin20°$，结果如图 TYBZ00615004-2（b）所示。经计算知：$P\cos20°=20×0.94=18.8\text{kN}$；$P\sin20°=20×0.34=6.8\text{kN}$。

为简化计算，根据叠加原理，把竖直载荷与水平载荷分开来研究。对于竖直载荷，偏于安全考虑，略去腹杆的承载能力，认为全部载荷由立柱承受，不计立柱的坡度，4 根立柱的内力等于分配于立柱的外载荷，即：

$$F_{Az}=-\left(P\sin20°+\frac{1}{2}P\sin20°\right)=-(6.8+3.4)=-10.2\text{kN}$$

$$F_{Bz}=F_{Cz}=F_{Dz}=-\frac{1}{2}P\sin20°=-3.4\text{kN}$$

式中，F_{Az}、F_{Bz}、F_{Cz}、F_{Dz} 分别表示支座为 A、B、C、D 的立柱由竖直方向的外载荷所产生的内力，负号表示立柱受压。

以下只需计算横向载荷产生的内力。由载荷的简化情况可以看出，塔架的全部载荷被分配于左右两个平面桁架内，分别画出左、右侧面平面桁架的简化结构与横向外载图如图 TYBZ00615004–3（a）和（b）所示。

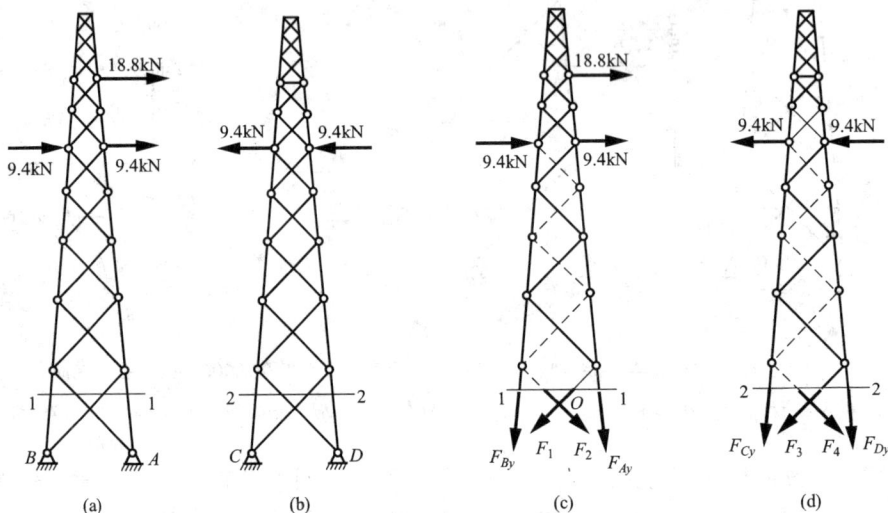

图 TYBZ00615004–3　桁架的简化结构与向外截面

（a）左侧平面桁架的结构与水平载荷；（b）右侧平面桁架的结构与水平载荷；

（c）左侧平面桁架 1–1 截面以上部分的受力图；（d）右侧平面桁架 2–2 截面以上部分的受力图

对左侧面平面桁架即图 TYBZ00615004–3（a），从 1–1 截面将桁架截开，取上半部分为研究对象，受力如图 TYBZ00615004–3（c），列平衡方程：

$$\sum M_B(F)=0 \quad -F_{Ay}\times6-2\times9.4\times16-18.8\times20-F_2\times6\times\cos45°=0 \qquad (1)$$

$$\sum M_A(F)=0 \quad F_{By}\times6-2\times9.4\times16-18.8\times20+F_1\times6\times\cos45°=0 \qquad (2)$$

截面上包含 4 个未知量，即使再列 1 个方程也不能求解。如果用结点法，又需要从外载荷作用的结点开始计算。根据观察桁架构成的特点不难发现，桁架的腹杆实际上可分为 "Z" 字型的两组，如令图（c）左侧的载荷为零，则图中虚线杆件皆为零力杆。由此可见，腹杆的内力只与其呈 "Z" 字型相连接的结点上的外载荷有关。根据这个特点，仅考虑图（c）左侧结点上的外载荷来求与之有关的腹杆内力 F_2。据桁架水平方向的平衡条件得：

$$F_2\cos45°+9.4=0 \qquad (3)$$

同理，仅考虑图（c）右侧结点上的外载荷来求与之有关的腹杆内力 F_1，据平衡条件得：

$$-F_1\cos45°+28.2=0 \qquad (4)$$

由方程（3）、（4）解出左侧面桁架内腹杆的内力：

$$F_1=28.2\times\sqrt{2}=39.9\text{kN}，\quad F_2=-9.4\times\sqrt{2}=-13.3\text{kN}$$

把方程（3）代入方程（1）、方程（4）代入方程（2）解得：

$$F_{Ay}=-103.4\text{kN}，\quad F_{By}=84.6\text{kN}$$

对右侧面平面桁架即图 TYBZ00615004-3（b），从 2-2 截面将桁架截开，取上半部分为研究对象，受力如图 TYBZ00615004-3（d），列平衡方程：

$$\sum M_C(F)=0 \quad -F_{Dy}\times6-F_4\times6\times\cos45°+2\times9.4\times16=0 \qquad (5)$$

$$\sum M_D(F)=0 \quad F_{Cy}\times6+F_3\times6\times\cos45°+2\times9.4\times16=0 \qquad (6)$$

2-2 截面同样有 4 个未知力，用与左侧面桁架一样的方法来求腹杆的内力，图 TYBZ00615004-3（d）中左侧结点上的载荷，只影响图中虚线杆件的内力，所以单独考虑桁架左、右侧结点处的载荷与相应腹杆内力在水平方向上的平衡，分别列出平衡方程：

$$-F_3\times\cos45°-9.4=0 \qquad (7)$$

$$F_4\times\cos45°-9.4=0 \qquad (8)$$

由方程（7）、（8）解出左侧面桁架内腹杆的内力：

$$F_3=-9.4\times\sqrt{2}=-13.3\text{kN}，\quad F_4=9.4\times\sqrt{2}=13.3\text{kN}$$

把方程（7）、（8）分别代入方程（5）、（6）解得：

$$F_{Cy}=-40.7\text{kN}，\quad F_{Dy}=40.7\text{kN}$$

最后，把水平和竖直载荷在立柱上产生的内力叠加起来，得到塔架底部立柱总的内力：

$$F_A=F_{Az}+F_{Ay}=-10.2-103.4\text{kN}=-113.6\text{kN}$$

$$F_B=F_{Bz}+F_{Bp}=-3.4+84.6=81.2\text{kN}$$

$$F_C=F_{Cz}+F_{Cp}=-3.4-40.7=-44.1\text{kN}$$

$$F_D=F_{Dz}+F_{Dp}=-3.4+40.7=37.3\text{kN}$$

在考虑水平载荷的内力时，如果略去腹杆，即在图 TYBZ00615004-3（c）和（d）中，忽略 F_1、F_2、F_3、F_4，可使问题极大地简化，但是计算结果的误差会超过 20%。

【思考与练习】

1. 计算塔架杆件内力的一般方法是什么？

2. 图 TYBZ00615004–4 为某输电塔架横担的简化结构与载荷图，求横担各杆的内力。

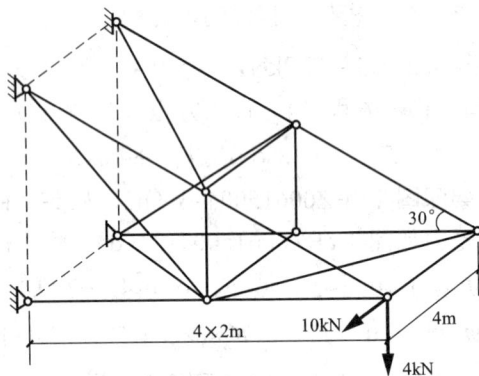

图 TYBZ00615004–4　习题 2 图

参 考 文 献

[1] 何小婷. 电力工程力学. 北京：中国电力出版社，2007.
[2] 阮予明，阮天恩. 工程力学. 北京：中国电力出版社，2005.